教育部大学计算机课程改革项目成果

新文科建设·计算机类系列教材

多媒体应用技术（第 2 版）

董卫军　张靖　崔莉　郭竞　编著

耿国华　主审

电子工业出版社.

Publishing House of Electronics Industry

北京·BEIJING

内容简介

本书是计算机基础分类培养课程体系中"多媒体技术"的配套教材，以教育部对高等院校计算机基础教育的基本要求为指导，为了让读者全面掌握多媒体处理技术，系统地介绍了多媒体技术的基本理论和处理技术。本书立足于"以理论为基础，以应用为目的"，采用了理论+技术的内容组织方式。全书共 7 章，包括多媒体技术概述、常见媒体与处理软件、图形编辑软件 CorelDRAW、数字音频编辑软件 Adobe Audition、动画编辑软件 Adobe Animate、视频编辑软件 VideoStudio、视频特效处理软件 Adobe After Effects。本书内容既包含多媒体技术基本理论知识与技术原理分析，又包含当下主流多媒体处理软件的讲解，旨在让读者在了解多媒体技术相关理论的基础上，掌握图、文、声、像等素材的制作方法和处理技巧，并能利用主流多媒体创作工具进行项目作品的开发与集成。

本书体系完整、结构严谨、实用易学、注重应用、强调实践，原理知识与应用技术紧密结合，突出技术性与应用性。本书既可以作为高等院校计算机专业或非计算机专业学生"数字媒体技术"课程的教材，又可以作为多媒体处理专业人员和业余爱好者的参考用书。

图书在版编目（CIP）数据

多媒体应用技术 / 董卫军等编著. —2 版. —北京：电子工业出版社，2023.4
ISBN 978-7-121-45378-6

Ⅰ. ①多… Ⅱ. ①董… Ⅲ. ①多媒体技术－高等学校－教材 Ⅳ. ①TP37

中国国家版本馆 CIP 数据核字（2023）第 060853 号

责任编辑：戴晨辰　　　　　　特约编辑：田学清
印　　刷：北京七彩京通数码快印有限公司
装　　订：北京七彩京通数码快印有限公司
出版发行：电子工业出版社
　　　　　北京市海淀区万寿路 173 信箱　　邮编：100036
开　　本：787×1092　　1/16　　印张：17　　字数：457 千字
版　　次：2013 年 1 月第 1 版
　　　　　2023 年 4 月第 2 版
印　　次：2024 年 4 月第 2 次印刷
定　　价：59.00 元

凡所购买电子工业出版社图书有缺损问题，请向购买书店调换。若书店售缺，请与本社发行部联系，联系及邮购电话：（010）88254888，88258888。
质量投诉请发邮件至 zlts@phei.com.cn，盗版侵权举报请发邮件至 dbqq@phei.com.cn。
本书咨询联系方式：dcc@phei.com.cn。

　　"大学计算机"教学面向文科、理科、工科学生，学科专业众多，要求各不相同。另外，随着时间的推移，现在的"大学计算机"已经不再是传统意义上的计算机基础，其深度和广度都已发生了深刻的变化。基于目前"大学计算机"课程教学中的现状和"四新"建设需求，总结国家精品课程"计算机基础"建设经验，遵循教育部对高等院校计算机基础教育提出的基本要求，构建"以学生为中心，以专业为基础"的"计算机导论+专业结合后继课程"的计算机基础分类培养课程体系。

　　本书是分类培养课程体系中"多媒体技术"的配套教材。

　　为了适应多媒体技术迅速普及的新形势，以及社会对应用型、技能型人才的需求，在深入分析本科学生多媒体信息处理需求的基础上，总结多年教学经验，梳理出符合非计算机专业学生多媒体技术和应用能力培养要求的知识体系。本教材以提高学生的信息素质和多媒体信息处理能力为目的，采用由浅入深、循序渐进的教学方法讲解多媒体基础知识和关键技术，并结合案例讲解常见多媒体处理软件的使用和创作方法。

　　全书采用了理论+技术的内容组织方式，注重理论与实践相结合。

　　理论部分主要讲解多媒体技术基础、图像、动画、语音、视频等基础知识。读者通过学习本书内容能够对多媒体技术的基本理论有一个初步的了解，而又不至于困扰于理论细节。

　　技术应用部分主要讲解常见多媒体处理软件的使用，包括图形编辑软件 CorelDRAW 的使用、数字音频编辑软件 Adobe Audition 的使用、动画编辑软件 Adobe Animate 的使用、视频编辑软件 VideoStudio 的使用、视频特效处理软件 Adobe After Effects 的使用。读者通过学习本书内容，能够在较短的时间内掌握多媒体处理能力。

　　本书包含配套教学资源。读者可以登录华信教育资源网（www.hxedu.com.cn）注册后免费下载。

　　本书由多年从事计算机教学工作的一线教师编写。其中，第 1～2 章由董卫军编写，第 3 章、第 5 章由张靖编写，第 4 章、第 6 章由崔莉编写，第 7 章由郭竞编写。本书由董卫军统稿，耿国华主审。在此，也非常感谢教学团队其他成员的帮助。

　　由于作者水平有限，书中难免存在疏漏和不足之处，希望广大同行专家和读者给予批评、指正。

作　者

于西安

第 1 章 多媒体技术概述

多媒体技术的出现和发展极大地改变了信息处理的方式。信息传播和表达方式也从早期的单一、单向逐步发展为对文字、图形、图像、声音、动画和超文本等多种媒体进行综合、交互处理的多媒体方式，使得人和计算机之间的信息交流更为方便和自然。

1.1 媒体与多媒体

1.1.1 媒体的概念

媒体是信息表示和传播的载体。媒体在计算机领域有两种含义：一种是指媒质，即存储信息的实体，如磁盘、光盘、磁带、半导体存储器等；另一种是指传递信息的载体，如数字、文字、声音、图形和图像等。

1．媒体的基本分类

国际电话与电报咨询委员会（CCITT）将媒体分为 5 类。

（1）感觉媒体。

感觉媒体是指能直接作用于人的感官，使人直接产生感觉的媒体。例如，人类的语言、音乐、声音、画面、影像等。

（2）表示媒体。

表示媒体是为加工、处理和传输感觉媒体而对感觉媒体进行的抽象表示。例如，语言编码、文本编码、图像编码等。表示媒体在计算机中最终表现为不同类型的文件。

（3）表现媒体。

表现媒体是指用于感觉媒体和通信电信号之间转换的一类媒体。表现媒体分为两种：一种是输入表现媒体，如键盘、摄像机、光笔、话筒等；另一种是输出表现媒体，如显示器、音箱、打印机等。

（4）存储媒体。

存储媒体是指用来存储表示媒体的计算机外部存储设备，如光盘、各种存储卡等。

（5）传输媒体。

传输媒体是指通信中的信息载体，如双绞线、同轴电缆、光纤和无线传输介质等。

2．5 类媒体的基本关系

5 类媒体既相对独立又密切联系。感觉媒体直接作用于人的感官，是让人直接产生感觉的一类媒体。表示媒体是为了利用电子设备处理感觉媒体而对其进行的数字化编码表示，表示媒体最终以文件的形式存在。存储媒体又被称为"存储介质"，其作用是存储表示媒体，便于计算机处理。传输媒体又被称为"传输介质"，它是表示媒体从一处传送到另一处的物理载体（表示媒体在传输媒体上以数字信号或模拟信号的形式存储）。表现媒体的主要作用是人机交互（输入方面是将感觉媒体输入电子设备中，并转换为表示媒体，最终存储于电子设备的存储媒体中；输出方面是将存储在存储媒体中的表示媒体转换为人能感知的感觉媒体，以便于人类理解）。

1.1.2 数字媒体的概念与分类

1. 数字媒体的定义

数字媒体是指以二进制数的形式记录、处理、传播、获取过程的信息载体。这些信息载体包括数字化的文字、图形、图像、声音、视频和动画等感觉媒体，以及表示这些感觉媒体的表示媒体（编码）等，通称为"逻辑媒体"，也包含存储、传输、显示逻辑媒体的实物媒体。但通常意义下的数字媒体指感觉媒体和表示媒体，也就是说，数字媒体包括图像、文字、音频、视频等各种形式，以及传播形式和传播内容中采用的数字化方式——信息的采集、存取、加工和分发的数字化过程。

数字媒体已经成为继语言、文字和电子技术之后新的信息载体。在数字电视和互联网大规模应用之后，数字媒体行业快速发展，并对传统的广播、出版等行业产生了重要影响。

2. 数字媒体的分类

数字媒体可按不同的方法进行分类。

（1）按时间属性分类。

从时间属性的角度，数字媒体可分为静止媒体和连续媒体。静止媒体是指内容不会随着时间而变化的数字媒体，如文本和图片。连续媒体是指内容随着时间而变化的数字媒体，如音频和视频。

（2）按来源属性分类。

从来源属性的角度，数字媒体可分为自然媒体和合成媒体。自然媒体是指客观世界存在的景物（如声音），经过专业设备的数字化和编码处理之后得到的数字媒体（如数码相机拍摄的照片）。合成媒体是指以计算机为工具，采用特定符号、语言或算法表示，由计算机生成（合成）的文本、音乐、语音、图像和动画等，如用 3ds Max 制作软件制作出来的动画角色。

（3）按组成元素分类。

从组成元素的角度，数字媒体可分为单一媒体和多媒体。单一媒体是指由单一信息载体组成的载体。多媒体是指多种信息载体的表现形式和传递方式。

1.1.3 多媒体的概念

多媒体是指组合两种或两种以上媒体的一种信息交流和传播媒体。组合的媒体包括文字、图片、图像、声音（音乐、语音旁白、特殊音效）、视频、动画等。但多媒体不是多个单一媒体的简单集合，而是它们的有机集成。

1. 多媒体的基本媒体类型

多媒体技术中的媒体类型主要有以下 5 种。

（1）文字。

文字是早期计算机人机交互的主要形式，也是用得最多的一种符号媒体形式，在计算机中用二进制编码表示。相对于图像而言，文字媒体的数据量很小，它不像图像记录特定区域中的所有内容，只是按需要抽象出事物的本质特征并加以表示。

（2）音频。

音频属于听觉媒体，如波形声音、语音和音乐等。波形声音包含了所有的声音形式，包括麦克风、磁带录音、无线电和电视广播、光盘等各种声源所产生的声音。人的声音不仅是一种波形，还有内在的语言、语音学内涵，可以利用特殊的方法进行抽取。音乐是符号化了的声音，这种符号就是乐曲。

（3）图形与图像。

图形与图像是两个不同的概念。

图形又被称为"矢量图"（向量图），是指从点、线、面到三维空间的黑白或彩色几何图形。图形文件保存的是一组描述点、线、面等几何图形的大小、形状、位置、维数等属性的指令集合。以直线为例，在向量图中，一些数据说明该元件为直线，另外一些数据注明该直线的起始坐标及其方向、长度或终止坐标。所以，图形文件的数据量比图像文件的数据量小很多。

图像是客观对象的一种相似性的、生动性的描述或写真，是人类社会活动中常用的信息载体。广义上，图像是所有具有视觉效果的画面，包括纸介质、底片或照片、电视、投影仪或计算机屏幕上的静态视觉画面。图像根据记录方式的不同可分为两大类：模拟图像和数字图像。模拟图像可以通过某种物理量（如光、电等）的强弱变化来记录图像亮度信息，如模拟电视图像。数字图像是用计算机存储的数据来记录图像上各点的颜色和亮度信息的。

（4）动画。

利用人眼的视觉暂留功能，每隔一段时间在屏幕上展现一幅具有上下关联的图形、图像，就形成了动态图像。动态图像中的每幅图像均被称为"一帧"。如果连续图像序列中的每一帧图像都是由人工或计算机生成的图形，则称其为"动画"；如果每一帧图像都是由计算机生成的具有真实感的图像，则称其为"三维真实感动画"。

（5）视频。

视频一词来源于电视技术，与早期传统电视视频不同的是，计算机视频是数字信号。计算机视频图像可来自录像带、摄像机等视频信号源。由于视频信号源的输出一般是标准的彩色全电视信号，因此在将其输入计算机之前，先要进行数字化处理。

2．多媒体数据的特点

由于多媒体是由两个或两个以上媒体组合而成的信息载体，因此多媒体数据具有以下特点。

（1）数据量大。

一幅分辨率为 2560 像素×1920 像素的 24 位真彩色照片，不进行压缩，存储量约为 14MB，经过压缩后，存储量约为 2MB。CD 音质的一首时长为 5 分钟的歌曲，存储量约为 25MB，经过压缩后，存储量约为 4MB。对于 8 位色深的 8K、60fps 的传输规格的视频（8K 分辨率大约可类比于 3300 万像素，而 60fps 则是指每秒 60 张 3300 万像素的画面进行流媒体播放，8 位色深下每个像素的颜色用 3 字节表示），即使 1 分钟，原始数据量就可达 348GB（33×3×60×60×1024≈365GB）。

（2）数据类型多。

多媒体数据包括文字、图形、图像、声音、文本、动画等多种形式，数据类型丰富。

（3）数据类型之间差别大。

由于多媒体数据内容、格式的不同，使其在处理方法、组织方式、管理形式上也存在很大的差别。

（4）多媒体数据的输入和输出比较复杂。

由于信息输入与输出都与多种设备相连，输出结果，如声音播放与画面显示的配合等往往需要同步合成，较为复杂。

1.2 多媒体系统的基本构成

多媒体系统改善了人机交互的接口，使计算机具有多媒体信息处理功能。从目前多媒体系统的开发和应用趋势上来看，多媒体系统大致可以分为两大类：一类是具有编辑和播放双重功能的开发系统，这种系统适合于专业人员制作多媒体软件产品；另一类是面向普通用户的多媒体应用系统。

多媒体系统一般由多媒体硬件系统、多媒体操作系统、多媒体创作工具和多媒体应用系统4部分组成。

1.2.1 多媒体硬件系统

多媒体硬件系统主要包括计算机传统硬件设备、光盘存储器、音频输入/输出和处理设备、视频输入/输出和处理设备、其他交互设备。

图1.1是一个典型的多媒体计算机硬件配置。

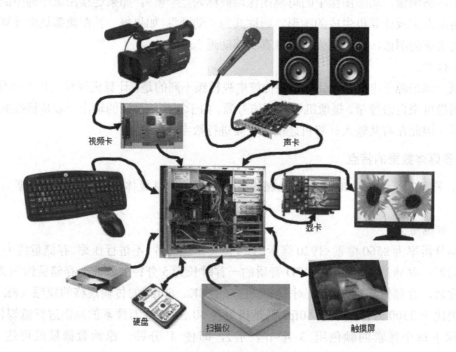

图1.1 多媒体计算机硬件配置

1．计算机传统硬件设备

CPU 是计算机传统的硬件设备，高性能的 CPU 会使多媒体数据的处理更为顺畅，并为专业级的多媒体制作与播放奠定基础。

2．光盘存储器

多媒体信息的数据量庞大，仅靠硬盘存储空间是远远不够的。多媒体信息内容大多来自CD-ROM、DVD-ROM，因此大容量光盘存储器是多媒体系统必备的标准部件之一。

3．音频输入/输出和处理设备

音频输入/输出和处理设备包括声卡、麦克风、音箱、耳机等。其中，声卡是最为关键的设备，含有可将模拟声音信号与数字声音信号互相转换的器件，具有声音的采样、编码、合成、重放等功能。

4．视频输入/输出和处理设备

视频输入/输出和处理设备具有影像采集、压缩、编码、转换、显示、播放等功能。常见的设备有图形加速卡、视频卡等。视频卡通过插入主板扩展槽与主机相连，通过输入/输出接口与录像机、摄像机、影碟机和电视机等连接，使之能采集来自这些设备的模拟信号，并以数字化的形式在计算机中进行处理。通常，在视频卡中已固化了用于视频信号采集的压缩/解压缩程序。

5．其他交互设备

其他交互设备，如鼠标、游戏操作杆、手写笔、触摸屏等有助于用户和多媒体系统交互信息，控制多媒体系统的运行。

1.2.2 多媒体软件系统

多媒体软件系统大致可分为 3 个层次。

1．多媒体操作系统

由于多媒体系统中处理的音频信号和视频信号都是实时信号，这就要求操作系统一方面应具有实时处理功能，另一方面应具有多任务功能，同时提供多媒体软件的执行环境及编程工具等。Windows 10 就是目前被广泛应用的多媒体操作系统。

2．多媒体软件

多媒体软件极大地简化了多媒体作品的开发制作过程。借助这些软件，制作者可以简单直观地编写程序、调度各种媒体信息、设计用户界面等，从而摆脱了烦琐的底层设计工作，将注意力集中于多媒体作品的创意和设计。到目前为止，几乎没有一种集成软件能够独立完成多媒体作品的全过程制作，在多媒体作品开发的不同阶段用到的多媒体软件有所不同。从多媒体作品的开发过程来看，多媒体软件可以分为多媒体素材编辑软件、多媒体数据库、多媒体创作工具和多媒体播放软件等几类。

（1）多媒体素材编辑软件。

多媒体素材包括文字、图形、图像、动画、声音、影像等。根据素材种类的不同，多媒体素材编辑软件可分为文字编辑软件、图像处理软件、动画制作软件、音频处理软件和视频处理软件等。由于各多媒体素材编辑软件自身的局限性，因此在制作和处理一些复杂的素材时，往往需要使用多种软件协调完成。

- 文字编辑软件：记事本、写字板、Word、WPS。
- 图像处理软件：Photoshop、CorelDRAW、FreeHand。
- 动画制作软件：AutoDesk Animator Pro、3ds Max、Maya、Flash、Animate CC。
- 声音处理软件：Ulead Media Studio、Sound Forge、Adobe Audition（Cool Edit）、Wave Edit。
- 视频处理软件：Ulead Media Studio、Adobe Premiere、Adobe After Effects。

（2）多媒体数据库。

多媒体数据库是数据库技术与多媒体技术结合的产物，是为了实现对多媒体数据的存取、检索和管理而出现的一种数据库技术。多媒体数据库用于存储文本数据、声音数据、静止图像数据、视频与动画数据等多种不同媒体及其整合的数据。这些数据是非格式化的、不规则的，没有统一的取值范围，没有相同的数据量级，也没有相似的属性集。

（3）多媒体创作工具。

在创作多媒体作品的过程中，通常先使用多媒体素材编辑工具对各种媒体素材进行加工和制作，再使用专门的软件工具把制作好的多媒体素材按照创意与设计要求有机地整合在一起，从而生成图、文、声、形并茂的多媒体作品。这些专门的软件工具被称为"多媒体创作工具"，又被称为"多媒体应用设计软件"、"多媒体编著工具"或"多媒体集成工具"。

多媒体创作工具（Authoring Tools）可以帮助应用开发人员提高工作效率，它们大体上都是一些应用程序生成器，对各种媒体素材按照超文本节点和链结构的形式进行组织，形成多媒体应用系统，如 Authorware、Director、Multimedia Tool Book 等都是比较有名的多媒体创作工具。

（4）多媒体播放软件。

不同格式的多媒体文件要求操作系统安装对应的播放软件，这些软件大致可分为两类：一类是可独立运行的多媒体播放软件；另一类是依赖于浏览器的多媒体应用插件。

多媒体播放软件通常与多媒体文件一一对应，为了能够播放多种格式的多媒体文件，用户必须安装不同的播放软件。常用的多媒体播放器有 Windows Media Player、RealPlayer、QuickTime 等。

Internet 上的信息量大且格式复杂，要让浏览器识别每一种格式的多媒体文件非常困难，而插件作为一种嵌入浏览器内部的小程序，不仅能扩充浏览器的功能，而且能识别不同格式的文件。常用的插件可免费下载。在通常情况下，这些插件安装程序除了可以安装供浏览器使用的应用插件，还可以安装独立运行的播放软件。

3．多媒体应用软件

多媒体应用软件是开发人员利用多媒体创作工具或计算机语言制作的多媒体产品，直接面向用户。目前，多媒体应用系统涉及的应用领域主要有网站建设、环境艺术、文化教育、电子出版、音像制作、影视制作、咨询服务、信息系统、通信和娱乐等。

1.2.3 常见存储卡简介

存储卡是数码设备不可或缺的配件之一，是用户需要自主选购的一款数码配件。普通用户面对规格和品种众多的存储卡，如何选择适合自己需求的产品确实是一件困难的事情。

1．存储卡的种类

目前，3 种主流的存储卡分别是 CFexpress 卡、SD 卡和 Micro SD 卡，如图 1.2、图 1.3、图 1.4 所示。

图 1.2　CFexpress 卡　　　　　　　图 1.3　SD 卡　　　　　　　图 1.4　Micro SD 卡

（1）CFexpress 卡。

CFexpress 卡又被简称为"CFe 卡"，读/写速度快但价格高，目前只有部分高端数码相机支持使用 CFexpress 卡。此外，CFexpress 卡还可以细分为 A 型、B 型、C 型，这 3 种 CFexpress 卡的外观、大小均不相同。目前市面上常用的 CFexpress 卡是 B 型卡，体积比 SD 卡更大。此外，部分索尼高端数码机相会使用 A 型卡。

（2）SD 卡。

SD 卡是目前十分常见、流行的存储卡。市面上绝大多数微单相机、数码单反相机、卡片机都支持使用 SD 卡，仅有少数高端数码相机不支持使用 SD 卡。SD 卡还可以细分为 SDHC、SDXC 两种类型，它们的大小、外形完全一样，使用方法也没有差别，由于现在大多数相机都能全部兼容这两种类型的 SD 卡，因此不必特意去区分。

（3）Micro SD 卡。

Micro SD 卡又被称为"TF 卡"，只有指甲盖大小，通常应用于手机、无人机、运动相机、全景相机、行车记录仪等小型设备中。将 Micro SD 卡插进一个转换卡套就可以当作 SD 卡使用，其容量和读/写速度均不受影响，但可靠性会差一些。目前，华为推出了比 Micro SD 卡体积更小的 NM 卡，可以直接放在 SIM 卡里使用，但价格比较高。

2．存储卡的基本特性

（1）迭代特性。

与其他电子产品一样，存储卡也在不断发展，如 SD 卡和 Micro SD 卡就出现了两代 UHS 技术：一代被写为 UHS-I，二代被写为 UHS-II。一般，人们将这两代技术的存储卡称为"一代卡"和"二代卡"。由于二代卡技术更先进，因此读/写速度更快，但价格也更高，还需要对应设备的支持。

一般来说，插槽支持二代卡的设备也支持一代卡，但二代卡的表现会比一代卡更好；插槽支持一代卡的设备也能用二代卡，但二代卡的表现只会和一代卡一样，甚至更差。简而言之，如果数码设备支持二代卡，则两代卡都可以使用。如果数码设备只支持一代卡，则最好不要使用二代卡。

（2）速度特性。

存储卡有读和写两种功能。所以，存储卡有两个速度，一个是读速度（R），另一个是写速度（W）。由于技术原因，读速度通常高于写速度，因此存储卡的卡面通常更愿意标注读速度，但拍照或拍摄视频时用到的却是写速度。

以 Lexar（雷克沙）的两款存储卡为例，图 1.5 中 SD 蓝卡的卡面标注读速度为 250MB/s（卡面右上角），图 1.6 中 SD 金卡的卡面标注读速度为 300MB/s，差距似乎并不大，但两者的售价差别很大。实际上，两款存储卡的写速度差别很大，SD 蓝卡的写速度为 120MB/s，SD 金卡的写速度为是 260MB/s。因此在购买存储卡时不仅要关注读速度，还要关注写速度。

¥459.00

Lexar（雷克沙）128GB 高速SD存储卡U3
V60内存卡读250MB/s 写

图 1.5　SD 蓝卡

¥1799.00

Lexar（雷克沙）128GB 读300MB/s 写
260MB/s SDXC UHS-II U3 V90 SD高速存

图 1.6　SD 金卡

写速度、读速度的高低对存储卡的使用有一定的影响，理论上（实际情况可能会被其他因素干扰）具有以下基本影响。

- 高写速度的存储卡能使相机连拍的张数更多，低写速度的存储卡会让相机连拍的张数更少。这里的连拍张数是指最大连拍数量（一直连拍最多能拍多少张照片），不是指最高连拍速度（每秒能拍多少张照片）。最高连拍速度不会被存储卡的写速度影响，主要受到机身缓存的影响。
- 高写速度的存储卡在相机连拍后所等待的时间更短，低写速度的存储卡在相机连拍后所等待的时间更长。
- 高写速度的存储卡能够承受高码率的视频拍摄。在拍摄高码率视频时，低写速度的存储卡可能突然中断甚至直接不允许拍摄。
- 高读速度的存储卡用于导出照片的耗时更短，低读速度的存储卡用于导出照片的耗时更长。

总体来说，高写速度的存储卡主要有利于高速连拍和拍摄高质量的视频。高读速度的存储卡主要节省了回看照片和导出照片的时间。

3．存储卡读/写速度的选择

存储卡的读/写速度主要影响高速连拍的张数、视频质量和导出照片的时间，所以既不连拍也不拍摄视频的用户对于存储卡的读/写速度的要求很低。低读速度存储卡就是在导出照片时多花一点时间而已。但对于要拍摄视频的用户，对存储卡的读/写速度又有较高的要求。

SD 卡协会的官方指南建议：拍摄 1080P（FHD）视频需要使用 U3 或 V30 级别的存储卡，拍摄 4K 或 8K 视频则需要使用 V60 或 V80 的存储卡。实际上，由于大多数相机的视频码率并不高，因此，在购买存储卡时，可以选择读/写速度稍微高一点的存储卡。

根据主流相机的视频码率，标有 U3 或 V30 的存储卡能满足大多数相机的视频规格，包括大多数 1080P 视频和一部分正常码率 4K 的视频。但对于部分在视频方面有着突出优势的专业机型，如佳能 R5、松下 S1、富士 X-T4 等，如果想要拍摄高码率 4K 或 8K 等高规格的视频，则最好选择 V60 或 V90 的存储卡。

因此，在购买存储卡时，读/写速度的选择应注意以下几点。

- 对于有视频拍摄需求的业余用户，至少选择 U3 的存储卡，最好选择 V30 的存储卡。
- 对于设备高端且以拍摄视频为主的专业用户，最好查询设备的最高码率并进行换算，认真阅读机身厂商的建议与指南，合理选择 V60 或 V90 的存储卡。
- 对于没有视频需求的业余用户，至少选择 U1 的存储卡，做到有备无患。

4．存储卡的常见品牌

目前市场上 SD 卡的品牌有很多，而知名的品牌都有自己的特点。

（1）Kingmax。

Kingmax（胜创）近年来一直致力于存储卡的开发，其采用了独特的一体化封装技术（PIP），使得造假者很难仿制。Kingmax SD 卡最高传输速率为 10MB/s，具有防水、防震、防压等性能，可以满足野外拍摄各种要求。

（2）Panasonic

Panasonic（松下）作为 SD 卡标准的缔造者，其开发的 SD 卡可以说是市面上较好的 SD 卡之一。但是市面上大多数的 Panasonic SD 卡是没有保修的，所以大家购买时一定要问清楚质保期限这个重要问题。

（3）Kingston。

Kingston（金士顿）作为大型的内存生产厂商，所生产的 SD 卡省去了接口电路，因此在众多的闪存类产品中，是体积最小的一种（尺寸只有邮票大小，重量不到两克）存储卡，这也是许多数码相机、MP3 及笔记本电脑均选择 SD 卡作为其存储介质的原因。由于产品尺寸的问题，SD 卡比较难将容量做大。另外，Kingston 的 SD 卡几乎提供了长达 5 年的质保时间。

（4）Sandisk。

Sandisk（闪迪）的 SD 卡在市面上十分常见，像这样的"蓝卡"基本上每个数码专卖店都可以买到。其实，Sandisk 的 SD 卡并不全是低速度的，也有高速度的型号（黑卡），只是很难在市场上购买到。

Sandisk 公司创立于 1988 年，于 1995 年上市。在存储卡方面，Sandisk 是 SD 卡协会的三大创始成员之一。SD 卡协会的另两个创始成员是 Toshiba（东芝）和 Panasonic（松下）。Toshiba 存储卡的品牌已经更名为 Kioxia（铠侠）。Sandisk 也制定了最早的 CF 卡标准，长期主导着行业规则，可以说是存储卡界的巨头。

（5）Samsung。

Samsung（三星）不仅是知名的手机厂商，也是一家存储设备的制造商。Samsung 在近十年保持着 NAND 闪存市场份额第一的地位，使得 WDC（西部数据、闪迪的母公司）和 Kioxia（东芝的母公司）也无法匹敌。在存储卡方面，Samsung 主要推出的是手机、无人机、运动相机等设备使用的 Micro SD 卡（TF 卡），SD 卡比较少。

（6）Lexar。

Lexar（雷克沙）曾属于世界闪存市场排行第 4 的 Micron（镁光公司），但已于 2018 年被深圳江波龙公司收购。Lexar 相对于 Sandisk 等大品牌，在价格上有一定的优势。

下面介绍几款常见的存储卡。

（1）UHS-I SD 卡。

UHS-I SD 卡适合大多数相机使用，常见的 UHS-I SD 卡有以下几种。

● 闪迪 Extreme Pro（U3、C10、V30）。

闪迪 Extreme Pro 的写速度为 90MB/s，读速度为 170MB/s，是 SD 一代卡中口碑最好的产品之一，官方称其写速度高达 90MB/s，几乎达到一代 SD 卡的最高水平，标有 U3、V30 的产品支持大多数相机的 4K 视频录制。建议购买 64GB 及其以上容量的产品。需要注意的是，读速度为 170MB/s 的产品需要搭配特定读卡器才能达到这一水平，使用普通读卡器读取的读速度一般不超过 104MB/s。

● 金士顿 Canvas Select Plus（U3、C10、V30）。

金士顿 Canvas Select Plus 的写速度为 85MB/s，读速度为 100MB/s，比其他品牌同性能存储卡的价格更低，性价比非常高。

第三方实测 128GB 及其以上容量产品的写速度高达 85MB/s，标有 U3、V30 的产品支持大多数相机的 4K 视频录制。官方称其读速度高达 100MB/s，属于一代 SD 卡中的较高水平。建议购买 128GB 及其以上容量的产品。

（2）UHS-I TF 卡。

UHS-I TF 卡适合部分无人机、运动相机、全景相机。下面介绍三星 EVO Plus 的优缺点。

三星 EVO Plus 的写速度为 60MB/s，读速度为 100MB/s。官方称 128GB 及以上产品的读速度为 100MB/s，写速度为 60MB/s，属于 U3 等级，可以支持大多数运动相机和无人机的 4K 视频录制。建议购买 128GB 及其以上容量的产品。

选购 UHS-I TF 卡时需注意以下几点。

行车记录仪和监控对存储卡的要求和相机不太一样，这里只推荐相机用卡。部分相机品牌（如大疆）会在官网公布《推荐存储卡列表》。在这种情况下，用户可优先考虑列表中的产品。

（3）UHS-II SD 卡。

UHS-II SD 卡需要相机卡槽的支持，并经常拍摄高码率视频或连拍。金士顿 Canvas React Plus（U3、C10、V90）是常见的 UHS-II SD 卡。

金士顿 Canvas React Plus 的写速度为 260MB/s，读速度为 300MB/s，能达到 V90 的 128GB SD 存储卡的读/写速度，性价比极高。它几乎能胜任各种机型的 4K 视频拍摄，甚至能胜任 6K 视频、8K 视频拍摄。

5. 读卡器的选择

一般，读卡器能读取正规、合格的存储卡。不同价位读卡器的区别主要体现在做工外观、稳定性与传输速度等方面。

下面介绍几款读卡器。

（1）闪迪至尊极速 SD UHS-II 读卡器：支持 UHS-II 的 SD 卡，传输速度快、稳定性好。

（2）川宇 C362 读卡器：支持 UHS-II 的 SD 卡和 TF 卡，功能多样、传输速度快、价格实惠，一般赠送 Type-C 转接头。

（3）川宇 C396 读卡器：支持 SD 卡和 TF 卡，价格便宜。但它不支持 UHS-II 卡，因此，用户在购买前要确认存储卡的种类。

1.3　多媒体技术

1.3.1　多媒体技术及其应用领域

1．多媒体技术的概念

多媒体不仅是多种媒体的有机集成，而且包含处理和应用它的一整套技术，即多媒体技术。多媒体技术是指利用计算机对文字、数据、图形、图像、动画、声音等多种媒体信息进行综合处理和管理，使用户可以通过多种感官与计算机进行实时信息交互的技术，又被称为"计算机多媒体技术"。

多媒体技术包含了计算机领域内较新的硬件技术和软件技术，并将不同性质的设备和媒体处理软件集成为一体，以计算机为中心综合处理各种信息。其所用技术主要包括数字信号处理技术、音频和视频压缩技术、计算机硬件和软件技术、人工智能和模式识别技术、网络通信技术等。人们通过多媒体技术能够将文本、图形、图像和声音等媒体形式集成起来，以更加自然的方式与计算机进行交流。

2．多媒体技术的主要特征

多媒体技术具有 4 个显著的特征。

（1）集成性。

集成性包括两个方面。一方面是媒体信息的集成，即文字、声音、图形、图像、视频等集成。多媒体信息的集成处理把信息看成一个有机的整体，采用多种途径获取信息，以统一的格式存储、组织与合成信息，对信息进行集成化处理。另一方面是显示或表现媒体设备的集成，即多媒体系统不仅包括计算机本身，而且包括电视机、音箱、摄像机、播放机等设备，把不同功能、不同种类的设备集成在一起使其共同完成信息处理工作。

（2）实时性。

实时性是指在多媒体系统中，声音及活动的视频图像是实时的，多媒体系统需提供实时处理这些与时间密切相关媒体的功能。

（3）数字化。

数字化是指多媒体系统中的各种媒体信息都以数字形式存储在计算机中。

（4）交互性。

用户可以通过多媒体系统对多媒体信息进行加工、处理，控制多媒体信息的输入、输出和播放。交互对象是多样化的信息，如文字、图像、动画及语言等。

3．多媒体技术的研究内容

多媒体技术的研究内容主要包括多媒体数据压缩与解压缩、多媒体数据存储、多媒体系统硬件平台和软件平台、多媒体开发和编辑工具、网络多媒体和 Web 技术、多媒体数据库技术。下面对其进行详细介绍。

（1）多媒体数据压缩与解压缩。

在多媒体系统中，声音、图像、视频等信息占用了大量的存储空间，为了解决存储和传输问题，高效的压缩和解压缩算法是多媒体系统运行的关键。

（2）多媒体数据存储。

高效快速的存储设备是多媒体系统的基本部件之一。光盘是目前较好的多媒体数据存储设备，而 U 盘和移动硬盘主要用于多媒体数据文件的转移存储。

（3）多媒体系统硬件平台和软件平台。

多媒体系统硬件平台一般包括较大的内存和外存（硬盘），并配有光驱、声卡、视频卡、音像输入/输出设备等。多媒体软件平台主要指支持多媒体功能的操作系统。

（4）多媒体开发和编辑工具。

为了便于用户编程开发多媒体应用系统，在多媒体操作系统之上需要提供相应的多媒体开发工具（有些是对图形、视频、声音等文件进行转换和编辑的工具）。另外，为了方便用户开发多媒体项目，多媒体计算机系统还需要提供一些直观、可视化的交互式编辑工具，如动画制作软件 Flash、Director、3ds Max 等，以及多媒体项目编辑工具 Authorware、Tool Book 等。

（5）网络多媒体和 Web 技术。

网络多媒体是多媒体技术的一个重要分支。多媒体信息要在网络上存储与传输需要一些特殊的条件和支持。此外，超文本和超媒体采用非线性的网状结构组织块状信息实现了多媒体信息的有效管理。

（6）多媒体数据库技术。

与传统数据库相比，多媒体数据库包含了多种数据类型，数据关系更为复杂，需要一种更有效的管理系统来对多媒体数据库进行管理，这就是多媒体数据库技术需要解决的问题。

4．多媒体技术的应用领域

多媒体技术的应用领域越来越广泛：一方面，多媒体技术的标准化、集成化与多媒体软件技术的发展，使信息的接收、处理和传输更加方便、快捷；另一方面，多媒体应用系统可以处理的信息种类和数量越来越多，极大地缩短了人与人之间、人与计算机之间的距离。

多媒体技术是多学科交汇的技术，向着高分辨率化、高速化、高维化、智能化、标准化的方向发展。多媒体技术的应用领域主要归结为以下几个方面。

（1）教育培训领域。

教育培训领域是目前多媒体技术应用最为广泛的领域之一，主要包括计算机辅助教学、光盘制作、多媒体演示、导游及介绍系统等。其中，多媒体辅助教学已经在教育教学中得到了广泛的应用。多媒体教材通过图、文、声、像的有机组合，能多角度、多侧面地展示教学内容。多媒体教学网络系统突破了传统教学模式的束缚，使学生在学习时间、学习地点上有了更多的自由选择的空间。

多媒体技术不仅可以展示图片、文字和丰富多彩的信息，还可以提供人机交互方式。通过这种人机交互学习方法，学生可以根据自己的基础和兴趣选择想学的内容。这种积极的参与模式可以提高学生的积极性和兴趣。多媒体技术将越来越多地应用于现代教育实践中，推动整个教育事业的发展。

（2）电子出版领域。

电子出版物可以将文字、声音、图像、动画、影像等种类繁多的信息集成为一体，具有纸质印刷品不能比拟的高存储密度。同时，电子出版物中信息的录入、编辑、制作和复制都能借助计算机完成，使用方式灵活、方便、交互性强。电子出版物的出版形式主要有电子网络出版和电子书刊两大类。电子网络出版是以数据库和计算机网络为基础的一种出版形式，通过计算机向用户提供网络联机、电子报刊、电子邮件及影视作品等服务，具有信息传播速度快、更新快的特点。电子书刊主要以只读光盘、交互式光盘等为载体，具有容量大、成本低的特点。

（3）娱乐领域。

随着多媒体技术的日益成熟，多媒体系统已经进入娱乐领域。多媒体计算机游戏和网络游戏不仅具有很强的交互性，而且人物造型逼真、情节引人入胜，使人容易进入游戏情景，如同身临其境一般。公司、企业、学校及个人都可以通过信息发布平台建立自己的信息发布模式，并使用大量媒体信息详细介绍其发展历史、实力、组织结构、需求等信息，以便自我展示和提供信息服务。

（4）咨询服务领域。

多媒体技术在咨询服务领域的应用主要是使用触摸屏查询相应的多媒体信息，如宾馆饭店查询、展览信息查询、图书情报查询、导购信息查询等。查询系统信息存储量较大，使用非常方便，查询信息的内容可以是文字、图形、图像、声音和视频等。

（5）多媒体网络通信领域。

多媒体网络能够实现图像、语音、动画和视频等多种媒体信息的实时传输，其应用系统主要包括可视电话系统、多媒体会议系统、视频点播系统、远程教育系统、远程医疗诊断系统、IP 电话系统等。

（6）虚拟现实领域。

虚拟现实是一项与多媒体技术密切相关的新技术。它通过综合应用计算机图像、模拟与仿真、传感器、显示系统等技术和设备，以模拟仿真的方式，为用户提供一个真实反映操纵对象变化与相互作用的由三维图像环境构成的虚拟世界，并通过特殊设备（如头盔和数据手套）为用户提供一个与该虚拟世界相互作用的三维交互式用户界面。

（7）工业和科学计算领域。

多媒体技术在工业生产实时监控系统中，尤其是在生产现场设备故障诊断和生产过程参数监测等方面具有非常重大的实际应用价值。另外在一些危险环境中，多媒体实时监控系统将起到越来越重要的作用。如果将多媒体技术应用于科学计算可视化，则可以使本来抽象、枯燥的数据以二维或三维图形、图像动态显示出来，同步显示研究对象的内因与外形变化。如果将多媒体技术应用于模拟实验和仿真研究，则会极大地促进科研与设计工作的发展。

（8）医疗领域。

现代先进的医疗诊断技术的共同特点是，以现代物理技术为基础，借助计算机技术，对医疗影像进行数字化和重建处理，计算机在成像过程中起着至关重要的作用。随着临床要求的不断提高及多媒体技术的发展，出现了新一代具有多媒体处理功能的医疗诊断系统。多媒体医疗影像系统在媒体种类、媒体介质、媒体存储及管理方式、诊断辅助信息、直观性和实时性等方面，都令传统诊断技术相形见绌，引起医疗领域的一场革命。同时，多媒体技术在网络远程诊断中也发挥着至关重要的作用。

（9）文物保护领域。

我国是世界文明古国，有着悠久的历史文化和丰富的文物古迹。有一些文物难以保存，随着时间的流逝，文物的色泽发生了变化。为了保留文物的原貌，我们可以拍照留存，用于今后观赏并为有能力修复时提供参考。并且，我们还可以对珍贵文物或濒临灭绝的文物进行三维模型制作。另外，我们也可以将多媒体技术应用在非物质文化遗产保护中，促进非物质文化遗产的传承。

（10）自媒体领域。

自媒体时代是指以个人传播为主，以现代化、电子化手段向不特定的大多数或特定的个体传递规范性及非规范性信息的媒介时代。在这一时代，人人都有麦克风，人人都是记者、新闻传播者。这种媒介基础凭借其交互性、自主性的特征，使得新闻自由度显著提高，传媒生态发生了前所未有的改变。

自媒体本身是由现代互联网技术衍生出的媒体形态，自其出现以后极大地影响了现代人的新闻信息获取和生产习惯，也使得传统新闻媒体受到了巨大的冲击。自媒体模式也使得新闻由过去的传播转变为了互播，大大提升了新闻的时效性、价值同向性和理念平等性。但这一新闻模式也存在着较为明显的劣势，即新闻真实性较低、公信力较弱，同时受众在对新闻信息进行选择时还具有明显的困惑性，影响了自媒体行业的发展。

1.3.2 多媒体数据压缩技术

数字化后的多媒体信息数据量巨大，例如，未经压缩的 1024 像素×768 像素的真彩色视频图像每秒数据量约为 54MB。为了存储和传输多媒体数据，需要较大的容量和带宽。但目前硬件技术所能提供的计算机存储资源和网络带宽与实际要求相差甚远。因此，以压缩的方式存储和传输数字化的多媒体信息是解决该问题的有效途径。

压缩的前提是数据中存在大量的冗余信息。数字化的多媒体数据的信息量与数据量的关系可表示为：信息量=数据量-冗余量。信息量是指要传输的主要数据，冗余量是指无用的数据，没有必要传输。常见的数据冗余有空间冗余、时间冗余、视觉冗余等。

压缩方法一般分为两类：一类是冗余压缩，又被称为"无损压缩"；另一类是熵压缩，又被称为"有损压缩"。有损压缩会减少信息量，损失的信息不会再恢复。

1. 无损压缩

无损压缩又被称为"无失真压缩"，即压缩前和解压缩后的数据完全一样。无损压缩一般利用数据的统计特性来进行数据压缩，对数据流中出现的各种数据进行概率统计，对于出现概率大的数据采用短编码，对于出现概率小的数据采用较长编码，这样就使数据流在经过压缩后形成的代码流位数大大减少。它的特点是能百分之百地恢复原始数据，但压缩比较小，如常用的哈夫曼编码就是无损压缩。

2. 有损压缩

有损压缩又被称为"有失真压缩"，在压缩的过程中会丢失一些图像或音频信息。虽然丢失的信息不可恢复，但根据人的视觉和听觉的主观评价是可以接受的。有损压缩的压缩比可以由几十倍到上百倍调节，几乎所有高压缩的算法都采用了有损压缩。常用的有损压缩的编码技术有预测编码、变换编码等。

1.3.3 多媒体数据的采集与存储技术

1. 图像素材的采集与存储

（1）图像素材的采集。

对于图像素材的采集，常用的有 3 种方法。

① 通过扫描仪扫描。

扫描仪主要用于将已有的照片或图案扫描到计算机中。当扫描时，需要将有图案的一面放置在扫描仪上，启动相应的扫描软件进行扫描。不同的扫描仪可能打开的界面不同，但是设置的项目基本相同，要根据扫描的情况正确设置扫描分辨率、扫描种类、扫描颜色数和扫描范围，还可以调节扫描的亮度和对比度等。设置完之后，可以先进行"预扫"预览效果，再进行正式扫描。扫描完成后保存所扫描的结果，就完成了以扫描方式进行素材的采集。

② 通过数码相机拍摄。

使用数码相机拍摄感兴趣的画面，拍摄完成后画面以图像文件的形式存储在存储卡中。通过 USB 接口连接数码相机和计算机，启动随数码相机配送的图像获取和编辑软件，就可以轻松地把数码相机中的图像文件传输到本地计算机中。

③ 通过相关软件创建。

用户可以通过相关软件绘制图像，如画图工具、Photoshop 或 CorelDRAW。绘制完成后存储为特定格式的图像，即可完成素材的采集。

（2）图像素材的存储。

数字图像在计算机中以多种文件格式存储。下面简单介绍常用的图像素材存储格式。

① PSD 格式。

PSD 是由 Adobe 公司专门开发的适用于 Photoshop、ImageReady 的图像压缩格式，其压缩比和 JPEG 差不多，并且压缩后像素不失真，不会影响图像的质量。

② TIFF 格式。

TIFF 是 Internet 上最流行的一种图像文件格式。

③ JPEG 格式。

JPEG 是一种使用非常广泛的图像文件格式。JPEG 使用的是有损压缩方法，这就是说一些图像数据会在压缩过程中丢失。

④ BMP 格式。

BMP 是 Windows 操作系统的故有格式。在 Windows 操作系统中所用的大部分图像都是以该格式保存的，如墙纸图像、屏幕保护图像等。

⑤ GIF 格式。

GIF 是由 CompuServe 公司开发的图形文件格式。GIF 图像最多只支持 256 色。GIF 文件内部分成许多存储块，用来存储多幅图像或决定图像表现行为的控制块，以实现动画和交互式应用。

2. 音频素材的采集与存储

（1）音频素材的采集。

对于音频素材的采集，常用的有 3 种方法。

① 通过声卡采集。

音频素材最常用的采集方法是利用声卡进行录音采集。如果使用麦克风录制语音，则需要把麦克风和声卡连接，即将麦克风连线插头插入声卡的 MIC 插孔中。如果要录制其他音源的声音（如磁带、广播等），则需要将其他音源的声音输出接口和声卡的 Line in 插孔连接。

② 通过软件采集。

除了通过录制声音的方式采集音频素材，还可以从 VCD 电影光碟或 CD 音乐光碟中采集音频素材。因为 CD 音乐光碟中的音乐是以音轨的形式存储的，不能直接复制到计算机中形成文件，所以需要使用特殊的音轨软件从 CD 音乐光碟中获取音乐。同样，VCD 电影光碟中的声音和影像是同步播放的，声音也不易被分离出来形成单独的音频文件，这就需要使用特殊的软件才能做到。

③ 通过 MIDI 输入设备采集。

首先用户可以通过 MIDI 输入设备弹奏音乐，然后使用音序器软件自动记录，最后在计算机中形成音频文件，完成数字化音频素材的采集。

（2）音频素材的存储。

数字音频在计算机中以多种文件格式存储。下面简单介绍常用的音频素材存储格式。

① WAV 格式。

WAV 格式的文件又被称为"波形文件"，是用不同的采样频率对声音的模拟波形进行采样得到一系列离散的采样点，并以不同的量化位数（16 位、32 位或 64 位）量化这些采样点得到的二进制序列。WAV 格式的还原音质较好，但所需存储空间较大。

② MIDI 格式。

MIDI 是由世界上主要电子乐器制造厂商建立起来的一个通信标准。MIDI 标准规定了电子乐器与计算机连接的电缆硬件及电子乐器之间、电子乐器与计算机之间传送数据的通信协议等规范。由于 MIDI 文件记录的是一系列指令而不是数字化后的波形数据，因此它占用的存储空间比 WAV 文件占用的存储空间要小得多。

③ MP3 格式。

MP3 是采用 MPEG Layer 3 标准对 WAVE 音频文件进行压缩而成的一种格式，其特点是能以较小的比特率、较大的压缩率达到近乎 CD 的音质，压缩率可达 1:12。Internet 中的很多音乐使用的都是 MP3 格式。

④ WMA 格式。

WMA 格式支持流式播放，用来制作接近 CD 品质的音频文件，其文件大小仅相当于 MP3 文件的 1/3。WMA 格式的可保护性极强，可以限定播放机器、播放时间及播放次数，具有一定的版权保护功能。

3．视频素材的采集与存储

（1）视频素材的采集。

对于视频素材的采集，常用的有 3 种方法。

① 从模拟设备中采集。

如果从录像机、电视机等模拟视频设备中采集视频，则需要安装和使用视频采集卡来完成模拟信号向数字信号的转换。把模拟视频设备的视频输出和声音输出分别连接到视频采集卡的视频输入和声音输入接口，启动相应的视频采集和编辑软件便可对视频进行捕捉和采集。比较好的采集卡带有实时压缩功能，采集完成后同时完成压缩。

② 从数字设备中采集。

如果从摄像机等数字设备中采集视频，则可以仿照模拟设备采用视频采集卡来完成，但最好的方法是通过数字接口将数字设备与计算机连接，启动相应的软件采集压缩。

③ 从影碟中采集。

对于 VCD 或 DVD 中的影片，用户可以通过专用的视频编辑软件截取片段作为视频素材。

（2）视频素材的存储。

数字视频在计算机中以多种文件格式存储。下面简单介绍常用的视频素材存储格式。

① MPEG 格式。

MPEG 是目前比较常用的视频压缩方式，采用中间帧的压缩技术，可对包括声音在内的运动图像进行压缩。它包括 MPGE-1、MPEG-2 和 MPEG-4 等多种视频格式。MPEG-1 格式被广泛应用于 VCD 制作和一些视频片段下载的网络应用上，可以说大多数 VCD 都采用了 MPEG-1 格式压缩；MPEG-2 格式被应用于 DVD 的制作和一些 HDTV（高清晰度电视）的编辑、处理上；MPEG-4 是一种新的压缩算法，使用该算法的 ASF 格式可以把一部 120 分钟的电影压缩成 300MB 左右的视频流，供用户上网观看。

另外，除 ".mpeg" 和 ".mpg" 外，部分采用 MPEG 格式压缩的视频文件以 ".dat" 为扩展名，对于这些文件，用户应该注意不要与同名的 ".dat" 数据文件相混淆。

② AVI 格式。

AVI 是对视频文件采用的一种有损压缩方式，该格式的压缩率较高，并可将音频和视频混合到一起使用。AVI 文件目前主要应用在多媒体光盘上，用来保存电影、电视剧等各种影像信息。Internet 上的一些供用户下载、欣赏影片的精彩片段有时也采用了 AVI 格式。

③ MOV 格式。

MOV 是由苹果公司开发的一种视频格式，也是图像及视频处理软件 QuickTime 支持的视频格式。

④ ASF 格式。

ASF 是由微软公司推出的高级流媒体格式，也是一个在 Internet 上实时传播多媒体的技术标准，其主要优点包括本地或网络回放、可扩充的媒体类型、部件下载与扩展性等。由于 ASF 格式使用了 MPEG-4 的压缩算法，因此这种格式文件的压缩率和图像的质量都很不错。

⑤ RM 格式。

RM 是由 Real Networks 公司开发的一种新型流式视频文件格式，又被称为 "Real Media"，是目前 Internet 上非常流行的跨平台客户/服务器结构多媒体应用标准，采用音频/视频流和同步回放技术实现了全带宽的多媒体回放。

⑥ WMV 格式。

WMV 格式是一种独立于编码方式的、在 Internet 上实时传播多媒体的技术标准，其主要优点包括本地或网络回放、可扩充的媒体类型、部件下载、可伸缩的媒体类型、流的优先级化、多语言支持、环境独立性、丰富的流间关系与扩展性等。

1.3.4　流媒体技术

流媒体（Streaming Media）技术是一种可以使音频、视频和其他多媒体信息能够在 Internet 上以实时、无须下载等待的方式进行播放的技术。基于流媒体技术的流式传输方式的核心是将动画、视频、音频等多媒体文件经过特殊的压缩方式分成一个个压缩包，由视频服务器向用户计算机连续、实时地传递。

1．流式传输的概念和分类

随着多媒体技术在互联网上的广泛应用，迫切要求解决视频、音频、动画等媒体文件的实时传送与播放。

（1）流式传输。

通俗来讲，流式传输就是互联网上的音/视频服务器将声音、图像或动画等媒体文件从服务器向客户端实时且连续传输。用户不必等待全部媒体文件下载完毕，只需延迟几秒或十几秒，就可以在计算机上播放，而文件的其余部分则由计算机在后台继续接收，直至播放完毕或用户中止。这种技术使用户在播放音频、视频或动画等媒体时的等待时间减少，而且不需要太多的缓存。

（2）流式传输的分类。

流式传输分为两种类型：顺序流式传输和实时流式传输。

① 顺序流式传输。

顺序流式传输是指顺序下载，在下载文件的同时用户可在线观看。在给定时时间范围内，用户只能观看已下载的部分，而不能跳到还未下载的部分。顺序流式传输不能在传输期间根据用户连接的速度进行传输调整。由于标准的 HTTP 服务器可发送这种形式的文件，也不需要其他特殊协议，因此它经常被称为"HTTP 流式传输"。顺序流式传输比较适合高质量的短片段，如片头、片尾和广告等。顺序流式传输不适合长片段和有随机访问要求的视频，如讲座、演说和演示等。另外，它也不支持现场广播。

② 实时流式传输。

实时流式传输可保证媒体信号带宽与网络连接匹配，实现媒体实时观看。实时流式传输与顺序流式传输不同，它需要专用的流媒体服务器，如 QuickTime Streaming Server、Real Server 与 Windows Media Server。这些服务器允许对媒体进行更多级别的控制，因而系统设置、管理比标准的 HTTP 服务器更复杂。另外，实时流式传输还需要特殊的网络协议，如 RSTP 协议（Real Streaming Time Protocol）或 MMS 协议（Microsoft Media Server）。

实时流式传输特别适合现场事件，也支持随机访问，使用户可快进或后退以观看前面或后面的内容。

2．流媒体播放

为了让多媒体数据在网络中更好地传播，并且可以在客户端精确地回放，人们提出了很多新技术。

（1）单播。

单播是指在客户端与服务器之间建立一个单独的数据通道，从一台服务器中输出的每个数据包只能传送给一台客户端。每个用户必须对媒体服务器发出单独的请求，媒体服务器也必须向每个用户发送巨大的多媒体数据包复制，还要保证双方的协调性。在单播方式下，服务器负担重、响应慢，难以保证服务质量。

（2）点播与广播。

点播连接是客户端与服务器之间的主动连接。此时用户通过选择内容项目来初始化客户端的连接，还可以开始、停止、后退、快进或暂停多媒体数据流。

广播是指用户被动接收多媒体数据流。在广播过程中，客户端接收多媒体数据流，但不能像点播那样控制多媒体数据流。这时，任何数据包的一个单独复制将发送给网络上的所有用户，根本不会考虑用户是否需要，这就造成网络带宽的巨大浪费。

（3）多播。

多播技术对应于组通信技术，构建一种具有多播功能的网络，允许路由器一次将数据包复制到多个通道上。这样，单台服务器可以对很多台客户端同时发送连接多媒体数据流而无延时。媒体服务器只需要发送一个消息包，就可以将信息发送到任意地址的客户端，减少了网络上传输信息包的总量，极大地提高了网络的利用率，降低了成本。总体说来，多播占用网络的带宽较小。

3．常见的流媒体文件格式

无论是流式的，还是非流式的多媒体文件格式，在传输与播放时都需要压缩，以实现品质和数据量的基本平衡。流媒体文件可以让用户在网络上边下载边观看。为此，必须向流媒体文件中加入一些其他的附加信息，如版权、计时等。

表 1-1 列出了一些常见的流媒体文件格式。

表 1-1　一些常见的流媒体文件格式

公　　司	文 件 格 式
微软	ASF（Advanced Stream Format）
	WMV（Windows Media Video）
	WMA（Windows Media Audio）
RealNetworks	RM（Real Video）
	RA（Real Audio）
	RP（Real Pix）
	RT（Real Text）
苹果	MOV（QuickTime Movie）
	QT（QuickTime Movie）

1.3.5　虚拟现实技术

虚拟现实技术是伴随多媒体技术发展起来的计算机新型技术。它利用三维图像生成技术、多传感交互技术及高分辨率显示技术生成逼真的三维虚拟环境，而用户需要通过特殊的交互设备才能进入虚拟环境中。虚拟现实技术融合了数字图像处理、计算机图形学、多媒体技术、传感器技术等多个信息技术分支，从而极大地推进了计算机技术和多媒体技术的发展。

1．虚拟现实技术的主要特征

虚拟现实技术始于军事和航空航天领域的需求，但近年来，虚拟现实技术已经被广泛应用于工业、建筑设计、教育培训、文化娱乐等领域。虚拟现实技术主要包含 4 个基本特征。

（1）多感知性。

多感知是指除了一般计算机技术所具有的视觉感知，还有听觉感知、力觉感知、触觉感知、运动感知、味觉感知、嗅觉感知等。理想的虚拟现实技术应该具有一切人所具有的感知功能。由于受到相关技术，特别是传感技术的限制，因此目前虚拟现实技术所具有的感知功能多限于视觉、听觉、力觉、触觉、运动等。

（2）浸没感。

浸没感又被称为"临场感"或"存在感"，是指用户感到作为主角存在于模拟环境中的真实程度。理想的模拟环境应该使用户难以分辨真假，全身心地投入计算机创建的三维虚拟环境中。该环境中的一切看上去是真的，听上去是真的，动起来是真的，甚至闻起来、尝起来等都是真的，如同在现实世界中一样。

（3）交互性。

交互性是指用户对模拟环境内物体的可操作程度和从环境中得到反馈的自然程度（包括实时性）。例如，用户可以用手直接抓取模拟环境中的虚拟物体，这时有手握着东西的感觉，并可以感觉物体的重量，视野中被抓的物体也能立刻随着手的移动而移动。

（4）构想性。

构想性又被称为"自主性"，强调虚拟现实技术应具有广阔的可想象空间，可拓宽人类的认知范围，不仅可再现真实存在的环境，还可随意构造客观不存在的甚至是不可能出现的环境。

2．虚拟现实系统的基本组成

一个完整的虚拟现实系统由以高性能计算机为核心的虚拟环境处理器，以头盔显示器为核心的视觉系统，以语音识别、声音合成与声音定位为核心的听觉系统，以方位跟踪器、数据手套和数据衣为主体的身体方位姿态跟踪设备，以及味觉、嗅觉、触觉与力觉反馈系统等功能单元组成。

沉浸式虚拟现实系统是一种高级的、较理想、较复杂的虚拟现实系统，其基本组成如图1.7所示。它采用封闭的场景和音响系统将用户的视、听、觉与外界隔离，使用户完全置身于计算机生成的环境之中。首先用户利用空间位置跟踪器、数据手套和三维鼠标等输入设备输入相关数据和命令，然后计算机根据获取的数据测得用户的运动和姿态，并将其反馈到生成的视景中，最后利用立体眼镜头盔显示器使用户产生一种身临其境、完全投入和沉浸于其中的感觉。

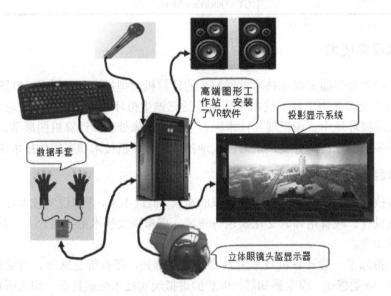

图1.7 沉浸式虚拟现实系统的基本组成

3．虚拟现实的关键技术

虚拟现实是多种技术的综合，其关键技术包括以下4个方面。

（1）动态环境建模技术。

虚拟环境的建立是虚拟现实技术的核心内容。动态环境建模技术的目的是获取实际环境的三维数据，并根据应用的需要，利用获取的三维数据建立相应的虚拟环境模型，以求有真实感。三维数据的获取可以采用 CAD 技术，而更多的环境则需要采用非接触式的视觉建模技术，两者的有机结合可以有效地提高数据获取的效率。

（2）实时三维图形系统和虚拟现实交互技术。

通过实时三维图形系统可以生成具有三维全彩色、明暗、纹理和阴影等特征的逼真感图形。双向对话是虚拟现实的一种重要工作方式。

（3）传感器技术。

虚拟现实的交互功能依赖于传感器技术的发展，而现有传感器的精度还不能满足系统的需要。例如，数据手套的专用传感器就存在工作频带窄、分辨率低、作用范围小、使用不便等缺陷，因此寻找和制作新型、高质量的传感器成为该领域的重要问题。

（4）开发工具和系统集成技术。

虚拟现实应用的关键是如何发挥人们的想象力和创造力，大幅度地提高生产效率、提高产品开发质量。为了达到这一目的，必须研究高效的虚拟现实开发工具。另一方面，由于虚拟现实中包括大量的感知信息和模型，因此系统的集成技术起着至关重要的作用。集成技术包括信息的同步技术、模型的标定技术、数据转换技术、数据管理模型、识别和合成技术等。

1.3.6　视频点播技术

随着计算机多媒体技术应用的不断深入，视频点播技术（Video on Demand，VOD）成为互联网和计算机发展过程中的优质产物。视频点播技术将通信、计算机和电视 3 种技术相结合，实现了人们随意观看电视节目的想法，改变了传统单一的电视传媒娱乐方式。另外，视频点播技术也进入了课堂，生动有趣的教学模式加上灵活的课堂互动，极大地改善了传统教学中的某些不足。因此，越来越多的领域开始采用视频点播技术来实现自身的价值。

虽然，视频点播技术的最初出现是为了更好地满足用户对自主收看视频节目的需求，但是随着视频点播技术的不断进步，其广泛的应用对大众文化和商业运作模式都产生了强烈的影响。视频点播技术不仅可以为终端用户提供多样化的媒体信息流，来扩大人们的信息渠道、丰富人们的精神生活；而且可以为医院、宾馆、飞机等场所的娱乐，公司的职员培训、远距离市场调查、广告业务等提供更加方便的服务。

为了同时满足多个客户端通过网络来使用视频点播服务的需求，一套完整的视频点播系统采用了 Client-Server（客户端-服务器）的架构模式，其硬件设备包含负责执行运作的多媒体管理服务器、存放多媒体档案的专用储存设备及客户端的显示设备。优良的硬件设备是为用户提供高品质服务的保证。图 1.8 所示为某单位的视频点播系统的基本结构。

1．视频点播（VOD）技术的概念

视频点播技术又被称为"交互式电视点播系统"，其含义是根据用户的需要播放相应的视频节目。视频点播技术从根本上改变了用户被动式观看电视的不足，可以随时直接点播希望观看的内容，就好像播放刚刚放进自己家里录像机或 VCD 中的一部新片子一样。它通过多媒体网络将视频节目按照个人的意愿送到千家万户。

视频点播技术不仅可以应用在电信的宽带网络中，也可以应用在小区局域网及有线电视的宽带网络中。如今在建设智能小区的过程中，计算机网络布线已成为必不可少的一环，小区

中的用户可以通过计算机、电视机（配置机顶盒）等设备实现视频点播应用，丰富了人们的文化生活。有线电视经过双向改造，可以让广大的电视用户通过有线电视网点播视频节目。

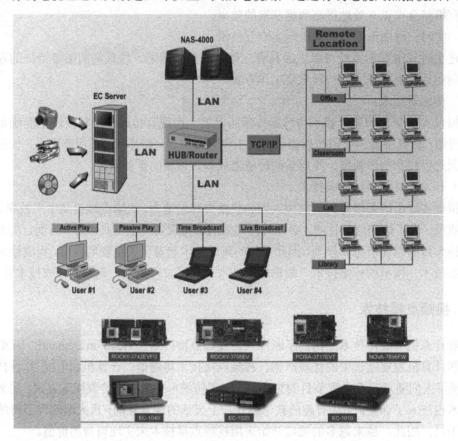

图1.8　某单位的视频点播系统的基本结构

2．视频点播系统的基本组成

一个视频点播系统主要由3部分组成：服务端系统、网络系统、客户端系统。

（1）服务端系统。

服务端系统主要由档案管理服务器、内部通信子系统、网络接口和视频服务器组成。档案管理服务器主要承担用户信息管理、计费、影视材料的整理和安全保密等任务。内部通信子系统主要完成服务器之间信息的传递、后台影视材料和数据的交换。网络接口主要实现与外部网络的数据交换和提供用户访问的接口。视频服务器主要由存储设备、高速缓存和控制管理单元组成，其目标是实现对媒体数据的压缩和存储，以及按请求进行媒体信息的检索和传输。视频服务器与传统数据服务器具有许多不同之处，需要增加许多专用的软硬件功能设备以支持某些业务的特殊需求，如媒体数据检索、信息流的实时传输、信息的加密和解密等。对于交互式的视频点播系统来说，服务端系统还需要实现对用户实时请求的处理、访问许可控制、VCR（Video Cassette Recorder）功能（如快进、暂停、重播等）的模拟。

（2）网络系统。

网络系统主要由主干网络和本地网络两部分组成。由于网络系统负责视频信息流的实时传输，因此它是影响媒体网络服务系统性能的关键因素。同时，媒体服务系统的网络部分投资巨大，在设计时不仅要考虑当前媒体应用对带宽的需求，还要考虑将来发展的需要和向后兼容性。当前，可用于建立这种服务系统的网络物理介质主要是 CATV（有线电视）的同轴电缆、光纤和双绞线，而采用的网络技术主要是快速以太网、FDDI 和 ATM 技术。

（3）客户端系统。

目前，根据不同的功能需求和应用场景，主要有 3 种视频点播客户端系统：NVOD、TVOD、IVOD。

NVOD（Near Video on Demand，就近式点播电视）点播电视的特点是多个视频流依次间隔一定的时间启动并发送同样的内容。例如，12 个视频流每隔 10 分钟启动一个发送同样的两小时的电视节目。如果用户想要观看这个电视节目可能需要等待，但最长不会超过 10 分钟，他们会选择距自己最近的某个时间起点进行观看。在这种方式下，许多用户可共享一个视频流。

TVOD（True Video on Demand，真实点播电视）真正支持即点即放，当用户提出请求时，视频服务器将立即传送用户所要的视频内容。如果另一个用户提出同样的需求，视频服务器就会立即为他再启动另一个传输同样内容的视频流。不过，一旦开始播放视频流，就要连续不断地播放下去，直到结束。在这种方式下，每个视频流专门为某个用户服务。

IVOD（Interactive Video on Demand，交互式点播电视）比前两种点播方式有很大程度上的改进。它不仅可以支持即点即放，还可以让用户对视频流进行交互式控制。这时，用户就像操作传统的录像机一样，实现节目的播放、暂停、返回、快进和自动搜索等。

只有使用相应的终端设备，用户才能与某种服务或服务提供者进行联系和互操作。在视频点播系统中，需要电视机和机顶盒（Set-top Box）。在一些特殊系统中，可能还需要一台配有大容量硬盘的计算机以存储来自视频服务器的影视文件。在客户端系统中，除了需要配备相应的硬件设备，还需要配备相关的软件。例如，为了满足用户的多媒体交互需求，必须对客户端系统的界面进行改造。此外，在进行连续媒体播放时，我们还要充分考虑媒体流的缓冲管理、声频与视频数据的同步、网络中断与演播中断的协调等问题。

1.4 常见多媒体创作工具简介

目前，多媒体产品的开发工具有很多，即使在同一类型中，不同工具所面向的应用也各不相同。从多媒体项目开发的角度来看，需要根据项目的特点选择合适的多媒体创作工具。

1.4.1 多媒体产品的常见形式

多媒体产品被广泛应用于文化教育、广告宣传、电子出版、影视音像制作、通信和信息咨询服务等相关行业中。多媒体产品的基本模式从创作形式上看，有 7 类常见形式。

1. 幻灯片形式

幻灯片形式是一种线性呈现形式。使用这种形式的工具假定展示过程可以分成一系列顺序呈现的分离屏幕，即"幻灯片"。典型的代表工具是 PowerPoint、Freelance 等。这种形式是创作线性展示的最好方法。

2. 层次形式

层次形式假定目标程序可以按一个树形结构组织，最适合于菜单驱动的程序，如主菜单分为二级菜单序列等。设计为层次形式的集成工具，具有容易建立菜单并控制使用的特征，如 Founder Author Tool、Author Tool 等都是以层次形式为主的多媒体创作工具，而 Visual Basic 和 Tool Book 等工具也都含有层次形式。

3．书页形式

书页形式假定目标程序就像组织一本"书"，按照称为"页"的分离屏幕来组织内容。在这一点上该形式类似于幻灯片呈现模式。但是，在页之间通常还支持更多的交互，就像在一本纸质书中能前后浏览一样。典型的代表工具是 Tool Book。

4．窗口形式

窗口形式假定目标程序按分离的屏幕对象组织为窗口的一个序列。每一个窗口的制作也类似于幻灯片呈现模式。这种形式的主要特征是同时可以有多个窗口呈现在屏幕上，而且都是活动窗口。这类工具能制作窗口、控制窗口及其内容。典型的代表工具是 Visual Basic。

5．时基形式

时基形式假定目标程序主要由动画、声音及视频组成的应用程序呈现过程，可以按时间轴的顺序来制作。整个程序中的事件按一个时间轴的顺序制作和放置，当用户没有交互控制时，按时间轴顺序完成默认的工作。典型的代表工具是 Adobe Director、Flash 和 Action。

6．网络形式

网络形式假定目标程序是一个"从任何地方到其他任意地方"的自由形式结构。用户需要根据需求建立程序结构，可以保证很好的灵活性。所以，网络形式是所有形式中最能适应建立一个包含多种层次交互应用程序的工具。典型的代表工具是 MediaScript。

7．图标形式

在图标形式中，创作工作由制作多媒体对象和构建基于图标的流程图组成。媒体素材和程序控制利用给出内容线索的图标表示，在制作过程中，整个工作就是构建和调试这张流程图。图标形式的主要特征是图标自身及流程图显示。典型的代表工具是 Author ware。

1.4.2 Adobe Director

Adobe Director 是一种以二维动画创作为核心，以时间线为基础控制整个媒体播放流程的多媒体创作工具。Adobe Director 通过看得见的时间线来进行创作，具有非常好的二维动画创作环境。用户通过其脚本语言 Lingo 开发的应用程序具有令人满意的交互功能。Adobe Director 非常适合制作交互式多媒体演示产品和娱乐光盘。

用户使用 Adobe Director 不但可以创作多媒体教学软件，还可以创作活灵活现的 Internet 游戏、多媒体的互动式简报等，用途十分广泛。Adobe Director 最初是一个动画制作软件，后来添加了 Lingo 编程语言，为 Adobe Director 动画增加了交互性，功能比以前更加强大，使用也更加方便。同时，用户使用 Behaviors（行为）编辑器或设置好的 Behaviors 库能够轻松实现各种交互功能。图 1.9 所示为 Adobe Director 的工作界面。

用户通过 Adobe Director 可以将游戏原型复制到软件上，并将动作添加到动画帧上编辑，既可以自己布局游戏动画运行的方式，又可以将多种动画插入游戏中。

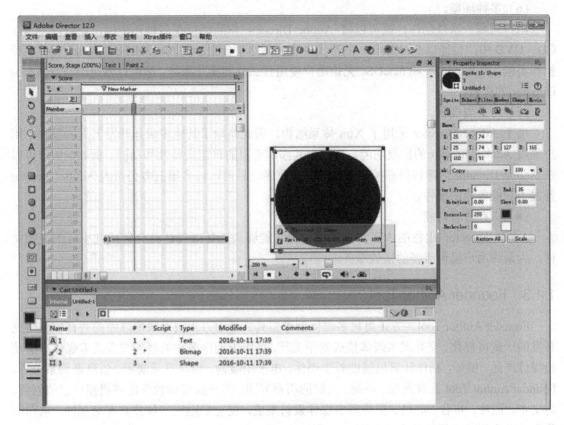

图 1.9 Adobe Director 的工作界面

Adobe Director 具有以下 8 个基本特点。

（1）界面方面易用。

Adobe Director 提供了专业的编辑环境、高级的调试工具及简单易用的属性面板，使得 Adobe Director 的操作简单方便，极大地提高了用户的开发效率。

（2）支持多种媒体类型。

Adobe Director 支持多种媒体类型，包括 AVI、MP3、WAV、AIFF 等。

（3）脚本工具。

普通用户可以通过拖放预设的 Behavior 完成脚本的制作，而高级用户可以通过 Lingo 制作出更复杂的效果。Lingo 是 Director 中面向对象的语言。用户通过 Lingo 可以实现一些常规方法无法实现的功能，也可以无限自由地进行创作。Lingo 能够添加强大的交互、数据跟踪，以及二维/三维动画、行为与效果。如果用户使用过 JavaScript，就会发现学习 Lingo 语言非常容易。

（4）独有的三维空间。

用户利用 Adobe Director 独有的 Shockwave 3D 引擎，可以轻松地创建互动的三维空间、制作交互的三维游戏、提供引人入胜的用户体验，让网站或作品更具吸引力。

（5）创建方便可用的程序。

用户利用 Adobe Director 可以创建方便可用的程序。例如，利用 Adobe Director 可以实现键盘导航功能和语音朗读功能，无须使用专门的朗读软件。

（6）多种环境。

用户只需一次性创作，就可以将 Adobe Director 作品运行在多种环境中，还可以发布在 CD、DVD 中，也能以 Shockwave 的形式发布在网络平台上。同时，Adobe Director 支持多种操作系统，如 Windows 和 macOS。无论用户使用什么样的操作系统，都可以方便地浏览 Adobe Director 的作品。

（7）可扩展性强。

由于 Adobe Director 采用了 Xtra 体系结构，因此消除了其他多媒体开发工具的限制。用户使用 Adobe Director 的扩展功能，可以为其添加无限的自定义特性和功能。例如，用户可以在 Adobe Director 内部访问和控制其他的应用程序。目前，许多第三方公司为 Adobe Director 开发了功能各异的插件。

（8）内存管理功能。

Adobe Director 出色的内存管理功能使得它能够快速处理长达几分钟或几小时的视频文件，为最终用户提供流畅的播放服务。

1.4.3　Founder Author Tool

Founder Author Tool（方正奥思多媒体创作工具）是由方正技术研究院面向教育领域研究开发的一款可视化、交互式多媒体集成创作工具，可用于创作多种类型的交互式多媒体产品及超媒体产品。例如，制作计算机辅助教学课件、电子出版物、用户产品演示、信息查询系统等。Founder Author Tool 具有直观、简便、友好的用户界面。用户通过该软件能够根据自己的创意，将文本、图片、声音、动画、影像等多媒体素材集成，使它们融为一体并具有交互性，从而制作出各种多媒体应用软件产品。图 1.10 所示为 Founder Author Tool 的工作界面。

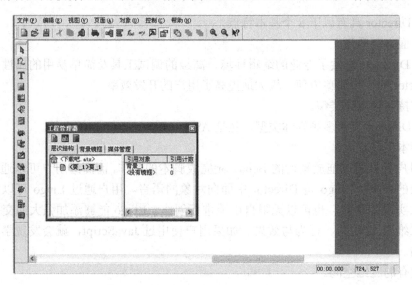

图 1.10　Founder Author Tool 的工作界面

1．基本特点

Founder Author Tool 具有以下 5 个基本特点。

（1）易学易用。

● 采用页面式结构，概念简单直观。

- 所见即所得操作，高度可视化编辑。
- 无须语言编程。
- 内置了高度灵活的教学图符库。
- 通过收藏夹功能允许用户把常用目录加入收藏夹。

（2）高渲染力的多媒体表现效果。

- 支持 Flash、MP3 等各种流行媒体类型。
- 按钮和卷滚条等对象款式可高度定制。
- 可以定制高度灵活、智能的复杂路径动画。
- 多达数百种的丰富线形和媒体填充效果。
- 既可以轻松实现复杂变形矢量动画，又可以随意定制各种过渡效果。
- 全面支持动画、影像非窗口播放，实现媒体逐帧操作控制。

（3）功能强大。

- 随时随地触发交互动作。
- 具有强大的可视化脚本语言功能、丰富的变量类型和分类函数库，可以灵活控制对象的属性和方法。
- 具有自定义的函数库和过程库。
- 具有方便的路径拖曳和区域拖曳功能。
- 具有输入/输出页面和子结构，便于多人合作。
- 具有方便的媒体格式转换。
- 具有强大的多媒体数据库编辑、检索功能。
- 可以动态连接大型数据库。

（4）轻松发布。

- 快速、简便打包作品，可以直接在计算机上运行作品。
- 可以发布网络格式，支持完全功能的在线播放，轻松实现远程教学。

（5）系统增强。

- 内置了高效的数据压缩功能。
- 可以实现媒体格式转换和压缩，视/音频流式化。
- 支持 ActiveX 对象，可以内嵌 IE 或 Mediaplay 等外部控件。

2．基本功能

Founder Author Tool 具有很强的文字、图形编辑功能，支持多种媒体文件格式，提供了多种声音、动画和影像播放方式，还提供了丰富的动态特技效果，以及具有强大的交互功能。该软件可面向各个应用领域的非计算机专业的用户。所以，用户不需要编写程序就可以制作出高质量的作品。

（1）媒体管理器。

在作品创作过程中需要用到各种媒体，如果用户想要更加方便地使用这些媒体，则必须对媒体进行进一步的管理。媒体管理器的主要作用是引入和管理媒体文件。

（2）页面编辑器。

启动 Founder Author Tool，打开其主界面，即页面编辑器。页面编辑器由标题栏、菜单栏、工具栏、工具箱、属性箱、状态栏及中间的编辑区域等组成。

（3）数据库。

用户通过数据库能够便利地组织和使用大规模的数据信息，同时可以将大量的媒体文件存入数据库中，实现多媒体数据库。

（4）网络发布。

网络发布是把制作的作品输出为可以在 IE 中播放的文件。通过互联网能够浏览该作品。

（5）输出 HTML。

Founder Author Tool 支持把制作的一个或多个页面输出转化为 HTML 文件。

（6）打包输出。

"打包成光盘发布形式"简称为"打包"。用户使用 Founder Author Tool 的打包程序能够把制作好的源文件生成一个可执行文件（*.exe）。

（7）输出 AVI 文件。

Founder Author Tool 支持把整个工程输出为一个 AVI 文件，输出的过程类似于预演状态，可以执行该软件定义的交互，如鼠标的交互等。

（8）奥思文件。

奥思文件不是一个单独的文件，而是一组文件的集合，主要包括主文件（*.atx）和各类媒体文件。如果制作作品时使用了数据库，还将有数据库文件（*.adb）。

习题 1

一、填空题

1. _____媒体是信息表示和传播的载体。

2. _____是指从点、线、面到三维空间的黑白或彩色几何图形，又被称为"向量图"或"矢量图"。

3. _____是指组合两种或两种以上媒体的一种人机交互式信息交流和传播媒体。

4. _____是一种基于计算机的综合技术，包括数字信号处理技术、音频和视频压缩技术、计算机硬件和软件技术、人工智能和模式识别技术、网络通信技术等。

5. 多媒体系统简称为_____，是具有多媒体信息处理功能，并配备相关软硬件的计算机系统。

6. 多媒体系统主要由_____、多媒体操作系统、多媒体创作工具和多媒体应用系统 4 部分组成。

7. 从多媒体作品的开发过程来看，多媒体软件可以分为_____、多媒体数据库、多媒体创作工具和多媒体播放软件等几类。

8. 压缩方法一般分为两类：一类是无损压缩，另一类是_____。

9. _____是伴随多媒体技术发展起来的计算机新型技术。它利用三维图形生成技术、多传感交互技术及高分辨率显示技术生成逼真的三维虚拟环境。用户需要通过特殊的交互设备才能进入虚拟环境中。

10. _____是一种可以使音频、视频和其他多媒体信息能够在 Internet 上以实时的、无须下载等待的方式进行播放的技术。

11. 虚拟现实技术主要包含 4 个基本特征，分别是多感知性、浸没感、_____和构想性。

12. 一个视频点播系统主要由 3 部分组成：服务端系统、网络系统、_____。

13. 目前，根据不同的功能需求和应用场景，主要有 3 种视频点播客户端系统：NVOD、TVOD、_____。

二、选择题

1. 多媒体计算机中的媒体信息是指（　　）。

① 数字、文字　　　　　　　　　② 声音、图形
③ 动画、视频　　　　　　　　　④ 图像

  A. ①　　　　　　　　　　　　B. ②
  C. ③　　　　　　　　　　　　D. 全部

2. 多媒体技术的主要特性有（　　）。

① 多样性　　　　　　　　　　　② 集成性
③ 交互性　　　　　　　　　　　④ 可扩充性

  A. ①　　　　　　　　　　　　B. ①、②
  C. ①、②、③　　　　　　　　D. 全部

3. 在多媒体计算机中，常用的图像输入设备是（　　）。

① 数码相机　　　　　　　　　　② 彩色扫描仪
③ 视频信号数字化仪　　　　　　④ 彩色摄像机

  A. ①　　　　　　　　　　　　B. ①、②
  C. ①、②、③　　　　　　　　D. 全部

4. 下列配置中（　　）是 MPC 必不可少的。

① CD-ROM 驱动器　　　　　　② 高质量的音频卡
③ 高分辨率的图形、图像显示　　④ 高质量的视频采集卡

  A. ①　　　　　　　　　　　　B. ①、②
  C. ①、②、③　　　　　　　　D. 全部

5. 超文本是一个（　　）结构。

  A. 顺序的树形　　　　　　　　B. 非线性的网状
  C. 线性的层次　　　　　　　　D. 随机的链式

6. 2 分钟双声道、16 位采样位数、22.05kHz 采样频率声音的不压缩的数据量是（　　）。

  A. 10.09MB　　　　　　　　　B. 10.58MB
  C. 10.35KB　　　　　　　　　D. 5.05MB

7. 在数字视频信息的获取与处理过程中，下述顺序正确的是（　　）。

  A. A/D 变换、采样、压缩、存储、解压缩、D/A 变换
  B. 采样、压缩、A/D 变换、存储、解压缩、D/A 变换
  C. 采样、A/D 变换、压缩、存储、解压缩、D/A 变换
  D. 采样、D/A 变换、压缩、存储、解压缩、A/D 变换

8. 数字视频的重要性体现在（　　）。

① 可以用新的与众不同的方法对视频进行创造性编辑
② 可以不失真地进行无限次复制

③ 可以用计算机播放电影节目

④ 易于存储

    A. ①　　　　　　　　　　　　　　B. ①、②

    C. ①、②、③　　　　　　　　　　D. 全部

9. 如果想要使 CD-ROM 驱动器正常工作，则必须有（　　）软件。

① 该驱动器装置的驱动程序　　　　② CD-ROM 扩展软件

③ CD-ROM 测试软件　　　　　　　④ CD-ROM 应用软件

    A. ①　　　　　　　　　　　　　　B. ①、②

    C. ①、②、③　　　　　　　　　　D. 全部

10. 在某大型房地产展销会上，人们通过计算机屏幕参观房屋的结构，就如同站在房屋内根据需要对原有家具进行移动、旋转，重新摆放其位置一样。这是利用了（　　）技术。

    A. 网络通信　　　　　　　　　　　B. 虚拟现实

    C. 流媒体技术　　　　　　　　　　D. 智能化

11.（　　）使得多媒体信息可以一边接收、一边处理，很好地解决了多媒体信息在网络中的传输问题。

    A. 多媒体技术　　　　　　　　　　B. 流媒体技术

    C. ADSL 技术　　　　　　　　　　D. 智能化技术

三、简答题

1. 多媒体数据具有哪些特点？

2. 常见的媒体类型有哪些？各有什么特点？

3. 多媒体技术具有哪些特征？

4. 简述多媒体系统的基本组成。

5. 简述图像素材的常见采集方法。

6. 简述音频素材的常见采集方法。

7. 简述视频素材的常见采集方法。

8. 什么是虚拟现实？虚拟现实技术有哪些基本特征？

9. 什么是流媒体？它与传统媒体有什么不同？

10. 简述多媒体产品的基本开发流程。

第 2 章　常见媒体与处理软件

　　多媒体技术不是各种信息媒体的简单结合，而是一种把文本、图形、图像、动画和声音等形式的信息结合在一起，并通过计算机进行综合处理和控制，能完成一系列交互式操作的信息技术。理解不同媒体的特点、掌握不同媒体处理软件的使用，对于发挥多媒体技术的优势具有重要作用。

2.1　图形处理

　　随着多媒体技术的发展，数字图像技术逐渐取代了传统的模拟图像技术。同时，多媒体技术借助数字图像处理技术取得了进一步发展，为数字图像处理技术的应用开拓了更为广阔的空间。

2.1.1　理解图形

1．图形的概念

　　图形与位图（图像）从各自不同的角度来表现物体的特性。图形是对物体形象的几何抽象，反映了物体的几何特性，是客观物体的模型化；而位图则是对物体形象的影像描绘，反映了物体的光影与色彩的特性，是客观物体的视觉再现。图形与位图之间可以相互转换。利用渲染技术可以把图形转换成位图，而边缘检测技术则可以从位图中提取几何数据，把位图转换成图形。

　　图形又被称为"矢量图"，是指由数学方法描述的、只记录图形生成算法和图形特征的数据文件。其格式是一组描述点、线、面等几何图形的大小、形状及其位置、维数的指令集合。例如，Line（x1，y1，x2，y2，color）表示以（x1，y1）为起点，（x2，y2）为终点画一条 color 的直线，绘图程序负责读取这些指令并将其转换为屏幕上的图形。如果是封闭的图形，则可以用着色算法进行颜色填充。图 2.1 和图 2.2 所示为两个矢量图的显示结果。

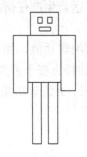

图 2.1　简单的矢量图

图 2.2　较为复杂的矢量图

2. 矢量图与位图的区别

矢量图与位图相比，它们之间的区别主要表现在以下 4 个方面。

（1）存储容量不同。

矢量图只保存了算法和特征，数据量少，存储空间也较小；而位图由大量像素点信息组成，其存储空间大小取决于颜色种类、亮度变化及图像的尺寸等，数据量大，存储空间也较大，经常需要进行压缩存储。

（2）处理方式不同。

矢量图通过画图的方法得到，其处理侧重于绘制和创建；而位图通过数码相机实拍或对照片进行扫描得到，其处理侧重于获取和复制。

（3）显示速度不同。

矢量图在显示时需要重新运算和变换，显示速度较慢；而位图在显示时只是将图像对应的像素点映射到屏幕上，显示速度较快。

（4）控制方式不同。

矢量图的放大只是改变计算的数据，可任意放大而不会失真，显示及打印时质量较好；而位图的尺寸取决于像素的个数，放大时需进行插值，数次放大便会明显失真。

2.1.2 常见的图形处理软件

下面简单介绍几种常见的图形处理软件。

1. CorelDRAW

CorelDRAW 是由 Corel 公司开发的一种矢量图形制作工具软件，被广泛应用于商标设计、标志制作、模型绘制、插图描画、排版及分色输出等方面。

CorelDRAW 界面设计友好，提供了一整套绘图工具，包括圆形、矩形、多边形、方格、螺旋线等，配合塑形工具，能对各种基本图形做出更多的变化；还提供了特殊笔刷，如压力笔、书写笔、喷洒器等。CorelDRAW 还提供了一整套图形精确定位和变形控制方案，可以方便地实现商标、标志等的准确尺寸设计。同时，实色填充提供的多种模式调色方案、专色的应用或渐变、颜色匹配管理方案，实现了显示、打印和印刷颜色的一致性。

2. Illustrator

Illustrator 是由 Adobe 公司开发的一种工业标准矢量插画制作工具软件，被广泛应用于印刷出版、专业插画、多媒体图像处理和互联网页面制作等方面，适合生产任何小型设计与大型的复杂项目。

Illustrator 提供了丰富的像素描绘功能及顺畅灵活的矢量图编辑功能，如三维原型、多边形和样条曲线等，能够快速创建设计工作流程。Illustrator 最大的特点在于贝塞尔曲线的使用，使得操作简单功能强大的矢量绘图成为可能，同时集成文字处理、上色等功能，并且在插图制作、印刷制品（如广告传单、小册子）制作等方面也非常出色。

3. FreeHand

FreeHand 是由 Adobe 公司开发的一种功能强大的平面矢量图形设计软件，被广泛应用于广告创意、书籍海报、机械制图、建筑蓝图等制作中。

FreeHand 提供了可编辑的、向量动态的透明功能，放大滤镜效果可填入 FreeHand 文件中的任何部分，且有不同的放大比率。用户可以使用镜头效果将整个设计区域变亮或变暗，或者利用反转以产生负片相反的效果；也可以在 FreeHand 提供的集合样式面板中预设填色、笔刷、拼贴与渐层效果，以及字形预视、显示与隐藏、文字样式、大小写转换等；还可以使用自由造型工具将一些基本图形通过拖拉、推挤等方式生成需要的形态。FreeHand 还能轻易地在程序中转换文件格式，可输入及输出适合 Photoshop、Illustrator、CorelDRAW、Flash、Adobe Director 等软件使用的文件格式。

2.1.3　常见的矢量图文件格式及其特点

1. EPS（Encapsulated PostScript）格式

EPS 格式的含义为"封装的 PostScript 格式"，表示其内容不会因为软件的改变而改变，其文件扩展名为".eps"。EPS 格式支持黑白点阵图、灰度、专色、RGB、CMYK、Lab、索引色彩模式，并使用 ASCII 格式进行存储，可以用文字编辑程序打开。

EPS 格式具有以下基本特点。

（1）EPS 文件由一个 PostScript 语言的文本文件和一个（可选）低分辨率的由 PICT 格式或 TIFF 格式描述的代表图像组成。

（2）EPS 文件格式的封装单位是一个页面，且页面大小可以由保存在页面上的物体的整体矩形边界来决定。所以它既可用于保存组版软件中一个标准的页面大小，也可用于保存一个矩形区域。

（3）EPS 文件文本部分可以由 ASCII 字符写出（生成的文件容量较大，但可直接在普通编辑器中修改和检查），也可以由二进制数字写出（生成的文件容量小，处理速度快，但不便修改和检查）。

（4）虽然 EPS 文件采用了矢量描述的方法，但也可以容纳点阵图像。它并非将点阵图像转换为矢量描述，而是将所有像素数据整体以像素文件的描述方式保存。对于像素图像的组版剪裁和输出控制参数，如轮廓曲线的参数、加网参数和网点形状、图像和色块的颜色设备特征文件等，都使用 PostScript 语言方式进行保存。

（5）EPS 文件有多种形式，如按颜色空间可划分为 CMYK（含有对四色分色图像的 PostScript 描述部分和一个可选的低分辨率代表图像）、RGB 等；另外，使用不同软件生成的 EPS 文件也有一定区别。

（6）EPS 文件可以同时携带与文字有关的字库的全部信息。

2. DCS（Desktop Color Separation）格式

DCS 是桌面分色格式，是标准 EPS 格式的扩充形式，其文件扩展名为".dcs"。当存储为 DCS 格式时需要选择预览、DCS 形式、编码等选项。预览是头文件的显示颜色，对实际颜色没有影响；对于 DCS 形式，如果选择单色文件，则只生成一个单独的颜色文件。如果选择多文件，则总共生成 5 个文件，一个头文件（.eps）和 4 个色版文件。DCS 格式可以同时包含位图和矢量图的内容，支持黑白点阵图、灰度、RGB、CMYK 等色彩模式。

3．AI（Adobe Illustrator）格式

Adobe Illustrator 是一种基于矢量图形的绘图软件。AI 是该软件默认的文件存储格式，其文件扩展名为 ".ai"。AI 格式灵活方便，文件占用空间较小，色彩精确度及稳定性也很优秀，被广泛应用于印前排版中。

AI 格式是一个严格限制的高度简化的 EPS 子集。AI 文件也是一种分层文件，使用户可以对图形内存在的层进行操作。在输出时，AI 格式文件是基于矢量输出的，可在任何尺寸大小下按最高分辨率输出。

4．CDR（CorelDRAW）格式

CDR 是绘图软件 CorelDRAW 的专用图形文件格式，其文件扩展名为 ".cdr"。由于 CorelDRAW 是矢量图形绘制软件，因此 CDR 格式可以记录文件的属性、位置和分页等。

5．SVG（Scalable Vector Graphics）格式

SVG（可缩放的矢量图形）是一种图形文件格式，其文件扩展名为 ".svg"。从严格意义上来讲，SVG 是一种开放标准的矢量图形语言，可任意放大图形显示且边缘异常清晰。文字在 SVG 图像中保留可编辑和可搜索的状态，没有字体的限制，生成的文件容量很小，下载速度很快，十分适合用于设计高分辨率的 Web 图形页面。用户可以直接用代码来描绘图像，可以用任何文字处理工具打开 SVG 格式的图像，通过改变部分代码来使图像具有交互功能，并可以随时将该图像插入 HTML 中，通过浏览器来观看。

SVG 格式提供了 3 种类型的图形对象：矢量图形（如由直线和曲线组成的路径）、图像、文本。图形对象还可以进行分组、添加样式、变换、组合等操作，特征集包括嵌套变换、剪切路径、alpha 蒙版、滤镜效果、模板对象和其他扩展。另外，SVG 格式的图形是可交互的、动态的，用户可以在 SVG 文件中嵌入动画元素或通过脚本来定义动画。

目前，Mozilla、Firefox、Opera、Chrome、Internet Explorer、Microsoft Edge 等主流浏览器都支持 SVG 格式。

2.2 图像处理

2.2.1 理解色彩

1．色彩的概念

色彩是人眼认识客观世界时获得的一种感觉。在人眼视网膜上，锥状光敏细胞可以感觉到光的强度和颜色，杆状光敏细胞能够更灵敏地感觉到光的强度，但不能感觉到光的颜色。当这两种光敏细胞将感受到的光波刺激传递给大脑时，人眼就看到了颜色。

太阳是标准的发光体，其所辐射的电磁波包括紫外线、可见光、红外线及无线电波等，如图 2.3 所示。可见光的波长范围是 350～750nm，不同波长的光可呈现出不同的颜色。随着波长的减少，可见光颜色依次为红、橙、黄、绿、青、蓝、紫。只有单一波长的光称为 "单色光"，含有两种以上波长的光称为 "复合光"。人眼感受到复合光的颜色是组成该复合光的单色光所对应颜色的混合色。

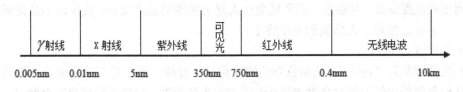

图 2.3 电磁波基本分类

2. 色彩三要素

色彩具有 3 个基本要素：亮度、色调和饱和度。

（1）亮度。

亮度又被称为"明度"，是指光作用于人眼时所感受到的明亮强度。亮度与物体呈现的色彩和物体反射光的强度有关。如果有两个相同颜色的色块分别置于强白光与弱白光的照射下，虽然这两个色块反射的光波波长一样，但进入人眼的光波能量并不相同。在强白光照射下，色块反射的光波能量大，人眼感受到的颜色较浅；在弱白光照射下，色块反射的光波能量较小，人眼感受到的颜色较深。在不同的亮度环境下，人眼对相同亮度的主观感觉也不同。一般用对比度（最大亮度与最小亮度之比）来衡量画面的相对亮度。

（2）色调。

色调又被称为"色相"，是指人眼对各种不同波长的光所产生的色彩感觉。某一物体的色调是该物体在日光照射下所反射的各光谱成分作用于人眼的综合效果。透射光是透过该物体的光谱成分综合作用的效果。人们通过对不同光波波长的感受可区分不同的颜色。因此色调是光呈现的颜色，随波长变化而变化，反映了颜色的种类或属性，并决定了颜色的基本特征。

人眼所见各部分色彩如果有某种共同的因素，就会构成统一的色调。如果一幅画面没有统一的色调，那么色彩会杂乱无章，难以表现画面的主题和情调。一般将各种色彩与不同分量的白色混合统称为"明调"，与不同分量的黑色混合统称为"暗调"。

色调可分为冷色调和暖色调。冷色调和暖色调是相对来说的，没有什么具体的界限。但是不同色调能够给人们带来不同的视觉感受。通常人们按色调将颜色进行如下分类。

- 暖色调：红紫、红、橘、黄橘、黄。
- 冷色调：蓝绿、蓝青、蓝、蓝紫。
- 中性色：紫、绿、黑、白、灰。

对于冷暖两种色调，可以从以下几个方面进行对比。

① 色相对比。

冷色调会使接近它的颜色转弱，而暖色调会使接近它的颜色更耀眼。

② 明度对比。

冷色调的明度会使接近它的颜色变暗，而暖色调会使接近它的颜色变明亮。

③ 纯度对比。

冷色调会使接近它的颜色纯度变高，而暖色调会使接近它的颜色纯度变低。

④ 面积对比。

冷色调在视觉上会给人一种面积变大的感觉，而暖色调在视觉上会给人一种面积变小的感觉。

⑤ 冷暖对比。

色彩也是有温度的，不同的色彩能够让人产生不同的温度感受。例如，冷色调的环境会让人感觉周围的温度变低，而暖色调的环境会让人感觉周围的温度变高。其实这不是说周围的温度变了，而是通过色彩让人感觉到温度变了。

（3）饱和度。

饱和度又被称为"纯度"，是指色彩的纯净程度，反映了颜色的深浅程度，一般通过一个色调与其他色调相比较的相对强度来表示。以太阳光带为准，越接近标准色纯度越高。饱和度实际上是某一种标准色调的彩色光中掺入了白色、黑色或其他颜色的程度。对于同一色调的彩色光来说，饱和度越高，颜色越鲜艳，掺入白色、黑色或其他颜色越少；反之，饱和度越低，颜色越暗淡，掺入白色、黑色或其他颜色越多。

通常将色调和饱和度统称为"色度"。色度和亮度都是人眼对客观存在颜色主观感受的结果。亮度表示颜色的明亮程度，而色度则表示颜色的类别和深浅程度。

3．成色原理

成色有两种基本原理：颜色相加原理和颜色相减原理。

（1）颜色相加原理。

如果在没有光线的黑暗环境中使用发光体（如灯泡、显示器等），则可以使人眼感受到发光体上发出的光波颜色。该颜色不是物体反射环境光源中的光波，而是物体自身发出的具有部分波长的光波。发光体本身不会发出由全部可见光波波长构成的白光，而是发出部分波长的光。这些波长的光混合在一起，给人眼带来的刺激便形成了人眼对物体发光颜色的感觉，这个物理过程称为"颜色相加"。

（2）颜色相减原理。

如果以太阳光作为标准的白光，那么它照射在具有某种颜色的物体上，一部分波长的光被吸收，另一部分波长的光被反射。不同物体表面对白光的不同波长光波具有不同的吸收和反射作用，被反射的光波进入眼睛后令人感受到物体的颜色。因此，物体的颜色是物体表面吸收和反射不同波长太阳光的结果，体现了物体的固有特性。其基本原理就是从混合光（白光）中去掉部分波长的光波，剩下波长的光波对人眼进行刺激形成颜色感觉，这个物理过程称为"颜色相减"。

4．常见的色彩模式

色彩模式是一个非常重要的概念。人们只有了解了不同色彩模式才能精确地描述、修改和处理色调。计算机中提供了一组描述自然界光和其色调的模式，在某种模式下，将颜色按某种特定的方式表示、存储。每种色彩模式都针对特定的目的，如为了方便打印，会采用 CMYK 色彩模式；为了给黑白相片上色，可以先将扫描的灰度色彩模式的图像转换为彩色模式。下面介绍 4 种常见的色彩模式。

（1）RGB 色彩模式。

RGB 色彩模式采用颜色相加原理成色，是目前运用非常广泛的色彩模式之一，能满足多种输出的需要，并能较完整地还原图像的颜色信息。现在大多数的显示屏、RGB 打印、多种写真输出设备都采用 RGB 色彩模式实现图像输出。

RGB 色彩模式的颜色混合原理如图 2.4 所示，包括红（Red）、绿（Green）、蓝（Blue）3 种颜色的光，且不能由其他任何色光混合而成，因此，称 R、G、B 为"色光三原色"。在 RGB 色彩模式中，自然界中任何颜色的光均由三原色混合而来，如果某种颜色的含量越多，那么这种颜色的亮度也越高，由其产生的混合颜色中该颜色也就越亮。

在 RGB 色彩模式下，每个像素的颜色都有 R、G、B 三个分量，并且每个分量值都可以有 256 级（0～255）亮度变化。这样 3 种颜色通道合在一起就可以产生 256×256×256＝2^{24}=16777216 种颜色，理论上可以还原自然界中存在的任何颜色。

（2）CMYK 色彩模式。

CMYK 色彩模式中的 4 个字母分别表示青（Cyan）、洋红（Magenta）、黄（Yellow）、黑（Black），在印刷中代表 4 种颜色的油墨。CMYK 色彩模式能完全模拟出印刷油墨的混合颜色，目前主要应用于印刷技术中。

CMYK 色彩模式基于颜色相减原理成色，其颜色混合原理如图 2.5 所示，在 CMYK 色彩模式中，随着 C、M、Y、K 四种成分的增多，反射到人眼的光会越来越少，光线的亮度就会越来越低。

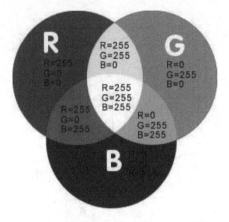

图 2.4　RGB 色彩模式的颜色混合原理　　　图 2.5　CMYK 色彩模式的颜色混合原理

CMYK 色彩模式产生的颜色没有 RGB 色彩模式丰富，所以将 RGB 色彩模式的图像转换为 CMYK 色彩模式后，图像的颜色信息会有明显的损失，特别是在一些较鲜亮的地方，这种情况更加明显。将 CMYK 色彩模式的图像转换为 RGB 色彩模式后，由于 CMYK 色彩模式在颜色的混合中比 RGB 色彩模式多了一个黑色通道，所以产生的颜色的纵深感比 RGB 色彩模式更加稳定（由于没有黑色通道，因此 RGB 色彩模式的图像令人产生一种"漂浮"的感觉）。

（3）Lab 色彩模式。

Lab 是由国际照明委员会（CIE）于 1976 年公布的一种色彩模式。Lab 色彩模式弥补了 RGB 和 CMYK 两种色彩模式的不足，RGB 色彩模式在蓝色与绿色之间的过渡色太多，绿色与红色之间的过渡色又太少；CMYK 色彩模式在编辑处理图片过程中损失的色彩会更多；而 Lab 色彩模式在这些方面都有所补偿。

Lab 色彩空间如图 2.6 所示。在 Lab 色彩模式中，包含 L、a、b 三个通道。L 表示亮度通道，另外两个是颜色通道，用 a 和 b 来表示。a 通道的颜色是从绿色（低亮度值）到灰色（中亮度值）再到红色（高亮度值）。b 通道的颜色是从蓝色（低亮度值）到灰色（中亮度值）再到黄色（高亮度值）。a 的取值范围为-128～127，正值为红色，负值为绿色，数值越大，颜色越红；反之，数值越小，该颜色越偏绿色。b 的取值范围为-128～127，正值表示黄色，负值表示蓝色，数值越大，颜色越黄；反之，数值越小，颜色越偏蓝色。L 的取值范围为 0（黑色）～100（白色）。

Lab 色彩模式与 RGB 色彩模式相似，基于颜色相加原理成色。色彩的混合将产生更亮的色彩，亮度通道的值会影响色彩的明暗变化。与 RGB 色彩模式、CMYK 色彩模式相比，Lab 色彩模式的色域最大，其次是 RGB 色彩模式，色域最小的是 CMYK 色彩模式。这就是为什么当颜色在一种媒介上被指定时，通过另一种媒介表现出来往往存在差异的原因。

Lab 色彩模式最大的优势就是色域宽阔。它不仅包含了 RGB 和 CMYK 的所有色域，还能表现它们不能表现的色彩。人眼能感知的色彩，都能通过 Lab 色彩模式表现出来。另外，Lab 色彩模式的好处在于它弥补了 RGB、CMYK 这两种色彩模式的不足。

（4）HSB 色彩模式。

HSB 是根据日常生活中人眼的视觉特征而制定的一套色彩模式，最接近于人眼对色彩辨认的方式。在 HSB 色彩模式中，以色相（H）、饱和度（S）和明度（B）描述颜色的基本特征。HSB 色彩空间如图 2.7 所示，在 HSB 色彩模式中，S 和 B 的取值都是百分比，唯有 H 的取值单位是度。

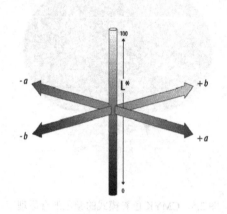

图 2.6　Lab 色彩空间

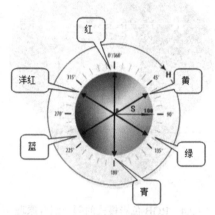

图 2.7　HSB 色彩空间

① 色相（H）。

在 HSB 色彩模式中，所有的实际颜色都是由红（R）、黄（Y）、绿（G）、青（C）、蓝（B）、洋红（M）6 种基色按照不同的亮度和饱和度组成的。该色彩模式用一个标准色轮中沿圆周的不同度数来表示不同的颜色属性，称为"色相"。也就是说，相位的实质就是 0°～360°之间的某一个度数，同时每个相位都表示某种颜色的一定属性，如红（0°）、黄（60°）、绿（120°）、青（180°）、蓝（240°）、洋红（300°）。

② 饱和度（S）。

饱和度是指颜色的强度或纯度，表示某种颜色的含量多少，具体表现为颜色的浓淡程度。用色相中灰色成分所占的比例来表示，0%为纯灰色，100%为完全饱和。在标准色轮上，饱和度是沿着半径方向中心位置到边缘位置递增的。

饱和度实际上反映的是色光中彩色成分与消色成分（中性色，如黑、白、灰）的比例关系。中性色越多，饱和度就越低。需要注意的是，当颜色由于加入白色或黑色而降低饱和度时，还会伴随着明度的变化。例如，与"鲜红"相比，"粉红"与"暗红"不仅饱和度较低，而且明度也不同。

③ 明度（B）。

明度是人对色彩明暗程度的心理感觉，虽然它与亮度有关，但是不成比例。明度还与色相有关，对于不同色相的物体，即使亮度相同，明度也不同，如黄色或黄绿色最亮、蓝紫色最暗。

5．RGB 色彩模式与 CMYK 色彩模式的区别

RGB 是基础的色彩模式，屏幕上显示的图像采用的是 RGB 色彩模式。因为显示器的物理结构遵循的就是 RGB 色彩模式。

CMYK 又被称为"印刷色彩模式"，顾名思义就是用来印刷的。它与 RGB 色彩模式相比有一个很大的不同，RGB 是一种发光的色彩模式，人们在一间黑暗的房间内仍然可以看见屏幕上的内容；CMYK 是一种依靠反光的色彩模式，人们在一间黑暗的房间内是无法阅读报纸的。只要是在印刷品上看到的图像都是用 CMYK 色彩模式表现的，如期刊、杂志、报纸、宣传画等。

CMYK 色彩模式属于颜色相减原理成色。白光（也可以是其他光，但是效果不同）照射颜料或色料，由于分子结构不同，不同颜料对一定频率（波长）的光（一定颜色的光，不同颜色有不同的频率，且频率与波长成反比）有吸收作用，因此人眼只能看到剩余光。例如，印刷采用的 CMYK 四色叠印，利用青色、洋红、黄色 3 种基本色调整浓度并混合出各种颜色的颜料，利用黑色调节明度和纯度（工业制造中的颜料都不能达到 100%纯净级别，从原理上来讲，利用 CMYK 色彩模式可以混合出吸收所有光的黑色，实际上只能获得深红、棕色）。

6．色彩模式转换及其特点

为了在不同的场合正确输出图像，有时需要把图像从一种模式转换为另一种模式。色彩模式的转换有时会永久性地改变图像中的颜色值。例如，将 RGB 色彩模式图像转换为 CMYK 色彩模式图像时，CMYK 色域之外的 RGB 颜色值被调整到 CMYK 色域之内，从而缩小了颜色范围。

由于有些颜色在转换后会损失部分颜色信息，因此在转换前最好为其保存一个备份文件，以便在必要时恢复图像。下面简单介绍常见色彩模式转换的特点。

（1）将彩色图像转换为灰度色彩模式。

将彩色图像转换为灰度色彩模式时，一般会去除原始图像中所有的颜色信息，只保留像素的灰度级。灰度色彩模式可作为位图色彩模式和彩色模式之间相互转换的中介模式。

（2）将 RGB 色彩模式转换为 CMYK 色彩模式。

如果将 RGB 色彩模式转换为 CMYK 色彩模式，图像中的颜色就会产生分色，颜色的色域会受到限制。因此，如果图像是 RGB 色彩模式，最好先在 RGB 色彩模式下编辑，再转换为 CMYK 色彩模式的图像。

（3）将其他色彩模式转换为索引色彩模式。

将色彩图像转换为索引色彩模式时，会删除图像中的很多颜色，仅保留其中的 256 种颜色（许多多媒体动画应用程序和网页所支持的标准颜色数）。只有灰度色彩模式和 RGB 色彩模式的图像可以转换为索引色彩模式。由于灰度色彩模式本身就是由 256 级灰度构成的，因此在转换为索引色彩模式后，图像的尺寸将明显减小，同时图像的视觉品质也将受损。

（4）利用 Lab 色彩模式进行模式转换。

在色彩模式中，Lab 色彩模式的色域最宽，包括 RGB 和 CMYK 色域中的所有颜色。所以在使用 Lab 色彩模式进行转换时不会造成任何色彩上的损失。例如，Photoshop 就是以 Lab 色彩模式作为内部转换模式来完成不同色彩模式之间的转换的。在将 RGB 色彩模式的图像转换为 CMYK 色彩模式的图像时，计算机内部先将 RGB 色彩模式的图像转换为 Lab 色彩模式的

图像，再将 Lab 色彩模式的图像转换为 CMYK 色彩模式的图像。

（5）将其他模式转换成多通道色彩模式。

多通道色彩模式可以通过转换色彩模式和删除原始图像的颜色通道得到。

将 CMYK 色彩模式的图像转换为多通道色彩模式的图像时，可创建由青、洋红、黄和黑专色（专色是特殊的预混油墨，用来替代或补充印刷四色油墨；专色通道是可为图像添加预览专色的专用颜色通道）构成的图像。将 RGB 色彩模式的图像转换为多通道色彩模式的图像时，可创建由青、洋红和黄专色构成的图像。从 RGB 色彩模式、CMYK 色彩模式或 Lab 色彩模式的图像中删除一个通道会自动将图像转换为多通道色彩模式，原来的通道被转换为专色通道。

2.2.2 理解图像

图像是人对视觉感知的物质再现。人们可以通过光学设备获取图像，如相机、镜子、望远镜及显微镜等；也可以通过人为创作来获取图像，如手工绘画、计算机绘画等。图像可以记录、保存在纸质媒介、胶片等对光信号敏感的介质上。随着数字采集技术和信号处理理论的发展，越来越多的图像以数字形式存储。

在计算机领域中，广义的图像分为位图、矢量图两大类。位图和矢量图都被广泛应用于出版、印刷、互联网等各个方面，它们各有优缺点，两者各自的好处几乎是无法相互替代的。

狭义的图像是指位图，又被称为"点阵图"、"删格图像"或"像素图"。构成位图的最小单位是像素，通过像素阵列的排列来实现图像的显示效果，每个像素都有自己的颜色信息。用户在对位图图像进行编辑操作时，可操作的对象是每个像素，可以通过改变图像的色相、饱和度、明度来改变图像的显示效果。位图的优点是色彩变化丰富，可以改变任何形状、区域的色彩显示效果。

如果不做特殊说明，下面均为位图图像。为了更好地理解图像，读者需要了解与图像质量、显示效果相关的一些参数。

1. 像素

像素是数码感光元件最小的感光单位，也是数字图片最小的、不可再分割的元素。我们通常说某台相机为 2400 万像素，是指用这样的设备拍摄出来的图片总共包含 2400 万个像素。像素的大小是没有固定长度值的，不同设备上每个像素色块的大小是不同的。每一个小方块都有一个明确的位置和被分配的色彩数值，而这些小方块的颜色和位置决定了该图像呈现出来的效果。

2. 分辨率

与图像相关的分辨率有 3 种，分别是图像分辨率、设备分辨率、屏幕分辨率。

（1）图像分辨率。

我们经常用"图像长度为 1920 像素、宽度为 1080 像素"这样的方式来描述图像大小。所谓的图像的长度、宽度并非物理意义上的长度单位，而是指图像在水平和垂直这两个维度上包含的像素个数。例如，1920 像素×1080 像素的图像就是每行包含 1920 个像素、每列包含 1080 个像素（合计 2073600 个像素）。图像总的像素数量越多，图像幅面尺寸就越大，但分辨率未必越高。

图像分辨率是指每英寸图像所包含的点或像素的数量，其单位是 dpi（像素点），如常用的

1200dpi 表示每英寸含有 1200 个点或像素。

（2）设备分辨率。

设备分辨率又被称为"输出分辨率"，是指各类输出设备每英寸上可产生的点数，如喷墨打印机、激光打印机与绘图仪的分辨率，这种分辨率通过 dpi 来衡量。

（3）屏幕分辨率。

屏幕分辨率是指屏幕上显示的像素的数量，如屏幕分辨率为 1920 像素×1080 像素，表示能显示 1920×1080 个像素。如果将计算机的分辨率设置得太高，则在相同尺寸的屏幕上显示更多的像素，由于显示器的尺寸不变，因此每个像素的面积都变小了，整张图的尺寸也随之变小，但是在同一个屏幕上显示的内容将会增加。

3. 颜色通道

每个图像都有一个或多个颜色通道，图像中默认的颜色通道数量取决于其色彩模式，即一个图像的色彩模式将决定其颜色通道的数量。例如，CMYK 色彩模式的图像默认有 4 个通道，分别为青、洋红、黄、黑。在默认情况下，位图、灰度、双色调和索引色彩模式的图像只有一个通道。RGB 色彩模式和 Lab 色彩模式的图像有 3 个通道。每个颜色通道都存储着图像中颜色元素的信息。所有颜色通道中的颜色叠加混合后将产生图像中像素的颜色。

为了便于理解通道的概念，下面以 RGB 色彩模式的图像为例，简单介绍颜色通道的原理。对于一张 RGB 色彩模式的图像，可以理解为这张图像由 R、G、B 三个元素组成，R 为一个红色通道，表示 1；G 为一个绿色通道，表示 2；B 为一个蓝色通道，表示 3；对于图像中的任意像素，其颜色由 1、2、3 处的通道颜色混合而成，这就相当于使用调色板，将 R、G、B 三种颜色混合在一起产生一种新的颜色。

8 位通道就是每个通道（以灰度表示）的灰阶计数为 256（8 位）。在大多数情况下，RGB 色彩模式、灰度色彩模式和 CMYK 色彩模式图像的每个颜色通道都包含 8 位数据。也就是说，对于 RGB 色彩模式图像中的 3 个通道，解释为 24 位深度 RGB（8 位×3 通道）。对于单通道灰度色彩模式图像，解释为 8 位深度灰度（8 位×1 通道）。对于四通道 CMYK 色彩模式图像，解释为 32 位深度 CMYK（8 位×4 通道）。

4. 色彩模式

颜色的实质是一种光波。它的存在是因为有 3 个实体：光线、被观察的对象及观察者。人眼把颜色当作由被观察对象吸收或反射不同频率的光波形成。当各种不同频率的光信号一同进入人眼的某一点时，人眼会将它们混合起来，并接收这种颜色。但是，人眼所能感受到的只是频率在可见光范围内的光波信号。同样在对图像进行颜色处理时，也要进行颜色的混合，但要遵循一定的规则，即要在不同色彩模式下对颜色进行处理。

常见的色彩模式有位图色彩模式、灰度色彩模式、索引色彩模式、双色调色彩模式、多通道色彩模式、RGB 色彩模式、CMYK 色彩模式、HSB 色彩模式、Lab 色彩模式。前文已经介绍了 RGB 色彩模式、CMYK 色彩模式、HSB 色彩模式、Lab 色彩模式，这里就不再赘述。下面介绍其他几种色彩模式。

（1）位图色彩模式。

位图色彩模式用两种颜色（黑和白）来表示图像中的像素。位图色彩模式的图像被称为"黑白图像"。因为其深度为 1，又被称为"一位图像"。由于位图色彩模式只用黑白色来表示图像的像素，在将图像转换为位图色彩模式时会丢失大量细节。在宽度、高度和分辨率相同的情况下，位图色彩模式的图像尺寸最小，约为灰度色彩模式图像尺寸的 1/7 和 RGB 色彩模式图像尺寸的 1/22。

（2）灰度色彩模式。

灰度色彩模式可以使用多达 256 级灰度来表现图像，使图像的过渡更平滑、细腻。灰度色彩模式图像的每个像素都有一个 0（黑色）～255（白色）之间的亮度值。灰度值也可以用黑色油墨覆盖的百分比来表示（0%表示白色，100%表示黑色）。使用灰度扫描仪产生的图像常以灰度显示。

（3）索引色彩模式。

索引色彩模式是动画中常用的图像模式。当彩色图像转换为索引色彩模式图像后包含近 256 种颜色。索引色彩模式图像包含一个颜色表，用于存储图像中的颜色并为这些颜色建立颜色索引，颜色表可以在被转换的过程中定义或在生成索引色彩模式图像后修改。如果原始图像中的颜色不能用 256 色表现，则从可使用的颜色中选择最相近颜色来模拟这些颜色，这样可以减小图像文件的尺寸。

（4）双色调色彩模式。

双色调色彩模式由双色调（2 种颜色）、三色调（3 种颜色）和四色调（4 种颜色）混合其色阶来组成图像。在将灰度色彩模式图像转换为双色调色彩模式图像的过程中，可以对色调进行编辑，产生特殊的效果。而使用双色调色彩模式最主要的用途是使用尽量少的颜色表现尽量多的颜色层次，这样能够减少印刷成本，因为在印刷时，每增加一种色调都需要提高成本。

（5）多通道色彩模式。

使用多通道色彩模式可以减少印刷成本并保证图像颜色的正确输出，对有特殊打印要求的图像非常有用。用户通过改变通道深度可以提升色彩质量。例如，在 RGB 色彩模式或 CMYK 色彩模式下，用户可以使用 16 位通道来代替默认的 8 位通道。因为 8 位通道中包含 256 个色阶，如果增加到 16 位，每个通道的色阶数量为 65536 个，这样能得到更多的色彩细节。

2.2.3　常见的图像处理软件

图像处理软件是用于处理图像信息的各种应用软件的总称。下面介绍两种常见的图像处理软件。

1．Photoshop

Photoshop（简称为 PS）是由 Adobe 公司开发的图像处理软件。Photoshop 的专长在于图像处理（对已有的图像进行编辑加工处理及运用一些特殊效果），而不是图形创作。从功能上来看，Photoshop 具有图像编辑、图像合成、校色调色及特效制作等功能。

图像编辑主要包括对图像进行放大、缩小、旋转、倾斜、镜像、透视等变换，也包括对图像进行复制、去除斑点、修补、修饰图像的残损等操作。图像合成是将几张图像通过图层操作，合成为完整的、意义明确的图像。校色调色可方便快捷地对图像的颜色进行明暗、色偏的调整和校正，也可在不同颜色之间进行切换以满足图像在不同领域（如网页设计、印刷、多媒体等）中的应用。特效制作主要由滤镜、通道及工具综合应用完成，包括图像的特效创意和特效字的制作，如油画、浮雕、石膏画、素描等常用的传统美术技巧都可以使用 Photoshop 中的特效工具来完成。

2. ACDSee

ACDSee 作为常见的看图软件,被广泛应用于图像的获取、管理、浏览、优化等方面。使用 ACDSee 可以从数码相机或扫描仪中高效获取图像,并进行便捷查找、组织和预览。ACDSee 还能处理 MPEG 之类常用的视频文件。此外,ACDSee 具有去除红眼、剪切图像、锐化、浮雕特效、曝光调整、旋转、镜像等功能,还能用于批量处理图像。

2.2.4　常见的图像文件格式及其特点

图像文件格式是存储和表示数字图像的方式。下面介绍几种常见的图像文件格式及其特点。

1. BMP 格式

BMP 是英文 Bitmap(位图)的简写,它是 Windows 操作系统中的标准图像文件格式,支持多种 Windows 应用程序。BMP 格式的特点是包含的图像信息比较丰富,几乎不进行压缩,所以占据存储空间较多。

BMP 位图文件默认的文件扩展名为".bmp"(有时也会将".dib"或".rle"作为扩展名),图像深度可选 lb、4b、8b 及 24b。当以 BMP 格式存储数据时,图像的扫描方式是按从左到右、从下到上的顺序进行的。典型的 BMP 图像文件由 4 部分组成。

(1)位图头文件数据结构。

它包含 BMP 图像文件的类型、显示内容等信息。

(2)位图信息数据结构。

它包含 BMP 图像的宽度、高度、压缩方法及定义颜色等信息。

(3)调色板。

这部分是可选的,有些位图需要调色板,而有些位图(如真彩色图,即 24 位的 BMP 图像)就不需要调色板。

(4)位图数据。

这部分的内容根据 BMP 位图使用的位数不同而不同。在 24 位图中可以直接使用 RGB 色彩模式,而其他小于 24 位的使用调色板中的颜色索引值。

2. GIF 格式

GIF(Graphics Interchange Format)是 CompuServe 公司为了填补跨平台图像格式而提出的文件存储格式,其文件扩展名为".gif"。GIF 格式可以支持 Photoshop 等多种软件。GIF 格式采用了 Lempel-Ziv-Welch Encoding(LZW,串表压缩算法,为无损压缩算法,平均压缩比在 2:1 以上,最高压缩比可达 3:1。)压缩算法进行数据压缩,最高支持 256 种颜色。所以,GIF 格式比较适用于色彩较少的图片,如卡通造型、公司标志等。对于真彩色场合,GIF 格式图像的表现力有限。

GIF 格式具有以下特点。

(1)GIF 图像文件以数据块(Block)为单位来存储图像中的相关信息。

一个 GIF 图像文件由表示图形/图像的数据块、数据子块及显示图形/图像的控制信息块组成,被称为"GIF 数据流"(Data Stream)。数据流中的所有控制信息块和数据块都必须位于文件头(Header)和文件结束块(Trailer)之间。

（2）GIF 图像文件通常会自带一个调色板，存储着需要用到的各种颜色。

在 Web 中，图像大小将会明显地影响下载速度，因此可以根据 GIF 图像自带调色板的特性来优化调色板，在不影响图像质量的基础上减少图像使用的颜色数量。

（3）展示简单动画效果。

最初的 GIF 格式只是用于存储单张静止图像（称为"GIF87a"），随着技术的发展，GIF 文件可以同时存储多张静止图像进而形成连续的动画，使之成为当时支持 2D 动画为数不多的格式之一（称为"GIF89a"）。而在 GIF89a 图像中可指定透明区域，使图像具有特殊的显示效果。

（4）提供渐显方式。

考虑到网络传输中的实际情况，GIF 格式还增加了渐显方式。也就是说，在图像传输过程中，用户可以先看到图像的大致轮廓，再随着传输过程而逐步看清图像中的细节部分，从而适应了用户"从模糊到清楚"的观赏心理。

3．JPEG 格式

JPEG（Joint Photographic Experts Group，联合图像专家组）是用于连续色调静态图像压缩的一种标准，也是最常用的图像格式，其文件扩展名为".jpg"或".jpeg"。它主要是采用预测编码（DPCM）、离散余弦变换（DCT）、小波变换及熵编码的联合编码方式，去除冗余的图像和彩色数据。JPEG 属于有损压缩格式，能够将图像压缩为很小的容量，在一定程度上会造成图像数据的损伤。尤其是使用过高的压缩比例，将使最终解压缩后恢复的图像质量降低。如果追求高品质图像，则不宜采用过高的压缩比例。

JPEG 格式具有调节图像质量的功能，它允许使用不同的压缩比例对图像进行压缩，压缩比例范围为 10：1～40：1，压缩比例越大，图像品质就越低；相反，压缩比例越小，图像品质就越高。由于 JPEG 格式压缩的主要是高频信息，因此对色彩信息的保留较好，同时 JPEG 格式的图像容量较小，下载速度快，使得 JPEG 格式成为网络上非常受欢迎的图像格式。

JPEG 格式可以分为标准 JPEG、渐进式 JPEG 及 JPEG2000 共 3 种格式。

（1）标准 JPEG 格式。

在网页上下载此类型文件时只能由上而下依序显示图像，直到图像资料全部下载完毕，才能看到图像的全貌。

（2）渐进式 JPEG 格式。

在网页上下载此类型文件时，先呈现出图像的粗略外观，再慢慢地呈现出图像完整的内容，而且存储为渐进式 JPEG 格式图像的容量比存储为标准 JPEG 格式图像的容量小。所以，网页多使用这种格式来存储图像。

（3）JPEG2000 格式。

JPEG2000 格式采用新一代压缩方法，压缩品质更高，其压缩率比标准 JPEG 格式高约 30%。与标准 JPEG 格式不同的是，JPEG2000 格式同时支持有损和无损压缩，而标准 JPEG 格式只能支持有损压缩。JPEG2000 格式的另一个重要特征在于能实现渐进传输，即先传输图像的轮廓，再逐步传输数据，不断提高图像质量。此外，JPEG2000 格式还支持所谓的"感兴趣区域"特性，可以任意指定图像上感兴趣区域的压缩质量，还可以选择指定的部分先解压缩。

4．TIFF 格式

TIFF（Tagged Image File Format）格式与其他图像格式最大的不同在于除了图像数据，它还可以记录图像的其他信息。另外，它记录图像数据的方式也比较灵活。从理论上来说，任何其他的图像格式都能嵌入 TIFF 格式中。例如，标准 JPEG 格式、渐进式 JPEG 格式、JPEG2000 格式和任意数据宽度的原始无压缩数据都可以被嵌入 TIFF 格式中。

TIFF 图像的扩展名为 ".tif" 或 ".tiff"。由于它具有可扩展性，因此 TIFF 格式在遥感、医学等领域中有着广泛的应用。TIFF 格式有 4 种类型，TIFF-B（双色格式）、TIFF-G（黑白灰度格式）、TIFF-P（带调色板的彩色图形格式）、TIFF-R（适合 RGB 色彩模式的图形格式）。TIFF 的数据格式采用 3 级结构，分别是文件头、文件目录和图像数据。

（1）文件头。

在每一个 TIFF 图像中，第一个数据结构称为"图像文件头"或"IFH"。它是图像文件体系结构的最高层，位于文件的开始部分，包含了正确解释 TIFF 图像的其他部分所需的必要信息。文件头在一个 TIFF 图像中是唯一的。

（2）文件目录。

文件目录（IFD）是 TIFF 图像的第二个数据结构。它是一个名为标记（tag）且用于区分一个或多个可变长度数据块的表，而标记中包含了关于图像的所有信息。文件目录提供了一系列的索引，这些索引指明各种有关的数据字段在图像中的开始位置，并给出每个字段的数据类型及长度。使用这种方法允许数据字段定位在图像的任何地方，且可以是任意长度，格式灵活。

（3）图像数据。

根据文件目录所指向的地址，存储相关的图像信息。

5．PSD 格式

PSD（Photoshop Document）是图像处理软件 Photoshop 的专用格式，其文件扩展名为 ".psd"。PSD 格式从本质上讲是 Photoshop 在进行平面设计时的一张"草稿图"，在该草稿图中，能够自定义颜色数，并存储所有图层、色版、通道、蒙版、路径、未栅格化文字与图层样式等，支持全部图像色彩模式。由于 Photoshop 包含各种图层、通道、遮罩等多种设计的样稿，所以用户可以在下次打开文件时继续进行修改。Photoshop 与 Premiere、Indesign、Illustrator 等 Adobe 软件都可以直接导入 PSD 图像。

PSD 格式支持 RGB、CMYK、灰度、单色、双色调、索引和多通道等多种色彩模式。当使用 PSD 格式保存图像时，图像没有经过压缩，当图层较多时，会占用很大的存储空间。将 PSD 格式转换为 JPEG 格式后，所有图层都融合为一个单独的图层，所需的存储空间显著变小。所以，当使用 Photoshop 制作完图像后，可以导出为其他通用的图像格式，如 JPEG、GIF、PNG 等，这样既可以减小图像的尺寸，又方便其他软件打开图像。

PSD 格式主要由以下 5 部分构成。

（1）文件标题部分。

文件标题部分包含图像的基本属性。例如，版本、图像中的通道数、每个通道的位数、图像的像素高度和宽度、文件的色彩模式。

（2）色彩模式数据部分。

色彩模式数据部分指定颜色数据的长度。除非文件头中指定了索引色彩模式或双色调色彩模式，否则将其设置为 0。在这种情况下，索引色彩模式图像和双色调色彩模式图像的颜色数据都存储在此部分中。

（3）图像资源部分。

图像资源部分主要用于指定图像资源的长度。它是一系列块，每个块的资源 ID 指示存储在块中的数据类型。这些块用于存储与图像关联的非像素数据，如钢笔工具或铅笔工具的路径。

（4）图层和遮罩信息部分。

图层和遮罩信息部分包含图层和遮罩的信息，包括图层数量、图层中的通道、混合范围、图层关键点、效果图层和遮罩参数等。

（5）图像数据部分。

图像数据部分包含实际图像数据、数据压缩方法和图像像素数据。

6. PNG 格式

PNG（Portable Network Graphic）是一种位图文件存储格式，其文件扩展名为".png"。Fireworks 软件的默认文件存储格式就是 PNG。当 PNG 格式用于存储灰度图像时，灰度图像的深度可达 16 位。当 PNG 格式用于存储彩色图像时，彩色图像的深度可达 48 位，并且还可存储 16 位的 α 通道数据。同时 PNG 格式支持存储附加文本信息，以保留图像名称、作者、版权、创作时间、注释等信息。

PNG 格式使用由 LZ77 派生的无损数据压缩算法进行数据压缩。由于 GIF 格式的颜色深度有限，所以网页中的大多数图像使用 JPEG 格式。但是 JPEG 格式经过压缩后会使图像变得模糊；而 PNG 格式经过压缩后，能够在保持较小图像大小的基础上，做到相应颜色深度下的尽可能精确。

PNG 格式具有以下基本特点。

（1）文件容量小。

网络通信中因受带宽制约，在保证图像清晰、逼真的前提下，网页中尽可能地使用存储容量较小的图像文件格式。

（2）无损压缩。

PNG 文件采用 LZ77 算法的派生算法进行压缩，其结果是获得高的压缩比而不损失数据。由于它利用特殊的编码方法标记重复出现的数据，因此对图像的颜色没有影响和损失。

（3）更优化的网络传输显示。

PNG 格式图像在浏览器上采用流式浏览，经过交错处理的图像会在完全下载之后为浏览者提供一个基本的图像内容，再变得逐渐清晰。同时，它允许连续读/写图像数据，这个特性很适合在通信过程中显示和生成图像。

2.3 三维建模处理

现在，三维模型已经被广泛应用于不同领域。医疗行业使用三维模型可以制作器官的精确模型；电影行业使用三维模型可以制作活动的人物、物体模型及现实电影；视频游戏行业可以将三维模型作为计算机与视频游戏中的资源；科学领域可以将三维模型作为化合物的精确模型；建筑行业使用三维模型可以展示建筑物；工程行业使用三维模型可以设计新设备、交通工具、结构等。

2.3.1　三维建模简介

1．三维模型的定义及其特点

三维模型是物体的多边形表示，通常用计算机或其他视频设备来显示。显示的物体可以是现实世界的实体，也可以是虚构的物体。任何物理自然界存在的东西都可以用三维模型表示。作为点和其他信息集合的数据，三维模型可以通过手动生成，也可以按照一定的算法生成，还可以使用三维建模工具这种专门的软件生成。

三维模型本身是不可见的，可以根据简单的线框在不同细节层次渲染，或者使用不同方法进行明暗描绘。同时，许多三维模型使用纹理进行覆盖，将纹理排列到三维模型上的过程称为"纹理映射"。纹理映射可以让模型更加细致并且看起来更加真实。如果一个人的三维模型带有皮肤与服装的纹理，那么看起来就比简单的单色模型或线框模型更加真实。除了纹理，其他一些效果也可以用三维模型来展示以增加真实感。例如，可以调整曲面法线以实现三维模型的照亮效果，一些曲面可以使用凸凹纹理映射方法与其他一些立体渲染的技巧。

三维模型经常用于生成动画。例如，在电影及计算机游戏中大量地应用三维模型。在生成动画时，通常会在模型中加入一些额外的数据。例如，一些人类或者动物的三维模型中有完整的骨骼系统，这样运动时看起来会更加真实，并且可以通过关节与骨骼控制运动。

2．三维建模的基本方法

目前物体的三维建模方法大体上有 3 种：第一种方法是利用三维软件建模；第二种方法是通过仪器设备建模；第三种方法是利用图像或视频建模。

（1）三维软件建模。

目前，在市场上可以看到许多优秀的建模软件。除了传统的工业 CAD 和三维设计软件，还有很多面向领域的专业设计软件，以及适合各阶段爱好者的软件，甚至还有很多在线建模平台。比较常见的三维建模软件有 3ds Max、SoftImage、Maya、UG 与 AutoCAD 等。这些软件的共同特点是利用一些基本的几何元素（如立方体、球体等），通过一系列几何操作（如平移、旋转、拉伸与布尔运算等）来构建复杂的几何场景。

构建三维模型主要包括几何建模、行为建模、物理建模、对象特性建模与模型切分等。其中，几何建模的创建与描述是虚拟场景造型的重点。三维建模软件根据应用行业的不同，可以将建模划分为初级建模、制图软件、工业设计、艺术设计、动画软件、室内外建筑等。

（2）利用仪器设备建模。

早期坐标测量机主要用于三维测量。它将一个探针安装在三自由度或更多自由度的伺服装置上，驱动探针沿 3 个方向移动。当探针接触物体表面时，测量其在 3 个方向上的移动，就可知道物体表面这一点的三维坐标。控制探针在物体表面移动和触碰，可以完成整个表面的三维测量。坐标测量机的优点是测量精度高，缺点是价格昂贵。

后来，人们借助雷达原理，利用激光或超声波等媒介代替探针进行深度测量。测距器向被测物体表面发出信号，依据信号的反射时间或相位变化，可以推算物体表面的空间位置，称为"飞点法"或"图像雷达"。

目前，三维扫描仪是对实际物体进行三维建模的重要工具之一。它能快速、方便地将真实世界的立体彩色信息转换为计算机能直接处理的数字信号，为实物数字化提供了有效的手段。

三维扫描仪与传统的平面扫描仪、摄像机、图形采集卡的不同之处表现在以下几个方面。

① 扫描对象不是平面图案，而是立体的实物。

② 利用三维扫描仪扫描可以获得物体表面每个采样点的三维空间坐标，通过彩色扫描仪还可以获得每个采样点的色彩。利用某些扫描设备甚至可以获得物体内部的结构数据，而摄像机等只能拍摄物体的某一个侧面，并且会丢失大量的深度信息。

③ 输出的不是二维图像，而是包含物体表面每个采样点的三维空间坐标和色彩的数字模型文件。其输出可以直接用于 CAD 或三维动画。另外，彩色扫描仪还可以输出物体表面的色彩纹理贴图。

（3）利用图像或视频建模。

基于图像或视频的建模和绘制是当前计算机图形界一个活跃的研究领域。基于图像建模的主要目的是由二维图像恢复景物的三维几何结构，与传统的基于几何的建模和绘制相比，图像或视频建模技术具有成本低、真实感强、自动化程度高等优点，因而具有广阔的应用前景。

2.3.2 初级三维建模软件 Autodesk 123D

Autodesk 123D 是一款适用于普通用户的建模软件。该系列软件为用户提供了多种 3D 模型生成方式：利用拖曳 3D 模型并进行编辑的方式建模；或者直接在云端将拍摄的照片处理为 3D 模型。图 2.8 所示为 Autodesk 123D 的工作界面。

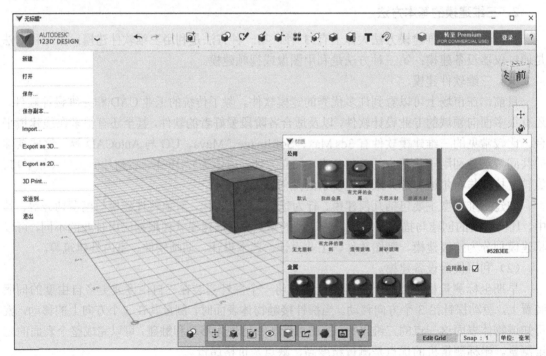

图 2.8　Autodesk 123D 的工作界面

1．Autodesk 123D 的基本特点

Autodesk 123D 具有以下基本特点。

（1）可以先绘制一些简单的形状，再进行编辑、调整，形成更为复杂的设计。

（2）能够将数字三维模型转换为二维切割图案。

（3）通过智能工具实现设计的精准度。

（4）可以为用户免费创建 3D 模型。

（5）可以利用硬纸板、木料、布料、金属或塑料等低成本材料，迅速拼装成实物，从而再现三维模型。

（6）支持创建、导出和构造用户的项目。

2．Autodesk 123D 的系列工具

Autodesk 123D 系列工具有 123D Catch、123D Creature、123D Design、123D Make、123D Sculpt 与 Tinkercad。

（1）123D Catch。

123D Catch 利用云计算的强大功能，可以将照片迅速转换为逼真的三维模型。只要使用相机或手机拍摄物体、人物与场景，就可以利用 123D Catch 将照片转换为三维模型。通过该软件，用户还可以在三维环境中轻松捕捉自身的头像或身处的场景。同时，123D Catch 自带的内置共享功能能使用户在移动设备与社交媒体上共享短片和动画。

（2）123D Creature。

123D Creature 是一款基于 iOS 的 3D 建模软件，可以根据用户的想象来创造出各种生物模型。无论是现实生活中存在的，还是想象中的，都可以通过 123D Creature 创造出来。用户通过对骨骼、皮肤、肌肉、动作的调整和编辑，可以创建出各种奇特的 3D 模型。同时，123D Creature 集成了 123D Sculpt 的所有功能，是一款比 123D Sculpt 功能更强大的 3D 建模软件，对喜欢思考和动手的用户来说是一个不错的选择。

（3）123D Design。

123D Design 是一款免费的 3D CAD 工具，可以使用一些简单的图形来设计、创建、编辑三维模型，或者在一个已有的模型上进行修改。123D Design 打破了常规专业 CAD 软件通过草图生成三维模型的建模方法，并提供了一些简单的三维图形，通过对这些简单图形的堆砌和编辑可以生成复杂形状。建模方式就像搭积木，即使用户不是一个 CAD 建模工程师，也能通过 123D Design 建模。

（4）123D Make。

当制作好一个 3D 模型之后，就可以利用 123D Make 将它们制作成实物。首先利用 123D Make 将数字三维模型转换为二维切割图案，然后利用硬纸板、木料、布料、金属或塑料等低成本材料将这些图案迅速拼装成实物，从而再现原来的数字三维模型。123D Make 支持用户创建美术、家具、雕塑或其他模型，以便测试设计方案在现实世界中的效果。

（5）123D Sculpt。

123D Sculpt 是一款运行在 iPad 上的应用程序，可以让每一个喜欢创作的人轻松地制作出属于自己的雕塑模型，并且在这些雕塑模型上绘画。123D Sculpt 内置了许多基本形状和物品，如圆形和方形、人的头部模型、汽车、小狗、恐龙、蜥蜴、飞机等。用户使用这些内置的造型工具，通过拉升、推挤、扁平、凸起等操作就可以进行雕塑。

（6）Tinkercad。

Tinkercad 是一款成熟的网页 3D 建模工具，并且配置了简单易学的 3D 建模使用教程，便于用户学习建模。在功能上，Tinkercad 和 123D Design 接近，但是 Tinkercad 的设计界面更容易操作。

2.3.3 常见的 3D 制图软件

1. AutoCAD

AutoCAD（Autodesk Computer Aided Design）是一款用于二维制图和基本三维设计的计算机辅助设计软件，具有丰富的绘图和绘图辅助功能，如实体绘制、关键点编辑、对象捕捉、标注、鸟瞰显示控制等。AutoCAD 具有广泛的适应性，已经成为国际上广为流行的绘图软件，可以在各种操作系统支持的计算机和工作站上运行，且被广泛应用于土木建筑、装饰装潢、工业制图、工程制图、电子工业、服装加工等领域。图 2.9 所示为 AutoCAD 的工作界面。

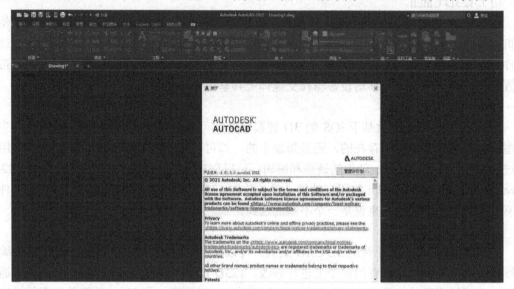

图 2.9　AutoCAD 的工作界面

（1）基本功能。

AutoCAD 的功能可以简单概括为以下几个方面。

① 平面绘图。

AutoCAD 能以多种方式创建直线、圆、椭圆、多边形、样条曲线等基本图形对象。同时，AutoCAD 提供了正交、对象捕捉、极轴追踪、捕捉追踪等绘图辅助工具。其中，正交功能用于方便地绘制水平、竖直直线；对象捕捉功能用于拾取几何对象上的特殊点；而追踪功能用于绘制斜线及沿不同方向定位点。

② 图形编辑。

AutoCAD 具有强大的图形编辑功能，可以用于移动、复制、旋转、阵列、拉伸、延长、修剪、缩放对象等，还可以用于标注尺寸、书写文字。另外，AutoCAD 还具备图层管理功能。

③ 三维绘图。

AutoCAD 可以用于创建 3D 实体及表面模型，并对实体本身进行编辑。

④ 网络功能与数据交换。

AutoCAD 提供了多种图形图像数据交换格式及相应命令，可将图形发布在网络上，或者通过网络访问 AutoCAD 资源。

⑤　二次开发。

AutoCAD 允许用户定制菜单和工具栏，并能利用内嵌语言 Autolisp、Visual Lisp、VBA、ADS、ARX 等进行二次开发。

（2）AutoCAD 的工具组合。

在 AutoCAD 2019 版本以前，用户需要以固定期限的使用许可方式分别订购 AutoCAD 工具组合。在 AutoCAD 2019 版本以后，订阅用户可以根据自身需求和意愿选择、下载或使用任意一个或全部的工具组合，可以从超过 75 万个智能对象、样式、部件、特性和符号中进行任意选择，从而在业务需求千变万化的情况下，始终保持高效的工作流程。

①　Architecture 工具组合。

Architecture 是一个包含 8000 多个智能对象和样式的工具组合，提高了建筑设计与草图绘制的工作效率。

②　Electrical 工具组合。

用户可以使用 Electrical 工具组合高效地创建、修改和编制电气控制系统文档。

③　Map 3D 工具组合。

Map 是一个针对 GIS 和 3D 地图制作的工具组合，整合地理信息系统和 CAD 数据。

④　Mechanical 工具组合。

Mechanical 是一个包含 700000 多个智能零件和功能的工具组合，使用户能够更快完成设计。

⑤　MEP 工具组合。

用户可以使用 MEP 工具组合来绘制、设计和编制建筑系统文档。

⑥　Plant 3D 工具组合。

用户可以使用 Plant 3D 工具组合，创建并编辑 Plant 3D 模型，以及提取管道正交和等轴测图。

⑦　Raster Design 工具组合。

用户可以使用 Raster Design 工具组合编辑扫描图形，并将光栅图像转换为 DWG 对象。

⑧　AutoCAD 移动应用。

在软件许可条件下，用户可以随时随地在各种移动设备上查看、创建、编辑和共享 AutoCAD 图形，即便身处工地现场，也可以使用最新图形进行工作，实时访问更新。

⑨　AutoCAD 网页应用。

AutoCAD 网页应用支持各种计算机通过浏览器访问 AutoCAD。

2．FreeCAD

FreeCAD 是一款通用的基于特征的参数化 3D 建模器，适用于 CAD、MCAD、CAE 和 PLM，用于解决各种工程问题并创建任何复杂性的 3D 对象。FreeCAD 可以直接针对机械工程和产品设计，也可应用于更广泛的工程领域，如建筑或其他工程专业。FreeCAD 具有模块化特点且完全开源，允许高级别的扩展和定制。图 2.10 所示为 FreeCAD 的工作界面。

FreeCAD 基于 OpenCasCade。OpenCasCade 是一个强大的几何内核，具有由 Coin 3D 库提供的符合 Open Inventor 的 3D 场景表示模型和广泛的 Python API。FreeCAD 在 Windows、macOS 和 Linux 平台上的运行方式完全相同。

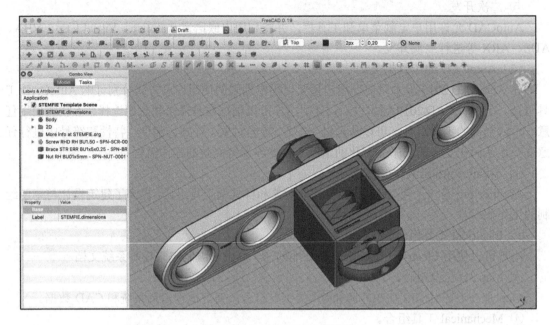

图 2.10　FreeCAD 的工作界面

（1）FreeCAD 的优点。

① 开源免费。

FreeCAD 的主要优点之一就是能够自由更改、补充与添加新的"模块"，为用户的特定工作开发附加功能。FreeCAD 能够使用开源计算库，其中包括 OpenCasCade Technology（CAD核心）、Coin3D（Open Inventor 的体现）、QtPython GUI 环境。FreeCAD 本身也可以被其他程序用作库。

② 入门门槛低。

FreeCAD 有很多功能，入门门槛相对较低。它不仅可以供专业人士使用，也可以供经验不足的用户使用。

③ 拥有丰富的工具包。

FreeCAD 类似于 CATIA、Creo、SolidWorks、Solid Edge、NX、Inventor、Revit，因此它也属于建筑信息模型（BIM）、机械计算机辅助设计（MCAD）。它被认为是一种基于功能的参数化建模工具，具有模块化软件架构，可以在不改变底层系统的情况下更好地提供附加功能。

（2）FreeCAD 的缺点。

① 如果想要开发专业项目，则用户需要具备 Python 语言知识。

② 菜单化界面。

这是 FreeCAD 用户和商用 CAD 用户之间的另一个障碍。许多初次使用 FreeCAD 的用户在数周甚至数月内一直觉得界面难以理解。

③ 产品的易用性不强。

FreeCAD 仍处于初级阶段，程序有缺陷，有时会崩溃，并且一些必要的工具在下载后无法立即使用，必须使用对应的补丁和模块。对于不懂计算机的用户来说，处理这些问题是比较困难的。

2.3.4　常见的工业设计软件

1．SolidWorks

SolidWorks 是一款流行的三维建模软件，是运行在 Windows 上的计算机辅助工程（CAE）和计算机辅助设计（CAD）程序。SolidWorks 组件繁多，具有功能强大、易学易用、技术创新三大特点。SolidWorks 能够提供不同的设计方案，可减少设计过程中的错误并提高产品质量。图 2.11 所示为 SolidWorks 的工作界面。

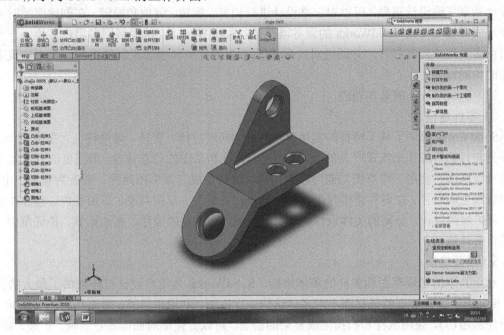

图 2.11　SolidWorks 的工作界面

（1）SolidWorks 的解决方案。

SolidWorks 提供了完整的 3D 产品设计解决方案，包括以下工具。

① SolidWorks 三维建模软件提供了三维机械设计的所有功能。

② 数据管理软件 PDMWorks Client。

③ 用于设计交流的工具，包括 eDrawings 专业版（基于 e-mail 的设计交流工具）、3D Instant Website（即时网页发布工具）、PhotoWorks（高级渲染）、SolidWorks Animator（动画工具）等。

④ 设计效率提高工具，包括 SolidWorks Toolbox（三维标准零件库）、SolidWorks Utilities（特征比较模块）、FeatureWorks（特征识别）等。

（2）SolidWorks 的基本特点。

① 界面直观、操作简便。

SolidWorks 提供了一套完整的动态界面和鼠标拖动控制。"全动感的"的用户界面既减少了设计步骤，又减少了多余的对话框，从而避免了界面的零乱。属性管理员功能可用于高效管理整个设计过程和步骤，包含所有的设计数据和参数，操作方便、界面直观。

用户利用 SolidWorks 资源管理器可以方便地管理 CAD 文件。SolidWorks 资源管理器是一个与 Windows 资源管理器类似的 CAD 文件管理器，独有的任务管理器将特征库、标准件库、网上三维零部件（行业标准件）、PDMWorks 与资源管理器整合在一起，为用户提供方便快捷的设计资源。它能让用户高效地进行特征、零部件与文档的查询，并通过拖放操作对设计进行重复利用。

SolidWorks 提供的 AutoCAD 模拟器使用户可以保持原有的绘图习惯，顺利地从二维设计转向三维实体设计。

② 产品设计信息的共享和协同设计。

SolidWorks 提供的技术先进工具能够帮助用户跨越交流的障碍。用户可以通过 eDrawings 方便共享 CAD 文件，还可以通过 3D Instant Website 插件快速创建并发布一个即时网站，实现在异地共享三维设计模型，可以对三维设计进行浏览、旋转、缩放和漫游。在创建网站时可以选择现成模板，并让 SolidWorks 的服务器托管。SolidWorks 支持局域网多用户环境，一个零件可由多个用户同时打开，并通过对内存读/写权限的控制和通知机制的更改，真正实现多用户实时协同设计。

（3）SolidWorks 的基本功能。

① 零件建模。

SolidWorks 提供了基于特征的实体建模功能。通过拉伸、旋转、薄壁特征、高级抽壳、特征阵列与打孔等操作来实现产品的设计。通过对特征和草图的动态修改，用拖曳的方式实现实时的设计修改。使用三维草图功能可以为扫描、放样生成三维草图路径，或者为管道、电缆、线和管线生成路径。在零件建模时可以提供自动尺寸标注、草图共享、草图着色、套合样条曲线、可扩展的设计、分离的实体设计、轮廓与区域、本地化的操作、布尔运算、特征范围、插入零件等功能。

② 曲面建模。

利用共享的布局草图和多样的多体结构，SolidWorks 为用户设计过程提供了最大的灵活性。SolidWorks 能够在特征层面上对多体结构进行控制，利用引导线、填充孔和拖动控标（以便于控制相切），使用放样和扫描生成复杂的曲面，可以方便地对曲面进行剪裁、扩展、嵌缝、缝合、缩放、镜向和排列。SolidWorks 还提供了按比例缩放曲面、阵列曲面、解除剪裁曲面、改良曲面填充、偏差分析等功能。

③ 钣金设计。

SolidWorks 提供了钣金设计功能，可以直接使用各种类型的法兰、薄片等特征进行正交切除、角处理及边线切口等钣金操作；还可以直接进行按比例放样折弯、圆锥折弯、复杂的平板式处理。

④ 有限元分析。

用户可以直接对设计的零件进行有限元分析，对产品的性能进行评估，而不必花费大量的时间制造昂贵的样机。

⑤ 注塑分析。

向导式的塑料设计分析确认工具为塑料零件和注塑模设计人员提供了有力工具，有助于对薄壁塑料零件进行注塑流体分析。

⑥ 消费产品设计工具。

用户使用变形特征可以改变模型的形状，同时保持与原边界的相对关系；还可以从某一点拉伸模型，或者将模型按照现有草图或曲线变形。

使用压凹特征可以对一个零件进行挤压后得到另一个零件的表面外形（与冲压成型类

似），为用户提供了一种进行零件复杂表面外形构建的方法。

用户使用柔变特征可以对 SolidWorks 中的任何实体模型进行灵活的变形处理，如进行任意的扭曲、弯曲、拉伸、拔锥等多种变形，从而达到消费品行业苛刻的产品外形要求。

⑦ 模具设计工具。

用户使用内置模具设计工具，可以自动创建核芯和型腔。MoldflowXpress 是一个基于向导的设计验证工具，使用它可以快速、方便地对塑料注模零部件的可制造性进行测试。在整个模具生成过程中，用一系列工具进行控制。

⑧ 焊件设计工具。

用户可以使用焊件设计工具在单个零件文档中设计结构焊件和平板焊件。

2. Pro/E

Pro/E 是一款 CAD/CAM/CAE 一体化的三维造型软件，在三维造型软件领域中占据重要地位，也在国内产品设计领域中占据重要位置。图 2.12 所示为 Pro/E 的工作界面。

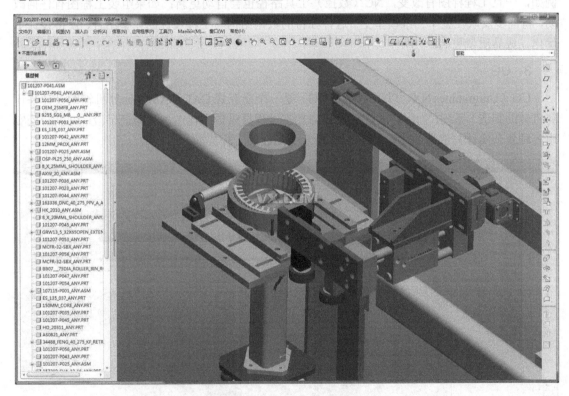

图 2.12　Pro/E 的工作界面

Pro/E 基本上覆盖了全业务流程，可以满足大型公司对全业务的要求。Pro/E 提供了目前所能达到的最全面、集成最紧密的产品开发环境，不仅包括在工业设计和机械设计等方面的多项功能，还包括对大型装配体的管理、功能仿真、制造、产品数据管理等功能，被广泛应用于电子、机械、模具、汽车、航天、家电等各行业。

Pro/E 具有以下基本特征。

（1）参数化设计。

Pro/E 第一个提出了参数化设计的概念。把产品看成几何模型，无论多么复杂的几何模型，都可以分解成有限数量的构成特征，而每一种构成特征，都可以用有限的参数完全约束，这就是参数化的基本概念。

（2）基于特征建模。

Pro/E 采用模块化方式，可以分别进行草图绘制、零件制作、装配设计、钣金设计、加工处理等。用户可以根据自身的需要进行选择，而不必安装所有模块。工程设计人员采用具有智能特性且基于特征的建模功能可以去除生成模型，如腔、壳、倒角及圆角，可以随意勾画草图并改变模型。这一功能特性在设计上为工程设计人员提供了从未有过的简易和灵活。此外基于特征建模的方式还能够将设计至生产全过程集成到一起，实现并行工程设计。

（3）单一全相关数据库。

Pro/E 采用了单一数据库来解决特征的相关性问题。所谓单一数据库，就是工程中的资料全部来自一个数据库，使得每一个独立用户都在为一件产品造型而工作，不管该用户来自哪个部门。换而言之，在整个设计过程中的任何一处发生改动，都可以反映在设计的相关环节上。例如，一旦工程样图有改变，NC（数控）工具路径也会自动更新；如果组装工程图有任何改动，将同步反映在整个三维模型上。这种独特的数据结构与工程设计的完整结合，使得设计更优化，成品质量更高。

3．UG

UG（Unigraphics NX，以下简称为 UG）是一个交互式 CAD/CAM（计算机辅助设计与计算机辅助制造）系统，为用户的产品设计与加工过程提供数字化造型和验证手段，可以轻松实现各种复杂实体与造型的建构。图 2.13 所示为 UG 的工作界面。

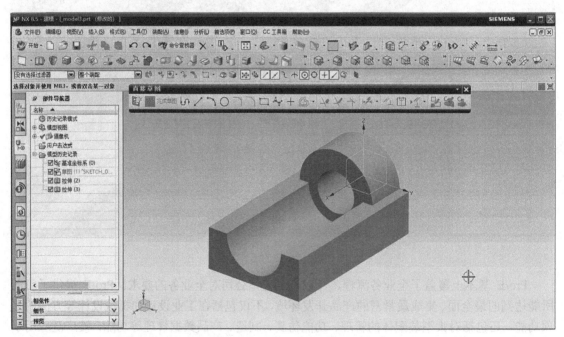

图 2.13　UG 的工作界面

UG 在制造加工领域具有得天独厚的优势，其中一个最大的特点是混合建模。在创建较为复杂的模型时，一般的方法是先使用 Pro/E 创建较为简单的线框、曲面，再转到 UG 进行高级曲面的创建、倒角。就目前的市场而言，UG 主要适合于为汽车、飞机创建复杂的模型。

UG 主要具有以下基本功能。

（1）工业设计。

工业设计人员利用 UG 建模能够迅速创建和改进复杂的产品形状，并且可以使用先进的渲染和可视化工具来最大限度满足设计概念的审美要求。

（2）产品设计。

UG 提供了强大、广泛的产品设计应用模块。其中，高性能的机械设计和制图功能为制造设计提供了高性能和灵活性，可以满足用户设计任何复杂产品的需要。UG 具有专业的管路和线路设计系统、钣金模块、专用塑料件设计模块和其他行业设计所需的专业应用程序，并且允许制造商以数字化的方式仿真、确认和优化产品及其开发过程。通过在开发周期为较早地运用数字化仿真性能，制造商可以改善产品质量，同时不用再设计、构建物理样机。

（3）CNC 加工。

UG 加工基础模块提供了连接所有加工模块的基础框架，为 UG 所有加工模块提供一个相同的、界面友好的图形化窗口环境，使用户可以在图形方式下观测刀具沿轨迹运动的情况，并可对其进行图形化修改。该模块同时提供通用的点位加工编程功能，可用于钻孔、攻丝和镗孔等加工编程。该模块交互界面可按用户的需求进行灵活的用户化修改和剪裁，并可定义标准化刀具库、加工工艺参数样板库，使初加工、半精加工、精加工等常用操作参数标准化，从而减少培训时间并优化加工工艺。

UG 的所有模块都可以在实体模型上直接生成加工程序，并保持与实体模型全相关。UG 的加工后置处理模块可以使用户更加方便地创建自己的加工后置处理程序。该模块适用于市面上主流 CNC 机床和加工中心，也适用于 2～5 轴或更多轴的铣削加工、2～4 轴的车削加工和电火花线切割。

（4）模具设计。

模具设计的流程有很多，分模是其中关键的一步。分模有两种：一种是自动的，另一种是手动的（当然也不是纯粹的手动，需要用到自动分模工具栏中的命令，即模具导向）。注塑模向导是基于 UG 开发的针对注塑模具设计的专业模块。模块中配有常用的模架库和标准件，使用户可以根据自己的需要进行调用，还可以进行标准件的自我开发，以此提高模具设计效率。注塑模向导模块提供了整个模具设计流程，包括产品装载、排位布局、分型、模架加载、浇注系统、冷却系统与工程制图等。整个设计过程直观、快捷，让普通设计人员也能完成一些中、高难度的模具设计。

4. CATIA

CATIA（Computer Aided Three-dimensional Interactive Applications，计算机辅助三维交互应用）作为 PLM 协同解决方案的一个重要组成部分，可以通过建模帮助制造厂商设计产品，并支持从项目设计、分析、模拟、组装到维护在内的全部工业设计流程。模块化的 CATIA 系列产品提供了产品的风格和外形设计、机械设计、设备与系统工程、管理数字样机、机械加工、分析和模拟等功能。图 2.14 所示为 CATIA V5 的工作界面。

CATIA 产品基于开放式可扩展的 V5 架构，在曲面设计、逆向设计方面具有明显的优势。CATIA 系列产品在汽车、航空航天、船舶制造、厂房设计（主要是钢构厂房）、建筑、电力与电子、消费品和通用机械制造等领域中提供了 3D 设计和模拟解决方案。

CATIA 具有以下基本特点。

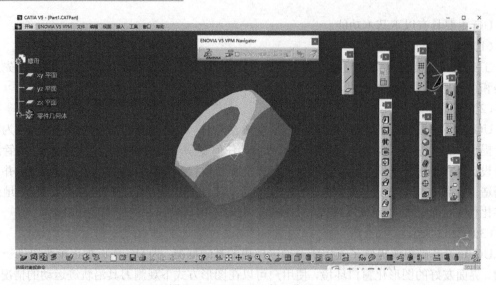

图 2.14　CATIA V5 的工作界面

（1）先进的混合建模技术。

混合建模技术包括设计对象的混合建模、变量和参数化混合建模、几何和智能工程混合建模等。CATIA 在整个产品周期内具有修改功能，尤其是后期修改性。无论是实体建模还是曲面造型，由于 CATIA 提供了智能化的树形结构，因此用户可以方便快捷地对产品进行重复修改，即使在设计的最后阶段需要做重大修改，或者对原有方案进行更新换代，对于 CATIA 来说，都是非常容易的事。

（2）所有模块具有全相关性。

CATIA 的各个模块基于统一的数据平台，因此 CATIA 的各个模块存在着真正的全相关性。三维模型的修改，能完全体现在二维模型、模拟分析、模具和数控加工的程序中。

（3）并行的工程设计环境。

CATIA 提供的多模型链接的工作环境与混合建模方式为并行工程设计模式的实现提供了保证。总设计部门只要将基本的结构尺寸发放出去，各分系统的人员便可以开始工作，既可以协同工作，又不相互牵连。模型之间的相互联结性使得上游设计结果可作为下游的参考，同时，上游对设计的修改能直接影响下游工作的刷新，实现真正的并行工程设计环境。

（4）覆盖产品开发的整个过程。

CATIA 提供了完备的设计功能，精确可靠的解决方案提供了完整的 2D、3D、参数化混合建模与数据管理手段，涵盖从单个零件设计到最终电子样机创建的全过程。同时，作为一个完全集成化的软件系统，CATIA 将机械设计、工程分析及仿真、数控加工、CATWeb 网络应用解决方案有机地结合在一起，为用户提供无纸化工作环境。

2.3.5　常见的艺术设计软件

1. Rhino

Rhino 是一款强大的专业 3D 造型软件，被广泛应用于三维动画制作、工业制造、科学研究与机械设计等领域。它能轻松整合 3ds Max 与 Softimage 模型，对要求精细、弹性与复杂的 3D NURBS 模型有点石成金的功效，也能输出 OBJ、DXF、IGES、STL、3DM 等不同格式的文件，并适用于大多数 3D 软件，尤其对提高整个 3D 工作团队的模型生产力有明显效果。图 2.15 所示为 Rhino 的工作界面。

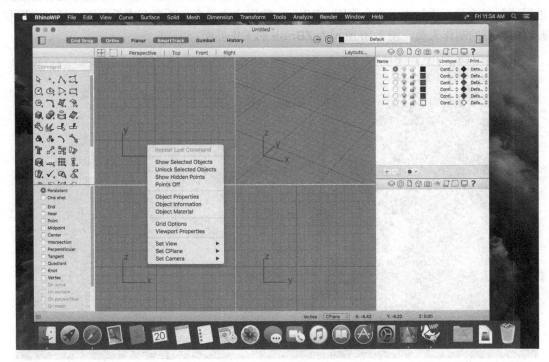

图 2.15　Rhino 的工作界面

与其他建模软件相比，Rhino 具有以下优点。

（1）配置要求低。

不需要配置特别高的硬件设备，在一般的笔记本电脑上也可以运行该软件，而且运行起来毫无压力。

（2）拥有强大的曲面功能。

有些建模软件的曲线是由多段线组成的，细看可能会存在各种棱角。Rhino 可以在 Windows 操作系统中建立、编辑、分析和转换 NURBS 曲线、细分曲线、四边面重新拓扑、曲面和实体，而且不受复杂度、阶数与尺寸的限制。从设计稿、手绘到实际产品，或者只是一个简单的构思，Rhino 提供的曲面工具可以精确地制作出动画、工程图、分析评估与生产用的模型。

（3）自由造型 3D 建模工具。

用户使用 Rhino 可以创建任何可以想象的造型。

（4）精确性与兼容性好。

Rhino 构建的模型精度很高，可以直接进行 3D 打印，完全满足设计、快速成型、工程、分析和制造等各种类型的需要。大到飞机小到珠宝所需的精确度，Rhino 都可以达到。同时，Rhino 可以与其他设计、制图、CAM、工程、分析、渲染、动画及插画软件兼容。

（5）输出不同格式的文件。

Rhino 能输入和输出几十种不同格式的文件，并适用于大多数 3D 软件。

2．ZBrush

ZBrush 是一款可让设计人员自由创作的设计工具。它改变了传统三维设计工具的工作模式，解放了设计人员的双手和思维，告别过去依靠鼠标和参数来创作的模式，完全尊重设计人员的创作灵感和传统工作习惯。用户通过 ZBrush 软件能够在包含数以百万计的多边形模型上进行雕刻和绘画。正是由于这个原因，ZBrush 的用户非常多，既有艺术爱好者，又有电影和游戏工作室的制作人员。图 2.16 所示为 ZBrush 的工作界面。

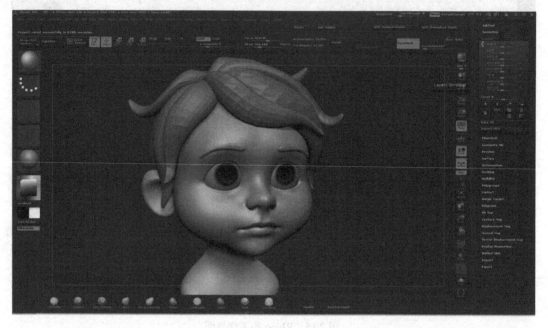

图 2.16　ZBrush 的工作界面

ZBrush 具有以下特点。

（1）先进的 3D 雕刻程序，提供广泛的创作自由度。

ZBrush 与其他 3D 软件的不同之处在于，ZBrush 模仿了所有在计算机上以数字方式完成的传统雕刻工作。在 ZBrush 中，用户可以通过拉、推、挤压、刮擦等方式操纵数字黏土，就像他们在实际雕刻东西一样，快速创建更多有机和详细的模型。而且相较于 Maya 或 3ds Max 等软件而言，ZBrush 能够更快地完成作品。

（2）提供了几十个画笔工具，可以进行各种不同的过程和更多的控制。

用户可以使用这些画笔工具雕刻出自己想要的任何东西的数字版本。用户通过这种方式操纵虚拟表面，可以创建如鳞片或皱纹等精细的细节，从而轻松地为任何类型的数字媒体创建高度详细的模型；还可以把这些复杂的细节导出为法线贴图和展开 UV 的低分辨率模型（建模师通常不会直接在立体的模型上进行"装扮"，而是将三维的模型展开为二维的平面后再进行贴图、增添细节等，这个过程被称为"UV 拆分"或"展 UV"）。这些法线贴图和低分辨率模型可以被 Maya、Softimage、Lightwave 等软件识别和应用。用户甚至可以直接在 ZBrush 中模拟所要设计的角色，从而节省开发时间。

（3）全新的建模方法。

与传统的建模软件不同，ZBrush 不需要操作单个多边形，因为它采用了完全不同的方法。ZBrush 也彻底改变了 3D 动画管道。以前，3D 动画师通常需要在另一个 3D 包中创建角色的低分辨率版本，这种低分辨率模型被称为"基础网格"。但 ZBrush 允许用户从头到尾使用 3D 雕刻的全部功能来创建所设计的角色，还可以从一开始就自由地尝试高水平的细节，为电影、视频游戏和特殊效果创建高分辨率 3D 模型。

3. 3ds Max

3D Studio Max 简称为 3ds Max，是一款基于 PC 操作系统的三维动画渲染和制作软件。用户可以使用它快速创建具有专业水准的三维模型、照片级的静态图像和电影般质量的动画序列。3ds Max 被广泛应用于广告、影视、工业设计、建筑设计、三维动画、多媒体制作、游戏及工程可视化等领域。图 2.17 所示为 3ds Max 的工作界面。

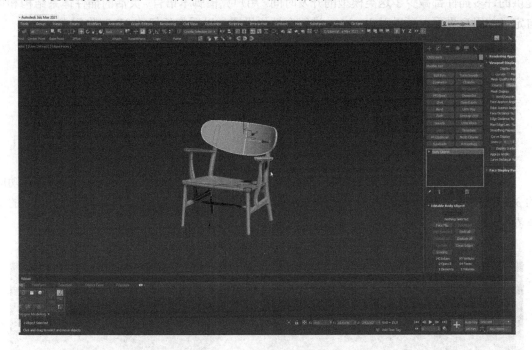

图 2.17　3ds Max 的工作界面

3ds Max 通常用于角色建模和动画，以及渲染建筑和其他的一些真实的图像。3ds Max 可以用于处理动画制作流程的多个阶段，包括预可视化、布局、摄影机、建模、纹理、装配、动画、VFX、照明和渲染。作为使用非常广泛的一款 3D 软件，3ds Max 是许多专业建模用户的首选软件，使用该软件可以完成游戏和电影的制作。

（1）3ds Max 的主要应用领域。

① 视频游戏行业。

3ds Max 在视频游戏行业中用于创建 3D 角色模型、游戏资产和动画。通过高效的工作流程和强大的建模工具，3ds Max 可以为游戏美术师节省大量时间。3ds Max 受到电视广告和电影特效的影响，通常用于生成图形，并与实景拍摄一起使用。

② 房地产和建筑行业。

房地产和建筑行业设计人员使用 3ds Max 可以对单个多边形进行高度控制，从而使所设计的模型具有更大的细节范围和精度。当模型制作完成后，使用 3ds Max 可以渲染模型，为其添加颜色、渐变和纹理之类的表面细节，使模型产生更高质量的渲染效果。这样，客户就可以准确地可视化他们的居住空间，并根据真实模型进行评判。

③ 动画设计。

从建模和装配到照明和渲染，3ds Max 都可以轻松创建专业质量的动画。另外，许多行业的用户也使用 3ds Max 生成机械图形，如工程、制造、教育和医疗行业的用户使用 3ds Max 进行可视化处理。

④ CG 设计。

熟练 CG 的用户能够使用模仿自然的技术来创建逼真的图像。3ds Max 还能够实现卡通阴影和其他视频游戏中流行的风格化技术。3ds Max 可以用于创建逼真的模拟环境，如烟和水。为了创建逼真的角色模型，3ds Max 提供了对头发、皮肤、衣服和毛皮的仿真功能，而且在线提供的许多插件都减少了这类模型的开发时间。用户凭借脚本语言、灵活的插件体系结构和可自定义的用户界面，可以对 3ds Max 进行个性化设置，以适应任何的 3D 工作需求。

（2）3ds Max 的特点。

① 功能强大、插件丰富、扩展性好。

② 操作简单、容易上手。

③ 与其他相关软件配合流畅。

④ 具有非常高的性价比。

4．Modo

Modo 是一款具有高级多边形细分曲面、建模、雕刻、3D 绘画、动画与渲染的综合性功能的 3D 软件，还拥有一套强大而灵活的 3D 建模、纹理和渲染工具。图 2.18 所示为 Modo 的工作界面。

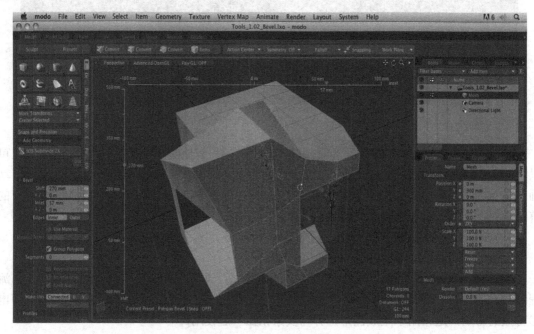

图 2.18　Modo 的工作界面

Modo 具有以下特点。

（1）简洁的工作流程。

Modo 的基本设计原则是简明、灵活、清晰、直观。不同于 Maya 或 3ds Max 这种拥有大量边栏工具与参数的主流软件，Modo 的用户往往会使用更加小巧的工具进行组合，如对工具命令（Tool）、动作中心（Action Center）、应用范围（Falloff）、捕捉（Snap）等进行叠合，形成高度变化且灵活的独创工具（Tool Pipe）。与此特点相适应的是，Modo 可以高度自定义所有的界面与快捷键，并允许高度自由组合，以便适应用户的工作习惯。

（2）强大的三维绘画功能。

Modo 允许用户直接在三维物体或代理物体上进行表面绘画。绘画系统也由多种工具组合而成，如喷笔（Airbrush）、克隆笔刷（Clone）、涂抹（Smudge）、模糊笔刷（Blur）等，也可以进一步设置各种笔刷形状（如软边、硬边或程序纹理等），并且完全支持压感笔绘画。绘画的成果可以存储为图片并直接加入 Modo 渲染所用的 Shader Tree（明暗器树）中。

（3）高效的渲染技术。

Modo 的渲染器充分支持多核心/多线程，并且其渲染效率会随着核心/线程数量的增加以近乎直线的比率提升。对于一个复杂的场景，用户必须长时间地反复调整以达到最理想的效果。为此，Modo 在默认渲染器以外提供了一个交互式的即时渲染预览器。与默认渲染器相比，虽然即时渲染预览器会降低一些细节的精确性，但是能提供相当出色而真实的精度以供调试使用，其效果远超以往的 3D 软件中那些昂贵的专用硬件明暗器。用户可以自定义预览皮肤，与其他的 UI 组合使用，既可以控制即时渲染预览器是否在背景状态下继续提高预览精度，又可以在编辑模型的前后进行暂停/重启。这就意味着可以在最短的时间内对整个场景进行完整的预览与调整，极大地提升工作效率。

（4）独特的材质组织。

Modo 的材质组织基于树形的明暗器结构，如同 Photoshop 的层级式，而非其他渲染器越来越普遍采用的节点式。在很多常用的参数上仅一个材质即可完成，而附加的程序材质或贴图可以作为特定的效果图层相互混合、相互影响。从而在很多时候能够简化材质皮肤的操作界面与操作元素，有利于用户的理解、管理、比较与移植。

2.3.6　常见的三维动画软件

1. Maya

Maya（Autodesk Maya）是一款三维动画软件，被广泛应用于专业的影视广告、角色动画、电影特技等方面。Maya 功能完善、工作灵活、易学易用、制作效率高、渲染真实感强，是一款电影级别的高端制作软件。图 2.19 所示为 Maya 的工作界面。

Maya 改善了多边形建模工具，通过新的运算法则提高了性能，使得多线程可以充分利用多核处理器的优势。新的 HLSL 着色工具和硬件着色 API 极大地增强了新一代主机游戏的场景，而且在角色创建和动画方面也更具有弹性，从而提高了用户在电影、电视剧、游戏等领域开发、设计、创作的工作流效率。

由于 Maya 功能强大、体系完善，因此国内很多三维动画制作人员都开始使用 Maya，而且很多公司也都开始将 Maya 作为主要的创作工具。

Maya 已经成为目前主流的三维动画软件。

（1）Maya 的主要功能。

Maya 的主要功能表现在以下几个方面。

① Bifrost 可视化编程环境。

用户可以在单个可视化编程环境中创建出物理精确且极其详细的模拟对象。

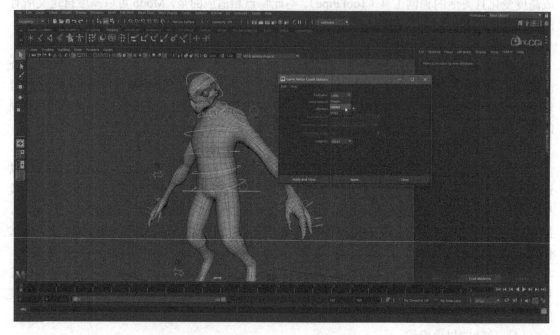

图 2.19　Maya 的工作界面

② 丰富的工具。

- 用户可以通过角色创建、动画制作有效地创建出栩栩如生的角色与环境。
- 用户利用 UV 编辑和工具包能在二维视图中查看和编辑多边形、NURBS 和细分曲面的 UV 纹理坐标。
- 用户利用预建图表能即时创建美观的效果，如雪和沙尘暴。
- 用户利用强大的交互式梳理工具能为角色创建逼真的毛发。
- 用户利用 Bifrost 流体能仿真和渲染真实照片级液体效果。
- Bifrost 海洋仿真系统能使用波浪、涟漪和尾迹创建逼真的海洋表面。
- 用户通过物理和效果工具可以创建高度逼真的刚体、柔体、布料和粒子模拟。

③ 时间编辑器。

用户通过时间编辑器，借助基于片段的非破坏性和非线性编辑器可以进行高级动画编辑。

④ 多边形建模与曲线图编辑。

用户可以使用基于顶点、边和面的几何体创建三维模型，并对模型进行三维渲染和着色。

（2）Maya 和 3ds Max 的区别。

Maya 是高端 3D 软件；而 3ds Max 是中端软件，易学易用，但在遇到一些高级要求时（如角色动画/运动学模拟），3ds Max 的功能远不如 Maya 强大。

Maya 主要应用于动画制作、电影制作、电视栏目包装、电视广告、游戏动画制作等领域；而 3ds Max 主要应用于动画制作、游戏动画制作、建筑效果图、建筑动画等领域。Maya 的基础层次更高。

Maya 的 CG（计算机动画）功能十分全面，包括建模、粒子系统、毛发生成、植物创建、衣料仿真等。而对于这些功能，3ds Max 往往需要通过第三方插件才能解决。可以说，从建模到动画，再到速度，Maya 都非常出色。

2. Blender

Blender 是一款免费开源的三维图形图像软件，提供了从建模、动画、材质、渲染，到音频处理、视频剪辑等一系列动画短片制作解决方案。Blender 具有多种用户界面，方便用户在不同工作环境下使用，既内置了绿屏抠像、摄像机反向跟踪、遮罩处理、后期结点合成等高级影视解决方案，又内置了 Cycles 渲染器与实时渲染引擎 EEVEE，还支持多种第三方渲染器。Blender 主要应用于动画电影、视觉效果、艺术、3D 打印模型、交互式 3D 应用程序、视频游戏等领域。

2.3.7　常见的室内外建筑设计软件

1. SketchUp

SketchUp 又被称为"草图大师"，是一款直接面向设计方案创作过程的设计软件。其创作过程不仅能充分表达用户的思想，而且能完全满足与客户即时交流的需要，使用户可以直接在计算机上进行十分直观的构思。SketchUp 官方网站将它比喻为电子设计中的"铅笔"，说明该软件的主要特点是使用简便、快速上手。

SketchUp 是专门为配合用户的设计过程而研发的。在设计过程中，用户通常习惯从不十分精确的尺度、比例开始整体的思考，随着思路的进展不断添加细节。如果用户有需要，则可以利用 SketchUp 快速进行精确绘制。用户通过 SketchUp 可以根据设计目标，更加方便地解决整个设计过程中出现的各种修改，即使这些修改贯穿整个项目的始终。

SketchUp 具有以下基本功能。

（1）SketchUp 可以用于自动识别线条，进行自动捕捉，即画线成面后挤压成型，生成模型。

（2）SketchUp 具有草稿、线稿、透视、渲染等不同显示模式。

（3）SketchUp 可以用于准确定位阴影和日照，使用户根据建筑物所在地区和时间实时进行阴影和日照分析。

（4）SketchUp 自带大量门、窗、柱、家具等组件库和建筑肌理边线需要的材质库。

（5）SketchUp 可以用于快速生成任何位置的剖面，使用户清楚地了解建筑的内部结构，可以随意生成二维剖面图并快速导入 AutoCAD 进行处理。

（6）SketchUp 可以用于简便地进行空间尺寸和文字的标注。

（7）SketchUp 可以用于轻松制作方案演示视频动画。

（8）SketchUp 具有丰富的模型资源，使用户在设计中可以直接调用、编辑内置了功能强大的 3D 模型库，形成一个庞大的分享平台。

现在，用户已经将 SketchUp 及其组件资源广泛应用于室内、室外、建筑等多领域中。

2. FormZ Pro

FormZ Pro 是一款功能强大的 3D 设计应用软件，可以为建筑师、景观建筑师、城市规划师、工程师、动画和插画师、工业和室内设计师提供优秀的建模体验。该软件不仅具有丰富的实体和曲面建模工具，而且具有易于使用的界面来表达和传达用户的想象力。

FormZ Pro 基于高级 3D 实体和曲面进行建模，能够导入 SKP、KMZ、DWG、DXF、DAE、OBJ、SAT、STEP 和 STL 等格式的文件，还能够将导出的 DWG、DXF、SAT、STEP、DAE 和 STL 格式的文件进行 3D 打印。

2.4　音频处理

声音由振动而产生，通过空气传播。声音是一种波形，并且由许多不同频率的谐波组成。谐波的频率范围被称为"声音的带宽"（bandwidth），带宽是声音的一项重要参数。多媒体技术处理的声音信号主要是人耳可以听到的 20kHz～20kHz 的音频信号。人说话的声音是一种特殊的声音，其频率范围约为 300Hz～3400Hz，被称为"言语"、"话音"或"语音"。

2.4.1　理解音频

人耳是声音的主要感觉器官。人们从自然界中获得的声音信号和通过传声器得到的声音电信号等在时间和幅度上都是连续变化的，因此，幅度随时间连续变化的信号称为"模拟信号"（例如，声波就是模拟信号，音响系统中传输的电流、电压信号也是模拟信号）。

数字音频是指用一连串二进制数据来保存声音信号。这种声音信号在存储、传输及处理过程中、不再是连续的信号，而是离散的信号。关于离散的含义可以这样理解：在某数字音频信号中，数据 A 是该信号中的某一时间点 a，数据 B 是记录时间点 b，那么时间点 a 和时间点 b 之间可以分多少个时间点，这个时间点的个数是固定，而不是无限的。也就是说，在坐标轴上描述信号的波形和振幅时，模拟信号是用无限个点来描述的，而数字信号是用有限个点来描述的，如图 2.20 所示。

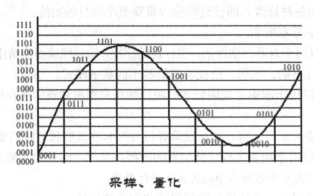

图 2.20　数字音频的波形和振幅示意图

1．音频数字化

声音是一种模拟信号，为了使用计算机进行处理，必须将它转换成数字编码的形式，这个过程称为"声音信号的数字化"。数字化实际上就是将模拟信号经过采样、量化和编码，得到一些离散的数值。即连续时间的离散化通过采样来实现，如果每隔相等的一小段时间采样一次，则称为"均匀采样"；连续幅度的离散化通过量化来实现，把信号的强度划分成多个小段，如果幅度的划分是等间隔的，则称为"线性量化"，否则称为"非线性量化"。

在模拟音频的数字化过程中，采样频率越高，越能真实反映音频信号随时间的变化；量化位数越多，越能细化音频信号的幅度变化。编码是指用二进制数码表示量化后的音频采样值。

为了减小数据量，通常使用压缩编码技术。

（1）采样。

声音其实是一种能量波，因此声音也有频率和振幅的特征。其中，频率对应时间轴线，而振幅对应电平轴线。波是无限光滑的，弦线可以看成由无数点组成，由于存储空间是相对有限的，在数字编码过程中，必须对弦线的点进行采样。采样的过程就是抽取某点的频率值，很显然，在一秒内抽取的点越多，获取的频率信息越丰富。

也就是说，通过采样，可以将时间连续的信号变成时间不连续的离散数字信号。采样频率是指将模拟声音波形数字化时，每秒所抽取声波幅度样本的次数。采样频率的计算单位是 Hz。通常，采样频率越高声音失真越小，但用于存储音频的数据量也就越大。

（2）量化。

采样所得声波上的幅度值影响音量的大小，该值的大小需要用数字化的方法来调整。通常将对声波波形幅度的数字化表示称为"量化"。在量化时，每个幅度值通常与之最接近的量化等级取代，因此，量化之后，连续变化的幅度值就被有限的量化等级取代。即量化就是在幅度轴上将连续变化的幅度值用一个有限位数的数字表示，将信号的幅度值离散化。

在相同的采样频率下，量化位数越高，声音质量越好。同样，在相同量化位数的情况下，采样频率越高，声音质量越好。

（3）编码。

编码是按照一定的格式把经过采样和量化得到的离散数据记录下来，并在有效的数据中加入一些用于纠错同步和控制的数据。在回放数据时，用户可以根据记录的纠错数据判断读出的声音数据是否有错，如果有错，则要进行纠正。

2．音频的关键参数

与音频质量相关的参数主要有声道数、采样频率、量化位数和码率。

（1）声道数。

声道数是音频传输的重要指标，即声音通道的数目。常见的类型有单声道、立体声（双声道）、四声环绕（四声道）和 5.1 声道。

● 单声道。

单声道是比较原始的声音复制形式。早期的声卡较多使用单声道。单声道的声音只能使用一个扬声器发声，有时也可以使用两个扬声器输出同一个声道的声音。当通过两个扬声器回放单声道信息时，我们可以明显感觉到声音是从两个音箱中间传递到耳朵里的，但无法判断声源的具体位置。

● 立体声。

立体声（双声道）就是有两个声音通道，其原理是人们听到声音时可以根据左耳和右耳对声音的相位差来判断声源的具体位置。声音在录制过程中被分配到两个独立的声道，从而达到了很好的声音定位效果。这种技术在音乐欣赏中显得尤为有用，人们可以清晰地分辨出各种乐器来自的方向，从而使音乐更富有层次感，更加接近于临场感受。

目前，立体声常见的用途有两大类：在卡拉 OK 中，一个是奏乐，另一个是歌手的声音；在 VCD 中，一个是普通话配音，另一个是方言配音。

● 四声环绕。

四声环绕（四声道）规定了前左、前右、后左、后右 4 个发声点，听众则被包围在这中间，通过增加一个低音音箱，可以加强对低频信号的回放处理（这也是如今4.1声道音箱系统广泛流行的原因）。就整体效果而言，四声环绕系统可以为听众带来来自多个不同方向的声音环绕，使其获得身临各种不同环境的听觉感受，并带来全新的体验。

● 5.1 声道。

目前，5.1声道已经被广泛应用于各类传统影院和家庭影院中。一些比较知名的声音录制压缩格式，如杜比 AC-3（Dolby Digital）、DTS 等都是以5.1声道系统为技术蓝本的，其中".1"声道是一个专门设计的超低音声道，这一声道可以产生频率范围为20Hz～120Hz的超低音。其实5.1声道系统来源于4.1环绕，不同之处在于它增加了一个中置单元。这个中置单元负责传送低于80Hz的声音信号，在欣赏影片时有利于加强人声，把对话集中在整个声场的中部，以增加整体效果。

目前很多在线音乐播放器，如QQ音乐已经提供了5.1声道音乐试听和下载功能。

（2）采样频率。

采样频率是指一秒内采样的次数。显然，在一秒内抽取的点越多，获取的频率信息越丰富。为了复原波形，采样频率越高，声音的质量越好，声音的还原也就越真实，但同时它占有的存储数据量越大。人耳的分辨率是有限的，并不能分辨出太高的频率。采样频率的高低是根据奈奎斯特理论和声音信号本身的最高频率决定的。奈奎斯特理论指出，当采样频率不低于声音信号最高频率的两倍时，就能把以数字表达的声音还原成原来的声音，这称为"无损数字化"。通常人耳能听到的声音的频率范围为20Hz～20kHz，根据奈奎斯特理论，为了保证声音不失真，采样频率应在40kHz左右。常用的音频采样频率有8kHz、11.025kHz（语音效果）、22.05kHz（音乐效果）、44.1kHz（高保真效果）48kHz（DVD、数字电视使用）、96kHz～192kHz（DVD-Audio、蓝光高清等使用）。

在数字音频领域中，常用的采样频率如表2.1所示。

表2.1　数字音频领域常用的采样频率

采 样 频 率	用　　　途
8kHz	电话采用的采样率
11.025kHz	电话采用的采样率
22.050kHz	无线电广播采用的采样率
32kHz	miniDV 数码视频 camcorder、DAT（LP mode）采用的采样率
44.1kHz	音频 CD、MPEG-1 音频（VCD、SVCD、MP3）采用的采样率
47.25kHz	商用 PCM 录音机采用的采样率
48kHz	miniDV、数字电视、DVD、DAT、电影和专业音频所用的数字声音采用的采样率
50kHz	商用数字录音机采用的采样率
96kHz 或 192kHz	DVD-Audio，以及一些 LPCM DVD 音轨、BD-ROM 音轨和 HD-DVD 音轨采用的采样率

（3）量化位数。

量化位数是指每个采样点的值用多少位来表示，常用的有8位、12位、16位、24位、32位等。位数不同，量化值的范围也不同。对于8位量化位数来说，有$2^8=256$（0～255）个不同的量化值。同理，对于16位量化位数来说，有$2^{16}=65536$个不同的量化值，通常16位的量化级别足以表示从人耳刚听到最细微的声音到无法忍受的巨大的噪声这样的声音范围。同样，量化位数越高，表示的声音的动态范围就越广，音质就越好，但是储存数据量也就越大。

（4）码率。

码率（比特率）是指音乐每秒播放的数据量，单位用 bps 表示。码率和文件大小密切相关。例如，码率为 128bps 的 4 分钟的歌曲的文件大小计算公式如下。

$$(128/8)×4×60=3840KB=3.8MB$$

在计算机应用中，能够达到最高保真水平的是 PCM 编码，被广泛应用于素材保存及音乐欣赏中。CD、DVD 与 WAV 文件中均有应用，因此，PCM 成为无损编码。常见的 Audio CD 就采用了 PCM 编码，一张光盘的容量只能容纳 72 分钟的音乐信息。

对于一个 PCM 音频流，其码率（每秒数据量）计算公式如下。

$$码率=采样频率×采样精度×声道数$$

例如，一个采样频率为 44.1kHz、采样精度为 16bit、双声道的 PCM 编码的 WAV 文件，它的码率为 $44.1×16×2 =1411.2$ Kbps。也就是说，存储 1 秒的采样频率为 44.1kHz、采样精度为 16bit、双声道的 PCM 编码的音频信号需要 176.4KB 的存储空间，1 分钟则约为 10.34MB，这对于大部分用户来说是不可接受的。如果想要降低数据量，则有两种方法，即降低采样指标或压缩。降低指标是不可取的，因此人们开发了各种压缩方式。人们常说的 128K 的 MP3，对应的 WAV 的参数就是 1411.2 Kbps，MP3 有大约 11∶1 的压缩率。

3．常见音频编码分类

从信息论的观点来看，描述信源的数据是信息和数据冗余之和（数据=信息+数据冗余）。音频信号在时域和频域上具有相关性，也存在数据冗余。将音频作为一个信源，音频编码的实质是减少音频中的冗余。自然界中的声音非常复杂，波形极其复杂，通常采用的是脉冲代码调制编码（即 PCM 编码）。PCM 通过抽样、量化、编码 3 个步骤将连续变化的模拟信号转换为数字编码。

由于用途和目标市场不同，各种音频压缩编码所达到的音质和压缩比也都不同。根据编码方式的不同，音频编码技术分为 3 种：波形编码、参数编码和混合编码。一般来说，波形编码的语音质量高，但编码率也很高；参数编码的编码率很低，产生的合成语音的音质不高；混合编码使用了参数编码技术和波形编码技术，编码率和音质介于它们之间。

（1）波形编码。

波形编码是指不利用生成音频信号的任何参数，直接将时间域信号变换为数字编码，使重构的语音波形尽可能地与原始语音信号的波形形状保持一致。波形编码的基本原理是先在时间轴上对模拟语音信号按一定的速率抽样，再将幅度样本分层量化，并用代码表示。

波形编码方法简单、易于实现、适应能力强并且语音质量好。但是由于压缩方法简单，也带来了一些问题，如压缩比相对较低，产生了较高的编码率。通常编码率在 16Kbps 以上的音频质量相当高，当编码率低于 16Kbps 时，音频质量会急剧下降。

最简单的波形编码方法是 PCM（Pulse Code Modulation，脉冲编码调制）。它只对语音信号进行采样和量化处理，其优点是编码方法简单、延迟时间短、音质高，重构的语音信号与原始语音信号几乎没有差别，缺点是编码率比较高（64Kbps），对传输通道的错误比较敏感。

（2）参数编码。

参数编码是从语音波形信号中提取生成语音的参数。用户使用这些参数通过语音生成模型重构出语音，使重构的语音信号尽可能保持原始语音信号的语意。也就是说，参数编码首先把语音信号产生的数字模型作为基础，然后求出数字模型的模型参数，最后按照这些参数还原数字模型，进而合成语音。

参数编码的编码率较低，可以达到 2.4Kbps，产生的语音信号是通过创建的数字模型还原出来的，因此重构的语音信号波形与原始的语音信号波形可能会存在较大的区别，且失真现象会比较严重。由于受到语音生成模型的限制，即使增加数据速率也无法提高合成语音的质量。虽然参数编码的音质比较低，但是保密性很好，一直被应用在军事领域。典型的参数编码方法为 LPC（Linear Predictive Coding，线性预测编码）。

（3）混合编码。

混合编码是指同时使用两种或两种以上的编码方法进行编码。这种编码方法克服了波形编码和参数编码的弱点，并结合了波形编码的高质量和参数编码的低编码率，能够取得比较好的效果。混合编码的编码率范围为 4.8Kbps～16Kbps，它既能达到高的压缩比，又能保证较好的语音质量。目前在移动通信和 IP 电话中，语音信号大多采用这种混合编码方法。

2.4.2 常见的音频处理软件

对音频进行处理的软件可以帮助用户对 WAV、MP3、MP2、MPEG 等格式的音频文件进行剪贴、复制、粘贴、多文件合并和混音等操作。

1．Reaper

Reaper 是一款专业的音乐制作软件，具有完整的多轨音频和 MIDI 录音、编辑、处理、混音和母带处理工具包。软件界面简洁易用，非常适合音频爱好者和专业音乐人士使用。该软件采用 64 位音频引擎，可以完美支持目前流行的各类 DX、VST 音频插件与软音源，再配合多个品质出色的音频效果器，使用户能够轻松制作出高品质的音乐。除此之外，该软件还支持视频编辑功能，可以对视频进行编辑，也可以为视频添加更多的个人属性，打造独特的视频效果。

Reaper 具有以下基本特点。

（1）Reaper 具有高效、快速加载和紧密编码的特点，可以通过便携式或网络驱动器安装和运行。

（2）Reaper 支持强大的音频和 MIDI 路由、完整的 MIDI 硬件和软件，且全程支持多通道。

（3）Reaper 具有 64 位内部音频处理功能，且支持位深度和采样率导入、记录和渲染多种媒体格式。

（4）Reaper 支持数千种第三方插件效果和虚拟乐器，如 VST、VST3、AU、DX 和 JS。

（5）Reaper 具有数百种用于处理音频和 MIDI 的工作室级效果，以及用于创建新效果的内置工具。

2．Adobe Audition

Adobe Audition（简称为 Au，原名为 Cool Edit Pro）是由 Adobe 公司开发的一款专业音频编辑和混合软件。Adobe Audition 是专门为在影楼、广播电视台和动画制作公司工作的音频和视频专业人员设计的，可以提供先进的音频混合、编辑、控制和效果处理功能。该软件最多混合 128 个声道，可以编辑单个音频文件、创建回路，并可以使用 45 种以上的数字信号处理效果。

3．GoldWave

GoldWave 是一款集声音编辑、播放、录制和转换功能于一体的音频软件，且体积小巧、功能强大。可支持打开多种音频文件格式，包括 WAV、OGG、VOC、IFF、AIF、AFC、AU、SND、MP3、MAT、DWD、SMP、VOX、SDS、AVI、MOV 等，也可以从 CD、VCD、DVD 或其他视频文件中提取声音。GoldWave 具有丰富的音频处理功能，如多普勒、回声、混响、降噪及高级的公式计算（在理论上，用户利用公式可以制作出任何自己想要的声音）。

GoldWave 具有以下基本特点。

（1）直观、可定制的用户界面，使操作更简便。

（2）多文档界面可以同时打开多个文件，简化了文件之间的操作。

（3）当编辑较长的音乐时，GoldWave 会自动在硬盘中编辑；当编辑较短的音乐时，GoldWave 会在速度较快的内存中编辑。

（4）GoldWave 允许使用多种声音效果，如倒转、回音、摇动、边缘、动态和时间限制、增强、扭曲等。

（5）精密的过滤器（如降噪器和突变过滤器）能够修复声音文件。

（6）利用批转换命令可以把一组声音文件转换为不同的格式和类型。例如，可以将立体声转换为单声道，将 8 位声音转换为 16 位声音。如果安装了 MPEG 多媒体数字信号编解码器，还可以把原有的声音文件压缩为 MP3 格式，在保持出色的声音质量的前提下使声音文件的体积缩小为原有体积的 1/10 左右。

（7）CD 音乐提取工具可以将 CD 音乐复制为一个声音文件。为了缩小声音文件的大小，也可以把 CD 音乐直接提取出来并存储为 MP3 格式。

（8）在理论上，用户利用表达式求值程序可以制造任意声音，支持从简单的声调到复杂的过滤器。内置的表达式具有电话拨号音的声调、波形和效果等。

4．Program4Pc DJ Audio Editor

Program4Pc DJ Audio Editor 是一款适合 DJ 使用的音频编辑软件。该软件具有修剪音频、在音频文件上应用效果、录制音频、编辑音频 CD 曲目、插入静音、混合声音、提取单声道文件、编辑音频文件、合并音频文件、编辑音频标签、显示波形图、显示光谱图、频率分析等强大功能。

Program4Pc DJ Audio Editor 具有以下基本特点。

（1）修剪和混合音频文件。

（2）提取和转换视频/音频。

（3）应用音频滤镜和特效。

Program4Pc DJ Audio Editor 具有各种内置的效果，如放大、杂色选择、延时、镶边、合唱、混响、淡入/淡出、颤音、压缩机、规范化、扩展器、移相器、时间拉伸和音高移位等。该软件还具有强大的应用过滤器使用的音频文件，如低通滤波器、高通滤波器、带通通滤波器、陷波滤波器、峰值 EQ 过滤器等。

（4）输入录音。

用户可以通过麦克风、音频 CD 与声卡等设备录制音频数据，只需通过单击就可以指定比特率、频率和通道数，编辑录制的音频文件。

（5）将 CD 文件转换为多种音频格式。

Program4Pc DJ Audio Editor 具有先进的 CD 开膛手工具，可以从 CD 中读取音轨，并允许将 CD 文件转换为多种音频格式，包括 MP3、WAV、OGG 及 AIFF 等。

2.4.3　常见的音频文件格式及其特点

1．WAV 格式

WAV 格式是微软公司开发的一种声音文件格式，又被称为"波形声音文件"，是最早的数字音频格式，其文件扩展名为".wav"。WAV 文件记录的是声音本身，所以它占较大的硬盘空间。WAV 文件符合 RIFF（Resource Interchange File Format）规范。所有的 WAV 文件都有一个文件头，这个文件头包含音频流的编码参数。WAV 文件对音频流的编码没有硬性规定，所以WAV 文件也可以使用多种音频编码来压缩音频流。

在 Windows 操作系统中，WAV 是一种应用范围较广的音频格式，所有音频软件都支持该格式，Windows 操作系统提供的 WinAPI 中有不少函数可以用于直接播放 WAV 文件。由于WAV 本身可以达到较高的音质要求，因此，在开发多媒体软件时，用户大量采用 WAV 文件作为事件声效和背景音乐。PCM 编码的 WAV 文件可以达到相同采样率和采样大小条件下的最好音质，因此，WAV 格式也被大量用于音频编辑、非线性编辑等领域。

特点：音质非常好，被大量软件支持。

适用于：多媒体开发、保存音乐和音效素材。

2．MIDI 格式

MIDI（Musical Instrument Digital Interface，乐器数字接口）是数字音乐与电子合成乐器的统一国际标准。MIDI 文件本身只是一串数字信号，其文件扩展名为".mid"。MIDI 文件中不包含任何声音信息，记录的是音乐在什么时间用什么音色发多长的音，并把这些指令发送给声卡，由声卡按照指令合成声音。正因如此，通常 MIDI 文件的体积都非常小。

3．AIFF 格式

AIFF（Audio Interchange File Format，音频交换文件格式）是 Apple 公司以艺电公司的 IFF 格式为基础开发的一种用于存储数码音频的未压缩、无损声音的文件格式，其文件扩展名为".aif"或".aiff"。AIFF 格式支持各种位分辨率、采样率和音频通道。这种格式在 Apple 平台上非常流行，用于处理数字音频波形的专业程序。标准的 AIFF 文件使用 44.1 kHz 采样率和16bit 采样深度立体声，并具有两个立体声通道。

AIFF 文件与 MP3 文件类似，但是 AIFF 文件是以未压缩的格式保存的，而 MP3 文件是以有损压缩的格式保存的。所以 AIF 文件的体积更大，但存储音频的质量更高。

4．MP3 格式

MP3 是一种音频压缩技术，利用 MPEG Audio Layer 3 技术将音乐以 1∶10 甚至 1∶12 的压缩率压缩成体积较小的文件，其文件扩展名为".mp3"。MP3 能够在音质受损很小的情况下把文件压缩到更小的程度，而且还非常好地保持原来的音质。MP3 文件具有体积小、音质高的特点使得 MP3 格式几乎成为网络上音乐的代名词。每分钟 MP3 格式的音乐只有 1MB 左右，这样每首歌的大小只有 3MB～4MB。使用 MP3 播放器对 MP3 文件进行实时解压缩时，能播放出高品质的 MP3 音乐。

MP3 作为目前最为普及的音频压缩格式，具有不错的压缩比，使用 LAME 编码的中高码率的 MP3 文件，听感上已经非常接近源 WAV 文件。使用合适的参数，LAME 编码的 MP3 格式适合于音乐欣赏。由于 MP3 编码是有损的，因此经过多次编辑后，音质会急剧下降，所以 MP3 格式并不适合保存素材。MP3 格式也具有流媒体的基本特征，可以做到在线播放。

特点：音质好、压缩比较高，被大量软件和硬件支持，应用范围广泛。

适用于：高要求的音乐欣赏。

5．WMA 格式

WMA（Windows Media Audio）是由微软公司推出的与 MP3 格式齐名的一种音频格式，其文件扩展名为 ".wma"。WMA 格式在压缩比和音质方面都超过了 MP3 格式，更是远胜于 RA 格式（Real Audio），即使在较低的采样频率下也能产生较好的音质。WMA 格式以减少数据流量但保持音质的方法来达到更高的压缩率目的，其压缩率一般可以达到 1∶18，生成的文件大小只有相应 MP3 文件的一半。此外，WMA 还可以通过 DRM（Digital Rights Management）来设置防止复制，或者设置限制播放时间和播放次数，甚至设置播放机器的限制，可有力地防止盗版。

WMA 格式标准比 MP3 格式标准出现得晚。WMA 格式标准由微软公司掌握，而 MP3 格式是一个开放的标准，没有版权。所以 MP3 格式比 WMA 格式流行。但是 MP3 格式需要 128Kbps 码率才能保证音质，WMA 格式仅需要 64Kbps 码率就能保证音质。

特点：低码率下的音质表现效果很好。

适用于：数字电台架设、在线试听、低要求下的音乐欣赏。

6．MP3 Pro

MP3 Pro 是一种基于 MP3 编码技术的音频格式，其文件扩展名为 ".mp3"。MP3 Pro 在保持相同的音质下同样可以把音频文件的文件大小压缩到原有 MP3 格式的一半。而且可以在基本不改变文件大小的情况下改善原始 MP3 音乐的音质。它能够在用较低的比特率压缩音频文件的情况下，最大限度地保持压缩前的音质。

人们听到的 MP3 音乐文件一般是以 128Kbps 的比特率压缩而成的。如果采用更低的比特率（如 96Kbps 或 64Kbps），人们就可以非常明显地感觉到声音的短波部分丢失明显，严重时声音还会产生扭曲现象。这主要是因为以这些低比特率压缩而成的 MP3 在编码时无法对声音的整个波带进行压缩，从而丢失了短波段一些重要的声音信息。

在进行编码时，MP3 Pro 编码器将音频的录音分成两部分：MP3 部分和 Pro 部分。MP3 部分用于分析长波段（Long Wavelength Band）信息，并将其编码成通常的 MP3 文件数据流。这就使得 MP3 Pro 编码器能够集中编码更多的有用信息，获得更佳品质的编码效果，这也保证了 MP3 Pro 与旧版本 MP3 播放器的兼容性。Pro 部分用于分析短波段（Short Wavelength Band，其主要作用在于保留了声音中的短波音，使得以低比特率压缩的 MP3 文件音质得到显著增强）信息，并将其编码成 MP3 数据流的一部分，而这些通常在旧版本的 MP3 解码器中是被忽略的。新的 MP3 Pro 解码器会有效地利用这部分数据流，将两段（短波段和长波段）合并起来产生完全的波段，达到增强音质的效果。

7．RA 格式

RA（RealAudio）是一种可以在网络上实时传送和播放音乐文件的音频格式的流媒体技术。RA 文件压缩比例高，可以随网络带宽的不同而改变声音质量，适合在传输速度较低的互联网上使用，其文件扩展名为".rm"。

与 WMA 格式一样，RA 格式不但支持边读边放，而且支持使用特殊协议来隐匿文件的真实网络地址，从而实现只在线播放而不提供下载的欣赏方式。

2.5 动画处理

2.5.1 传统动画

动画具有生动形象、简单明了、通俗易懂等特点，其概括性强并且不受观众文化层次与年龄段的影响，是一种深受大家喜爱、广泛流行的艺术形式。一些虚构的、理想的、完美的、浪漫的内容都可通过动画来表现，扩展了人类的想象力和创造力。

1．传统动画的概念与原理

（1）传统的动画定义。

传统的动画定义是采用逐帧拍摄对象并连续播放而形成运动影像的技术。无论拍摄什么样的对象，只要采用的是逐帧方式进行拍摄，并在观看时连续播放形成活动影像，这就是动画。

（2）动画的基本原理。

动画是借助人的眼睛"视觉暂留"而产生的。人眼在观察物体时，如果物体突然消失，这个物体的影像仍会在人眼的视网膜上保留一段很短的时间，这种视觉生理现象被称为"视觉暂留"。例如，图 2.21 显示的柱子是圆的，但很多人会看成是方的；图 2.22 中的图案会让人感觉是运动的。

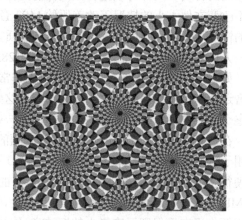

图 2.21 柱子是圆的还是方的   图 2.22 图案是静止的还是运动的

又如，在屏幕上先呈现一条竖线，在其右侧再呈现一条横线，如果两条线出现的相隔时间小于 0.2 秒，则人们会看到竖线倒向横线的位置，这种现象被称为"似动现象"。

现代科学研究发现，视像从人们的眼前消失之后，仍会在视网膜上保留 0.1～0.4 秒左右。

在拍摄电影时，依据"视觉暂留"原理，经过多次试验，以每秒 24 个画格的速度进行拍摄和放映，每个画格在观众眼前停留 1/32 秒，电影胶片上一系列原本不动的连续画面在经放映后就变成了活动影像。

2．传统动画的分类

传统动画在我国有着悠久的历史，民间的走马灯和皮影戏就是动画的一种古老表现形式。国产动画片《大闹天宫》中"孙悟空"的形象闻名世界，"米老鼠"和"唐老鸭"等动画形象也深受大众的喜爱。传统动画是由美术动画电影的传统制作方法移植而来的，始于 19 世纪，流行于 20 世纪。传统动画画面的制作方式是先手绘在纸张或赛璐珞片上，再将这些画面（帧）按一定的速度拍摄后，制作成影像。由于大部分的动画作品都是用手直接绘制的，因此传统动画又被称为"手绘动画"或"赛璐珞动画"。

传统动画可以分为平面动画和立体动画两大类。其中，平面动画是在二维空间中制作的动画；立体动画是在三维空间中制作的动画。

（1）平面动画。

平面动画主要分为以下几类。

① 手绘动画。

手绘动画是指通过绘画线稿，先使用动画片颜料在赛璐珞（cel）透明片上上色，再进行拍摄、剪辑制作的动画，如《大闹天宫》（见图 2.23）、《千与千寻》与《猫和老鼠》等。还有使用油画棒、彩铅、水彩、炭笔、油彩、木刻等手绘技法表现的动画，如素描动画《种树的人》、油画动画《老人与海》、沙土动画《天鹅》、利用胶片刻画的动画片《节奏》、装饰动画《鼹鼠的故事》等，这些都具有独特的视觉魅力。由于手绘动画的制作周期较长，后期上色、合成、剪辑、配音等制作部分逐渐被计算机动画替代。

② 剪影动画。

剪影动画来源于剪影和影画，是一种流行于 18 世纪～19 世纪的黑白单色人物侧面影像，同类型的还有通过光线照射到手上然后投射到墙壁上的手影动画。世界第一部剪影动画是 1916 年由美国布雷动画片公司制作的《裁缝英巴特》。1919 年德国人 L.赖尼格拍摄了《阿赫迈德王子历险记》《巴巴格诺》《卡门》等剪影动画。图 2.24 所示为一个剪影动画。

图 2.23　手绘动画《手绘大闹天宫》

图 2.24　剪影动画

③ 剪纸片。

剪纸片来源于皮影戏。皮影戏是让观众通过白色布幕，观看一种平面人偶表演的灯影来达到艺术效果的戏剧形式。皮影戏中的平面人偶与场面道具景物，通常是由民间艺人采用手工、刀雕彩绘而成的皮制品，因此称为"皮影"。皮影戏来源于 2000 多年前的中国古代长安，盛行于唐、宋，至今仍在民间普遍流行，堪称中国民间艺术一绝。皮影的制作最初采用厚纸雕刻，后来采用驴皮或牛羊皮刮薄，再进行雕刻，并进行彩绘，风格类似民间剪纸，但分别雕刻手、腿等关节后再用线将其连接在一起，表现活动自如。中国最早的剪纸片是《猪八戒吃西瓜》与《狐狸打猎人》。图2.25所示为剪纸片《狐狸打猎人》。

④ 水墨动画。

水墨动画是由中国艺术家创造的动画艺术新品种。它以中国水墨画技法作为人物造型和环境空间造型的表现手段，运用动画拍摄的特殊处理技术对水墨画形象和构图进行逐一拍摄，通过连续放映形成浓淡虚实的水墨画影像。图2.26所示为水墨动画《小蝌蚪找妈妈》。

图 2.25　剪纸片《狐狸打猎人》

图 2.26　水墨动画《小蝌蚪找妈妈》

（2）立体动画。

立体动画主要分为以下几类。

① 折纸动画。

折纸动画是先将硬纸片或彩纸折叠、粘贴，制作成各种立体人物和立体背景，再采用逐帧拍摄的方法拍摄，通过连续放映形成活动的影片。因为折纸动画采用纸折叠而成，因此就形成了折纸片轻巧、灵活、充满稚气的独特艺术特点，它体现出了人们心灵手巧的品质。折纸动画比较适合表现简短的童话故事。图2.27所示为中国首部三维折纸动画《折纸小兵》。

② 木偶动画。

木偶动画是在借鉴木偶戏的基础上发展起来的。动画片中的木偶一般采用木料、石膏、橡胶、塑料、钢铁、海绵和银丝关节器制成，以脚钉定位。随着科技的发展，目前也有采用瓷质、金属材料制成的木偶。拍摄时先将一个动作依次分解成若干个环节，再用逐帧拍摄的方法拍摄，通过连续放映还原木偶活动的形象。图2.28所示为木偶动画《阿凡提的故事》。

图 2.27　三维折纸动画《折纸小兵》

图 2.28　木偶动画《阿凡提的故事》

③ 黏土动画。

黏土动画是定格动画的一种，由逐帧拍摄制作而成。一部黏土动画的制作包括脚本创意、角色设定和制作、道具场景制作、拍摄、合成等过程。黏土动画可以看成动画中的艺术品，因为黏土动画在前期制作过程中，很多环节依靠手工制作，手工制作决定了黏土动画具有淳朴、原始、色彩丰富、自然、立体、梦幻般的艺术特色。黏土动画是一种集文学、绘画、音乐、摄影、电影等多种艺术特征于一体的综合艺术表现。图 2.29 所示为黏土动画。

④ 针幕动画。

针幕动画是由亚历山大•阿列塞耶夫发明的特殊动画技巧，其原理是先将光线投射在由几千个细针组成的面板上，细针的运动形成了影像，待影像塑形之后将其拍摄下来，再使用各种工具制作出针幕动画的光影层次、质感和立体感。图 2.30 所示为针幕动画。

图 2.29　黏土动画

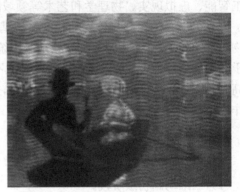

图 2.30　针幕动画

3. 传统动画的制作方法

传统动画的制作方法包括手绘动画和定格动画，其中定格动画是人们常用的一种方法。

（1）手绘动画。

手绘动画是由动画师使用笔在透明的纸上绘制，将多张图纸拍摄成胶片放入电影机制作出的动画。现代手绘动画一般通过扫描仪扫描到计算机中上色合成。

（2）定格动画。

定格动画（逐帧动画）是通过逐帧地拍摄对象然后将其连续放映，从而产生运动的人物或能想象到的任何奇异角色。制作定格动画最基本的方法是利用相机作为拍摄工具，为主要对象拍摄一连串的相片，每张相片之间为拍摄对象做小量移动，最后把所有相片进行快速连续播放。

目前，传统动画的制作手段已经被扫描仪、手写板、计算机技术替代，但传统动画的制作原理一直在现代动画制作中延续。

2.5.2　计算机动画

1. 计算机动画的概念

狭义的动画是指计算机动画。计算机动画是指借助计算机技术生成一系列连续图像，并可动态播放的动画。也就是说，计算机动画技术采用图形与图像的处理技术，借助编程或动画制作软件生成一系列连续的景物画面。计算机动画技术综合利用了计算机科学、数学、物理学、绘画艺术等知识来生成绚丽多彩的连续逼真画面。

近年来，计算机动画技术得到了广泛的应用，特别是在展现比较抽象的概念和具有丰富含义的内容时，有很强的表现力。可以说，只要是人能想到的图像，均可以通过动画表现出来。计算机动画已经被广泛应用于动画片制作、影视与广告、电子游戏和娱乐、模拟演示、多媒体教学演示等领域。

2．计算机动画的原理

现代动画的制作方法主要是利用计算机动画软件，直接在计算机上绘制和制作动画，即计算机动画。计算机动画综合了计算机图形学，特别是真实感图形生成技术、图像处理技术、运动控制原理、视频显示技术，甚至包括视觉生理学、生物学等领域的内容，还涉及机器人学、人工智能、虚拟现实、物理学和艺术等领域的理论和方法。

计算机动画的原理与传统动画的原理基本相同，也是采用连续播放静止图像的方法产生景物运动的效果。但是，计算机动画是在传统动画的基础上把计算机的图形与图像处理技术应用于动画的处理，从而可以达到传统动画达不到的效果。计算机动画技术具有制作功能全、效率高、色彩丰富鲜明、动态流畅自如等特点，为电视动画设计人员提供了一个任其发挥想象的创作环境。

3．计算机动画的发展

计算机动画的发展大体上可以分为以下3个阶段。

（1）二维动画初级阶段。

20世纪60年代，美国的贝尔实验室和一些研究机构开始研究利用计算机实现动画片中画面的制作和自动上色。这些早期的计算机动画系统基本上是二维辅助动画系统，又被称为"二维动画"。1963年，美国贝尔实验室编写了一个Beflix二维动画制作系统。这个软件系统在计算机辅助制作动画的发展历程上具有里程碑的意义，这是第一个阶段。

（2）三维动画初级阶段。

第二个阶段是从20世纪70年代到80年代中期，计算机图形、图像技术的软硬件都取得了显著发展，使计算机动画技术日趋成熟。三维辅助动画系统也开始研制并投入使用。三维动画又被称为"计算机生成动画"，其动画对象不是简单地由外部输入的，而是根据三维数据在计算机内部生成的。

1982年，迪士尼（Disney）推出了第一部计算机动画电影《Tron》（中文译名为《电子争霸战》），使计算机动画成为计算应用的新领域。

1982年—1983年，麻省理工学院与纽约技术学院利用光学追踪（Optical Tracking）技术记录人体动作；演员穿戴发光物体于身体各部分，并在指定拍摄范围内移动，同时有数部摄影机拍摄其动作，然后利用计算机系统分析光点的运动后产生立体活动影像。

（3）三维动画高级阶段。

第三个阶段是从1985年到目前为止，这是计算机辅助制作三维动画的实用化和向更高层次发展的阶段。在这个阶段中，计算机辅助三维动画的制作技术有了质的变化，已经综合集成了现代数学、控制论、图形图像学、人工智能、计算机软件和艺术的最新成果。例如，1998年上映的电影《泰坦尼克号》，当游轮翻沉时乘客的落水镜头大多采用了计算机合成的影像，从而避免了实物拍摄中的高难度、高危险动作。

4．计算机动画的分类

计算机动画有多种分类方法。

（1）从生成机制方面划分。

根据动画的生成机制可划分为实时生成动画和帧动画两类。

① 实时生成动画。

实时生成动画又被称为"矢量型动画"，是经过计算机运算而确定的运行轨迹和形状的动画，由计算机实时生成并演播。

② 帧动画。

在时间帧上逐帧绘制帧内容称为"帧动画"。帧动画是一幅幅在内容上连续的画面，采用接近于视频的播放机制组成的图像或图形序列动画。

（2）从画面对象的透视效果划分。

根据画面对象的透视效果可划分为二维动画和三维动画两类。

① 二维动画。

二维动画是平面上的画面，无论纸张、照片或计算机屏幕显示的画面的立体感有多强，终究是在二维空间上模拟真实三维空间效果。

② 三维动画。

三维动画中的景物有正面、侧面和反面，调整三维空间的视点，能够使人看到不同的内容。计算机三维动画制作是根据数据在计算机内部生成的，而不是简单的外部输入。

（3）从画面形成的规则和制作方法划分。

根据画面形成的规则和制作方法可划分为路径动画、运动动画和变形动画 3 类。

① 路径动画。

路径动画是指让每个对象根据指定的路径进行运动的动画，适合描述一个实体的组合过程或分解过程，如演示或模拟某个复杂仪器是怎样由各个部件对象组成的，或者描述一个沿一定轨迹运动的物体等。

② 运动动画。

运动动画是指通过对象的运动与变化产生的动画特效。

③ 变形动画。

变形动画是将两个对象联系起来进行相互转化的一种动画形式，通过连续地在两个对象之间进行彩色插值和路径变换，可以将一个对象或场景变为另一个对象或场景。

2.5.3　计算机平面动画的制作过程

现代动画基本上都使用计算机动画技术来制作，利用计算机进行角色设计、背景绘制、描线上色等，具有操作方便、颜色一致、准确等特点，还具有检查方便、简化管理、提高生产效率、缩短制作周期等优点。

1．关键帧（原画）的产生

关键帧与背景画面可以使用摄像机、扫描仪等实现数字化输入。例如，先使用扫描仪输入铅笔原画，再使用计算机进行后期制作，也可以使用相应软件直接绘制。

动画软件都会提供各种工具、方便绘图，这将改变传统动画的制作过程，使用户可以随时存储、检索、修改和删除任意画面。传统动画制作中的角色设计与原画创作等几个步骤只需一步就能完成。

2．中间画面的生成

利用计算机对两幅关键帧进行插值计算，自动生成中间画面，这是计算机辅助动画的主要优点之一。这不仅精确、流畅，而且可以将动画制作人员从烦琐的劳动中解放出来。如图 2.31 所示，给出一只鸟飞行的 8 个关键帧，中间的其他帧可以由计算机自动生成。

图 2.31　利用关键帧的插值技术可以生成中间画面

3．分层制作合成

传统动画的一帧画面是由多层透明胶片上的图画叠加合成的，这是保证质量、提高效率的一种方法，但是在制作过程中需要精确对位，而且受到透光率的影响，透明胶片不宜超过 4 张。在动画软件中，也使用了分层的方法，但对位非常简单，从理论上来说层数没有限制，对层的各种控制（如移动、旋转等）也非常容易。

4．着色

动画着色是非常重要的一个环节。计算机动画辅助着色可以弥补手工着色乏味、昂贵的不足。利用计算机描线着色界线准确、不需要晾干、不会串色、修改方便，而且不会因层数多少而影响颜色，着色操作速度快，更不需要为前后色彩的变化而感到头疼。动画软件一般都会提供许多绘画工具，如喷笔、调色板等，这也很接近传统的绘画技术。

5．预演

在生成和制作动画特技效果之前，用户可以直接在计算机屏幕上演示草图或原画，检查动画过程中的画面和时限，以便及时发现问题并进行问题修改。

6．库图的使用

动画中的各种角色造型及其动画过程都可以存储在图库中以便后续反复使用，而且也十分方便修改。用户可以通过图库在动画中套用动画。

2.5.4　计算机三维动画的制作过程

随着计算机技术的不断发展，计算机动画技术的广泛应用使动画的制作变得简单。而对于不同的人，动画的制作过程和方法可能有所不同，但其基本过程大致相同。三维动画制作分工很细，需要按照一定的流程进行管理。三维动画制作通常分为设计规划、制作阶段和发行推广 3 个阶段，每一个阶段又有若干个环节。

1．设计规划

（1）创意题材。

作为一部作品的开始，需要初步确定题材的类型、内容、创新元素、竞争力。良好的开端将决定后续流程的顺利完成。

（2）编写剧本。

剧本是一种文学形式，是艺术创作的文本基础。动画的制作也要根据剧本进行。与剧本类似的词汇还包括脚本、剧作等。动画的剧本和一般剧本有所不同，一般影片中的对话设计，以及对演员的表演都有很高的要求，而在动画影片中则应尽可能避免复杂的对话。在这里最重要的是利用画面表现视觉动作，而由视觉创作激发人们的想象。

（3）人物场景道具等二维设定（造型设计）。

人物场景道具包括人物造型、动物造型、器物造型等设计。设计内容包括角色的外形设计与动作设计。造型设计的要求比较严格，包括标准造型、转面图、结构图、比例图、道具服装分解图等。动作设计主要是角色的典型动作设计（如几个带有情绪的角色动作、体现角色性格的典型动作等），并且附以文字说明。造型可以适当夸张，要突出角色特征，运动合乎规律。

前期设计得越细致，到后期对项目的掌控就越好。一个人物至少要有 3 个角度的视图和至少几十个动作的设定。

（4）人物场景道具的色彩指定（雕塑）。

大到天空的颜色、云彩的形态，小到人物身上的项链、指甲的颜色。场景的整个气氛、角色的性格，以及画面给观众的感觉都在这一步得到初步体现。必要时还要通过雕塑来确定二维绘制出的角色在变成立体状态时是否与想象的一样。

（5）编写故事板。

根据剧本，要绘制出类似连环画的故事草图（分镜头绘图剧本），将剧本描述的动作表现出来。故事板由若干片段组成，每个片段由一系列场景组成。一个场景一般被限定在某一地点和一组人物内，而场景又可以分为一系列被视为图片单位的镜头，由此构造出一部动画片的整体结构。

在故事板中绘制各个分镜头的同时，要明确每个镜头的时间、地点、镜号、景别、具体的拍摄方法，以及角色动作的提示（更多细节还要包括特效，声音等）。一般 30 分钟的动画剧本，如果设置 400 个左右的分镜头，则需要绘制约 800 张图画的剧本（故事板）。

（6）编写摄制表。

这是导演编制整个影片制作的进度规划表，以指导动画创作集体各方人员统一协调工作。

2．制作阶段

根据前期设计，在计算机中通过相关软件制作出动画片段。制作流程一般包括建模、材质贴图、镜头布局、人物道具绑定、动画、特效、渲染、合成素材与校色调整等环节，这是三维动画的制作特色。

（1）建模。

建模是计算机三维动画制作阶段的第一道程序，是用户根据前期的造型设计，基于点、线、面的拓扑结构，通过三维建模软件在计算机中制作出影片需要的模型。这是三维动画中很繁重的一项工作，所有出场的角色和场景中出现的物体都要建模。建模的灵魂是创意，核心是构思，源泉是美术素养，模型的好坏会直接影响影片的效果。通常使用的建模软件有 3ds Max、AutoCAD、Maya 等。

常见的建模方式有多边形建模（把复杂的模型用许多小三角面或四边形组合在一起表示，缺点是放大后组合面不光滑）、样条曲线建模（用几条样条曲线共同定义一个光滑的曲面，特性是平滑过渡性，曲面不会产生陡边或皱纹，非常适合有机物体或角色的建模和动画）、细分建模（结合了多边形建模与样条曲线建模的优点）。建模的核心不在于精确性，而在于艺术性。

（2）材质贴图。

材质即材料的质地，就是为模型赋予生动的表面特性，具体体现在物体的颜色、透明度、反光度、反光强度、自发光及粗糙程度等特性上。例如，让人们知道衣服的材质是麻的还是丝绸的。贴图是指把二维图片贴到三维模型上，形成表面细节和结构，具体的图片要贴到特定的位置。三维软件使用了贴图坐标的概念，一般有平面、柱体和球体等贴图方式，分别对应不同的需求，如衣服上的花饰，以及皮肤的颜色、痣、腮红等。例如，给苹果模型贴图，简单理解就是将苹果皮完整地剥下来，切几刀将它展平，画好颜色变化后再将它包到苹果模型上。

需要注意的是，模型的材质与贴图要与现实生活中的对象属性一致。

（3）镜头布局。

这一步是按照故事板制作三维场景的布局。这是从二维转换为三维的第一步，能更加准确地体现出场景布局与角色之间的位置关系。场景不需要设置灯光材质特效和动画等，但要能让导演看到准确的镜头走位、长度、切换和角色的基本姿势等信息。镜头布局包括摄像机的机位摆放安排、基本动画、镜头时间定制等。

（4）人物道具绑定。

角色模型本身不具有运动控制特性，如果想要它在三维世界中运动，就需要拥有像正常人一样的骨骼系统。但是区别是不需要将真实人类所有的骨骼都加上，而只在弯曲和有作用的地方加上骨骼即可。道具也是如此，如变形的武器、绳索、弹跳床、过山车等这些动作道具，都要对其进行绑定设置，这样用户就可以更方便地控制动画，也会使动画效果更加自然。

（5）动画。

动画即赋予模型生命的意思。一般来讲，为原先不具备生命（不活动）的物体赋予了思想、动作、灵魂、性格等生命特征，使其成为有生命（会动的）的物体，即动画。既然动画需要被赋予生命，那么对角色的塑造就显得尤为重要。用户可以参考剧本、分镜故事板，为角色或其他需要活动的对象制作出每个镜头的表演动画，其中动作与画面的变化可以通过关键帧来实现，设定动画的主要画面为关键帧，关键帧之间的过渡由计算机来完成。

（6）特效。

动画完成后，用户还需要在场景中添加符合情节需要的特效，如水、烟、雾、火、光效、爆炸等，对动画进行完善设置，使其具有更完美的视觉效果。

（7）渲染。

渲染是指根据场景的设置、赋予物体的材质和贴图、灯光等，通过绘图软件绘制出一张完整的画面或一段动画。三维动画必须经过渲染后才能输出，造型的最终目的是得到静态或动画效果图，而这些都需要通过渲染才能完成。

（8）合成素材与校色调整。

由于渲染出来的是一张张的图片，而一般的电影都是 AVI、WKV、MP4 等格式，这时就需要使用合成软件将各种素材合成为视频文件，并对整个项目进行最后的调整。例如，可以对不满意的镜头进行简单的色彩校正，以及添加片头片尾、演员表、字幕等，还可以与现实中的素材合成，以实现三维的角色与现实中的人物和场景互动。

3. 发行推广

制作完动画之后，在上映前需要发行推广，可以说宣传模式对于动画上映是特别重要的。

我们很多时候都有这样的感觉,突然看到一部很好的动画,发现早就上映了,而在上映期间根本没有注意到这部动画。所以一部优秀的动画,发行与推广也是至关重要的。

2.5.5 常见的二维动画制作软件

计算机动画的关键技术体现在计算机动画制作软件与硬件上。目前,市面上有很多计算机动画制作软件,不同的动画效果,取决于不同的计算机动画软件与硬件的功能。虽然制作的复杂程度不同,但制作动画的基本原理是一致的。

制作动画的计算机软件包括平面动画制作软件和三维动画制作软件两大类,而每种软件又都按照自己的格式存储建立的动画文件。

1. Animator Studio

Animator Studio 是一款基于 Windows 操作系统的集动画制作、图像处理、音乐编辑、音乐合成等多种功能于一体的二维动画制作软件。Animator Studio 可以用于读/写多种格式的动画文件(如 AVI、MOV、FLC 和 FLI 等),还可以用于读/写多种静态格式的图形文件(如 BMP、JPG、TIF、PCX、GIF 等),也可以用于实现动画文件格式的转换和静态文件格式的转换,并将动画文件转换为一系列静态图像文件。Animator Studio 的绘画工具功能很强,有徒手绘画工具、几何绘画工具。此外,该软件还提供了 20 多种颜料,最有特色的是 Filter 颜料。

2. Animation Stand

Animation Stand 是一款流行的二维卡通软件。沃尔特、华纳兄弟、迪士尼等公司都曾使用 Animation Stand 作为二维卡通动画软件,用于制作最原本的图样、独创的和完全动画化的系列影片。Animation Stand 的功能包括多方位摄像控制、自动上色、三维阴影、音频编辑、铅笔测试、动态控制、日程安排表、笔画检查、运动控制、特技效果、素描工具等,并可以简易地输出胶片、HDTV、视频、QuickTime 文件等。

2.5.6 常用的动画文件格式及其特点

1. GIF 动画格式

GIF 动画格式可以同时存储若干张静止图像从而形成连续的动画,易于创建。目前 Internet 上大量采用的彩色动画文件多为 GIF 文件,其文件扩展名为".gif"。但是 GIF 动画格式只支持 256 色与有限的透明度,没有半透明效果或褪色效果。

用户可以通过多种不同的软件更加方便地制作 GIF 动画。

(1) Gif Animator。

Gif Animator 是一款专业的动画制作软件。用户可以利用它轻松方便地制作出自己需要的动画。Gif Animator 提供了可以即时套用的特效与优化 GIF 动画图片的选项,还提供了很多经典的动画效果滤镜,只要输入一张图片,即可自动套用动画模式并将其分解成数张图片,从而制作出动画。

(2) ImageReady。

ImageReady 基于图层可以创建 GIF 动画。ImageReady 能用于自动划分动画中的元素,并能将 Photoshop 中的图像用于动画帧,还具有非常强大的 Web 图像处理功能,可以创作富有动感的 GIF 动画、动态按键与美观的网页。

（3）Fireworks。

Fireworks 具有强大的矢量图制作功能，通过动画符号在不同影格的不同设置，造成人们视觉上的变化，影像随着影格播放就会形成动画。Fireworks 对创建或导入的任何对象都可以作为动画符号，每一个符号都有自己独立的属性，所以可以针对不同的对象创建不同的动画形式，如移动、淡入/淡出等。因为使用该软件制作的动画随意性和技巧性比较强，所以动画制作过程可以更加自由、富有创意。

（4）Ulead Gif Animator。

Ulead Gif Animator 是制作 GIF 动画的工具中功能强大、操作简单的动画制作软件之一。用户可以通过该软件轻松方便地制作出所需要的动画，甚至不需要引入外部图片，也可以制作一些较为简单的动画，如跑马灯动画等。

2．FLIC 动画格式

FLC/FLI（Flic 文件）是 Autodesk 公司在其出品的 2D、3D 动画制作软件中采用的动画文件格式。FLIC 是 FLC 和 FLI 的统称，其文件扩展名为 ".flc" 或 ".cel"。由 Autodesk 公司出品的 Autodesk Animator 和 3D Studio 等动画制作软件均采用了这种彩色动画文件格式。

FLI 是基于分辨率为 320 像素×200 像素的动画文件格式，而 FLC 则是 FLI 的扩展，采用了更高效的数据压缩技术，其分辨率也不再局限于 320 像素×200 像素。FLC 文件采用行程编码（RLE）算法和 Delta 算法进行无损的数据压缩，首先压缩并保存整个动画系列中的第一张图像，然后逐帧计算前后两张图像的差异或修改部分数据，并对这些部分数据进行 RLE 压缩，由于动画序列中前后相邻图像的差别不大，因此可以得到相当高的数据压缩率。

3．SWF 动画格式

SWF（Shock Wave Flash）动画格式被广泛应用于网页设计、动画制作等领域。通常我们将 SWF 文件也称为 "Flash 文件"，其文件扩展名为 ".swf"。SWF 动画格式采用曲线方程描述其内容，不是由点阵组成内容，因此这种格式的动画在缩放时不会失真，适合描述由几何图形组成的动画。从本质上讲，SWF 是一种基于矢量的 Flash 动画文件格式，一般使用 Flash 软件创作并生成 SWF 文件，也可以通过相应软件将 PDF 格式转换为 SWF 格式。

用户可以使用 Flash 控件来播放 SWF 文件，或者使用第三方软件（如 Flash Player Classic、实用 Flash 播放器、超级 Flash 播放器、SWF Flash Player）打开 SWF 文件。

2.6 视频处理

视频技术的出现和发展有机地综合了多种媒体对信息的展现作用，革新了对信息的表达方式，使信息从单一表达发展为对文字、图形图像、声音、动画等多种媒体进行综合表达，也使人和计算机之间的信息交流变得更加方便和准确。

2.6.1 理解视频

当连续的图像变化每秒超过 24 帧（frame）画面时，根据视觉暂留原理，将产生平滑连续的视觉效果，这样连续的画面称为 "视频"。最早的视频技术是由电视系统的发展而推动的，记录方法相对单一。随着信息技术的日益发达，视频记录的方式与方法也发生了巨大的变化，出现了各种不同的视频格式。尤其是网络技术的进一步发展促使视频的纪录片段以串流媒体的形式在 Internet 上传送并被计算机接收和播放。

1. 模拟视频和数字视频

模拟视频是一种用于传输图像和声音且随时间连续变化的电信号。早期视频的获取、存储和传输都是采用模拟方式。以前人们在电视上见到的视频图像就是以模拟电信号的形式记录下来的，通常可用录像机将其模拟电信号记录在磁带上，并用模拟调幅的手段进行传播。数字视频就是以数字信号形式记录的视频，与模拟视频相对。数字视频的产生方式有很多种，其存储方式和播出方式也各不相同。

视频数字化就是将模拟视频信号经过视频采集卡转换成数字视频文件并存储在存储介质中。现在通过数字摄像机摄录的信号本身已是数字信号，在视频信号的采集中，需要很大的存储空间和数据传输速度。这时就需要在采集和播放过程中对图像进行压缩和解压缩处理。

数字视频的来源有很多，如来自摄像机、录像机、影碟机等视频源的信号，包括从家用级到专业级、广播级的多种素材，还有计算机软件生成的图形、图像和连续的画面等。高质量的原始素材是获得高质量视频产品的基础。首先是提供模拟视频输出的设备，如录像机、电视机、电视卡等；然后是可以对模拟视频信号进行采集、量化和编码的设备，一般由专门的视频采集卡来完成；最后，由多媒体计算机接收和记录编码后的数字视频数据。在这一过程中起主要作用的是视频采集卡，它不仅提供接口以连接模拟视频设备和计算机，而且具有把模拟信号转换成数字信号的功能。需要注意的是，数字化后的视频存在大量的数据冗余。

2. 视频的重要参数

对于图像来说，像素、分辨率、数据量、图像质量是几个重要的参数。

像素是指构成图像的点数（表示照片是由多少点构成的）。分辨率是指图像中像素点的密度（单位尺寸内的像素点，一般用每英寸多少点表示，单位是 dpi）。像素和分辨率越高，图像越清晰。

图片像素是图片、照片的一个衡量参数，一般指静态像素，但它不能用来衡量视频。视频的形成是视频编码、压缩的过程，这时需要了解视频的 4 个参数：帧率、分辨率、数据量、视频图像质量。

（1）帧率。

帧率（Frame Rate）是指荧光屏上画面更新的速度，单位是 FPS（Frame Per Second，帧每秒）。帧率又被称为"更新率"，画面更新率越高画面越流畅。典型的画面更新率由早期的每秒6 帧或 8 帧发展至现今的每秒 120 帧不等。如果想要达到最基本的视觉暂留效果，则大约需要10FPS 的速度。PAL（欧洲、亚洲等地的电视广播格式）与 SECAM（法国、俄罗斯、部分非洲国家的电视广播格式）规定更新率为 25FPS，而 NTSC（美国、加拿大、日本等国家的电视广播格式）则规定更新率为 29.97FPS。电影一般采用 24FPS 拍摄并记录到电影胶卷上，这就导致各国电视广播在放映电影时需要进行一系列复杂的转换。

当帧率达到一定数值后如果再增长，人眼也察觉不到有明显的流畅度提升。为了减少数据量，会采取降低帧率的措施，可以达到满意程度，但效果略差。

（2）分辨率。

分辨率是指单位长度内的像素个数，是用于度量图像内数据量多少的一个参数，通常表示为 ppi（Pixel Per Inch，每英寸像素）。而人们常说的视频多少乘多少是视频的高/宽像素值。例如，一个 320 像素×180 像素的视频是指它在横向和纵向上的有效像素，当缩小窗口时有效像素值较高，窗口看起来清晰；当放大窗口时，由于没有那么多有效像素填充窗口，有效像素值下降，窗口就会变得模糊了（当放大窗口时，有效像素之间的距离拉大，而显卡会进行插值，把这些空隙填满，但是插值所用像素是根据周边有效像素通过相应方法估计出来的）。所以，习惯上人们说的分辨率是指图像的高/宽像素值，严格意义上的分辨率是指单位长度内的有效像素值。

对于视频画面质量，经常有标清、高清的说法。关于高清标准，国际上公认的有两个：第一，视频垂直分辨率超过 720p 或 1080i；第二，视频宽纵比为 16∶9。

720p（不含）以下为标清视频，720p、1080p、1080i 为高清视频。其分辨率如下。

①标清（4∶3）：480×360、640×480、720×576。

②高清（16∶9）：1280×720、1920×1080、1920×1080。

③超（高）清或称 4K（16∶9）：3840×2160。

④超（高）清或称 8K（16∶9）：7680×4320。

4K 分辨率是 1080p 的 4 倍：3840×2160=1920×2×1080×2。

8K 分辨率是 4K 的 4 倍：7680×4320=3840×2×2160×2。

需要注意的是，720p、1080p、1080i 中的 p 和 i 表示视频扫描方式。720p 的分辨率为 1280×720。1080p 中的字母 p 表示逐行扫描（Progressive Scan），数字 1080 表示水平方向有 1080 条水平扫描线。通常 1080p 的画面分辨率为 1920×1080。1080i 中的字母 i 表示采用交错式扫描视频显示方式（Interlaced Scan），数字 1080 表示垂直方向 1080 条水平扫描线。在播放时，先扫描单数的垂直画面，再扫描双数的垂直画面。

（3）数据量。

原始视频图像数据量=帧率×每张图像的数据量×视频时长，但经过压缩后可以极大地降低数据量，这主要取决于压缩技术的压缩比。尽管如此，视频的数据量仍然很大，以至于计算机显示技术跟不上视频速度，导致图像失真。

（4）视频图像质量。

视频图像质量与原始图像信息质量、视频压缩技术的压缩比有关，压缩比小对画面质量不会有太大影响，超过一定压缩比后，将导致画面质量明显下降。数据量与视频图像质量是一对矛盾指标，需要综合考虑，选择适当的平衡点。

3. 常用视频压缩标准

由于视频实际上就是快速播放的一组图片，因此图片数量巨大，而图片本身的数据量就不小，使得视频的一个非常突出的特点就是数据量大。这不利于携带和传送，所以应该在尽量保证视觉效果的前提下减少视频数据量，这正是视频压缩的目标。视频压缩比一般指压缩前后的数据量之比。由于视频由连续播放的静态图像构成，因此其压缩编码算法与静态图像的压缩编码算法有很多相似之处，但是运动的视频还有其自身的特性，所以在压缩时应该考虑其运动特性才能达到高压缩的目标。

（1）压缩方法的分类。

视频压缩方法按原理不同可以有不同的分类。

① 有损和无损压缩。

根据压缩前和解压缩后的数据是否一致可将视频压缩分为有损压缩和无损压缩。无损压缩表示压缩前和解压缩后的数据完全一致。多数无损压缩都采用 RLE 行程编码算法。有损压缩意味着解压缩后的数据与压缩前的数据不一致。这是因为有损压缩在压缩的过程中会丢失一些人眼和人耳所不敏感的图像或音频信息，而且丢失的信息不可恢复。几乎所有高压缩的算法都采用有损压缩，这样才能达到低数据量的目标。丢失的数据量与压缩后的数据量有关，压缩后数据量越小，丢失的数据越多，解压缩后的效果越差。此外，某些有损压缩算法采用多次重复压缩的方式，这样还会引起额外的数据丢失。

② 帧内和帧间压缩。

根据压缩时是否考虑相邻帧之间的冗余信息可将视频压缩分为帧内压缩和帧间压缩。

帧内压缩又被称为"空间压缩"，这种压缩方式仅考虑本帧的数据而不考虑相邻帧之间的冗余信息，实际上与静态图像压缩类似。帧内压缩一般采用有损压缩算法，由于进行帧内压缩时各个帧之间没有相互关系，因此压缩后的视频数据仍然以帧为单位进行编辑。帧内压缩一般达不到很高的压缩量。

帧间压缩基于许多视频或动画的连续前后两帧的相关性（前后两帧信息变化很小的特点，即连续的视频其相邻帧之间具有冗余信息），压缩相邻帧之间的冗余信息，可以进一步提高压缩量，优化压缩比。帧间压缩又被称为"时间压缩"。它通过比较时间轴上不同帧之间的数据进行压缩。帧间压缩一般是无损的。帧差值算法是一种典型的帧间压缩方法。它通过比较本帧与相邻帧之间的差异，仅记录本帧与其相邻帧的差值，这样就可以极大减少数据量。

③ 对称和不对称压缩。

根据压缩和解压缩占用计算处理能力和时间是否一样，可将视频压缩分为对称和不对称压缩。对称是压缩编码的一个关键特征。对称压缩意味着压缩和解压缩占用相同的计算处理能力和时间，对称算法适合于实时压缩和传送视频，如视频会议就宜采用对称压缩编码算法。而在电子出版和其他多媒体应用中，一般会将视频预先压缩处理好再播放，因此可以采用不对称压缩编码。对称和不对称压缩意味着压缩时需要花费大量的处理能力和时间，而解压缩时则能较好地实时回放，以不同的速度进行压缩和解压缩。一般来说，压缩一段视频的时间比回放（解压缩）该视频的时间要多得多。例如，压缩一段 3 分钟的视频片段可能需要超过 10 分钟的时间，而该片段实时回放时间只有 3 分钟。

（2）常见的视频压缩标准。

视频压缩有很多种标准，包括 ITU（国际电信联盟）制定的 H.261\H.263\H.264、ISO 提出的 MPEG-1\MPEG-2\MPEG-4 与 MPEG-7 等编码。例如，有线电视就是一种 MPEG-2 的应用，而 MPEG-4 的应用范围也非常广泛，如监控、网上直播和部分视频会议。下面介绍几种常见的视频压缩标准。

① M-JPEG 标准。

JPEG（Joint Photographic Experts Group）标准主要用于压缩连续色调、多级灰度、彩色/单色的静态图像。具有较高压缩比的图形文件（将一张 1000KB 的 BMP 文件压缩成 JPEG 文件后可能只有 20KB～30KB）在压缩过程中的失真程度很小。这种有损压缩在牺牲较少细节的情况下采用典型的 4∶1～10∶1 的压缩比来存储静态图像。

M-JPEG（Motion- Join Photographic Experts Group）技术即运动静止图像（或逐帧）压缩技术，被广泛应用于非线性编辑领域，可精确到帧编辑和多层图像处理，把运动的视频序列当作连续的静止图像来处理。这种压缩方式能单独完整地压缩每一帧，在编辑过程中可随机存储每一帧，可进行精确到帧的编辑。此外，M-JPEG 的压缩和解压缩是对称的，可通过相同的硬件和软件实现。但是 M-JPEG 只对帧内的空间冗余进行压缩，不对帧间的时间冗余进行压缩，因此压缩效率不高。

M-JPEG 标准的优点是，容易做到精确到帧的编辑、设备比较成熟。

M-JPEG 标准的缺点是，压缩效率不高。此外，M-JPEG 压缩方式并不是一个完全统一的压缩标准，不同厂家的编解码器和存储方式并没有统一的规定格式。也就是说，每个型号的视频服务器或编码板都有自己的 M-JPEG 版本，所以在服务器之间的数据传输、非线性制作网络向服务器的数据传输都比较困难。

② H.263 标准。

H.263 是国际电联 ITU-T 的一个标准草案，是为低码流通信而设计的。但实际上这个标准可用在很宽的码流范围内，而非只应用于低码流，它在许多应用中被认为可以用于取代 H.261。H.263 的编码算法在 H.261 的基础上做了一些改善和改变，以提高性能和纠错能力。H.263 标准在低码率下能够提供比 H.261 更好的图像效果。

H.263 支持 5 种分辨率，除了支持 H.261 中所支持的 QCIF 和 CIF，还支持 SQCIF、4CIF 和 16CIF。SQCIF 相当于 QCIF 一半的分辨率，而 4CIF 和 16CIF 分别是 CIF 4 倍和 16 倍的分辨率。1998 年，IUT-T 推出的 H.263+是 H.263 的第 2 版。它提供了 12 个新的可协商模式和其他特征，进一步提高了压缩编码性能。例如，H.263 只有 5 种视频源格式，H.263+允许使用更多的视频源格式，图像时钟频率也有多种选择；另一个重要的改进是可扩展性，它允许多显示率、多速率及多分辨率，增强了视频信息在易误码、易丢包的异构网络环境中的传输。另外，H.263+对 H.263 中的不受限运动矢量模式进行了改进，加上 12 个新增的可选模式，不仅提高了编码性能，而且增强了应用的灵活性。

③ MPEG 标准。

MPEG 标准包括 MPEG 视频、MPEG 音频和 MPEG 系统（视音频同步）3 部分。MPEG 标准是针对运动图像而设计的，基本方法是在单位时间内采集并保存第一帧信息，然后就只存储其余帧相对第一帧发生变化的部分，以达到压缩的目的。

MPEG 标准可实现帧之间的压缩，其平均压缩比可达 50：1，压缩率比较高，且又有统一的格式，兼容性好。在多媒体数据压缩标准中，较多采用 MPEG 系列标准，如 MPEG-1、MPEG-2、MPEG-4 等。

MPEG-1 用于传输 1.5Mbps 数据传输率的数字并存储媒体运动图像及其伴音的编码。经过 MPEG-1 标准压缩后，视频数据压缩率为 100：1～200：1，音频压缩率为 6.5：1。MPEG-1 提供每秒 30 帧分辨率为 352 像素×240 像素的图像，当使用合适的压缩技术时，具有接近家用视频制式（VHS）录像带的质量。MPEG-1 允许将超过 70 分钟的高质量的视频和音频存储在一张 CD-ROM 盘上。VCD 采用的就是 MPEG-1 标准，该标准是一个面向家庭电视质量级的视频、音频压缩标准。

MPEG-2 主要针对高清晰度电视（HDTV）的需要，传输速率为 10Mbps，与 MPEG-1 兼容，适用于 1.5Mbps～60Mbps 甚至更高的编码范围。MPEG-2 有每秒 30 帧 704 像素×480 像素的分辨率，是 MPEG-1 播放速度的 4 倍。它适用于高要求的广播和娱乐应用程序，如 DSS 卫星广播和 DVD。MPEG-2 是家用视频制式（VHS）录像带分辨率的两倍。

MPEG-4 标准是超低码率运动图像和语言的压缩标准，用于传输速率低于 64Mbps 的实时图像传输。它不仅可覆盖低频带，也向高频带发展。与 MPEG-1、MPEG-2 两个标准相比，

MPEG-4 为多媒体数据压缩提供了一个更为广阔的平台。MPEG-4 更多定义的是一种格式、一种架构,而不是具体的算法。它可以充分利用各种各样的多媒体技术,包括压缩本身的一些工具、算法,也包括图像合成、语音合成等技术。

2.6.2　常见的视频处理软件简介

1. Adobe Premiere

Adobe Premiere（简称为 PR）,是一款非常优秀的视频编辑软件,且简单易学、运行稳定,被广泛应用于影视媒体制作、宣传片制作、自媒体影视制作等领域。用户使用该软件可以完成剪辑视频、添加视频特效、添加转场效果、添加字幕、视频调色、渲染输出等一系列操作。它与 Adobe 其他软件高度集成,可以自由地协同工作,满足用户在视频创作上的高质量作品要求。

Adobe Premiere 网络教程丰富,能够帮助培养专业的剪辑从业人员。另外 Adobe Premiere 的系统兼容性非常好,但对硬件设备要求较高,以便于流畅运行。Adobe Premiere 功能强大,主要有以下功能。

（1）编辑和剪接各种视频素材。

以幻灯片的风格播放剪辑,具有变焦和单帧播放效果。用户可以使用 TimeLine（时间线）、Trimming（剪切窗）进行剪辑,以便节省编辑时间。

（2）对视频素材进行各种特技处理。

Adobe Premiere 提供了强大的视频特技效果,包括切换、过滤、叠加、运动及变形等。这些视频特技效果可以混合使用,产生令人眼花缭乱的效果。

（3）在两段视频素材之间添加各种切换效果。

Adobe Premiere 的切换选项中提供了数十种切换效果。

（4）添加字幕及音频处理。

用户可以在视频素材上增加各种字幕、图标和其他视频效果。除此之外,用户还可以为视频配音,并对音频素材进行编辑、调整音频与视频同步、改变视频特性参数、设置音频或视频编码参数及编译生成各种数字视频文件等。

（5）强大的色彩转换功能。

强大的色彩转换功能能够将普通色彩转换为 NTSC 或 PAL 的兼容色彩,以便把数字视频转换为模拟视频信号,通过录像机记录在磁带上,或者通过刻录机刻在 VCD 上面。

除了具有上述功能,Adobe Premiere 还具有管理方便、特级效果丰富、采集素材方便、编辑方便、可制作网络作品等许多优点。

2. Adobe After Effects

Adobe After Effects（简称为 AE）是由 Adobe 公司开发的一款视频剪辑与设计软件,也是制作动态影像设计不可或缺的辅助工具,还是视频后期合成处理的专业非线性编辑软件。相对于 Adobe Premiere,Adobe After Effects 更注重后期特效制作,如与三维软件结合,可以制作出立体科幻视觉效果。

Adobe After Effects 具有以下基本功能。

（1）视频处理。

用户使用 Adobe After Effects 可以高效且精确地创建无数种引人注目的动态图形和震撼人

心的视觉效果，还可以利用它与其他 Adobe 软件的紧密集成和高度灵活的 2D 与 3D 合成，以及数百种预设的效果与动画，为电影、视频、DVD 作品增添令人耳目一新的效果。

（2）强大的特技控制。

用户可以使用 Adobe After Effects 内嵌的几百种插件来修饰增强图像效果和动画控制效果，还可以与其他 Adobe 软件和三维软件结合。Adobe After Effects 支持从 4 像素×4 像素～30000 像素×30000 像素的分辨率，适用于高清晰度电视（HDTV）。

（3）多层剪辑。

无限层电影和静态画术可以使 Adobe After Effects 实现电影和静态画面的无缝合成。

（4）高效的关键帧编辑。

Adobe After Effects 中的关键帧支持具有所有层属性的动画，还可以自动处理关键帧之间的变化。

（5）动画定位的高准确性。

用户使用 Adobe After Effects 可以精确到一个像素点的千分之六，可以准确地定位动画。

（6）高效的渲染效果。

用户使用 Adobe After Effects 可以执行一个合成在不同尺寸上的多种渲染，或者执行一组任何数量的不同合成的渲染。

3. DaVinci Resolve

DaVinci Resolve 是一款将剪辑、调色、视觉特效、动态图形和音频后期制作融于一身的视频编辑软件。它易学易用，能让新手用户快速上手操作，还能为专业人员提供强大的功能。与 Adobe 公司的上述两款软件相比，DaVinci Resolve 在调色方面具有 Adobe Premiere 不具备的优势，如调色精度、流程化设计、调色算法等，长期备受剧组和影片制作者等专业人员青睐；而且 DaVinci Resolve 具有可扩展特性、快速的响应速度和高清的视频画质。

用户可以通过 DaVinci Resolve 中的 6 个主要功能页面进行视频剪辑。

（1）剪辑页面。

剪辑页面直观易用，新用户也可以快速上手。同时，它的强大性能也可以为用户提供需要的各类工具和控制。用户可以使用拖放剪辑操作快速组建出完整故事并自由移动镜头，还可以使用传统的三点编辑工具。此外，DaVinci Resolve 还能实现更快速操作，因为它采用了自动修剪光标功能，能根据用户在时间线上单击的位置更改相应的功能，为用户有效节省了反复更换工具的时间。剪辑页面还包含数十种转场、特效、标题等工具，有助于用户轻松打造专业作品，用于电视播出、电影放映和网络直播。

（2）快编页面。

快编页面拥有多项创新，能够大幅提升剪辑速度。这对于剪辑电视剧集、纪录片、企业宣传视频，或者时间紧迫的 MV 和电视广告来说至关重要。当然，由于剪辑页面和快编页面可以无缝衔接，如果用户想要使用传统的剪辑功能，则可以随时切换到剪辑页面。另外，快编页面还兼容 DaVinci Resolve Speed Editor 等硬件控制设备。这就意味着用户将获得大幅提升编辑速度的专业剪辑工具，而不是被简单化了的剪辑解决方案。

（3）调色页面。

调色页面能帮助用户以创意和艺术的手法来操控色彩，强有力地渲染场景氛围，是烘托故事不可或缺的重要环节。用户能利用调色页面提供的数百项基于节点界面的创意工具，获得快速和精彩的调色体验。调色页面支持一系列广泛的格式，包括广色域和 HDR 格式在内的各类影像，还能以 32 位图像处理达到优质专业的处理效果，使用户能对来自不同设备的素材进行色彩平衡和匹配，创建出具有独特风格的绚丽影像。

（4）Fusion 页面。

Fusion 是一套非常强大的工具，且具有三维摄影机、遮罩、生成器和一整套编程语言，可以用于制作非常全面的动态影像设计和 VFX 视效。在 Fusion 页面中，用户可以制作出拥有电影质感的视觉特效和动态图形。DaVinci Resolve 中内置的 Fusion 采用节点式工作流程，拥有数百种 2D 和 3D 工具，能够完成小到微调润色和镜头修复，大到高水准好莱坞大片的特效。

（5）Fairlight 页面。

Fairlight 是 DaVinci Resolve 内置的数字音频工作站。由于 DaVinci Resolve 对各个操作页面高度集成，当用户定剪后准备进行声音设计时，无须经过从剪辑到声音的交接流程，只要利用 Fairlight 页面，就可以直接进行声音设计。该页面能提供强大且高效的专业处理功能，即使是具有多达数千条轨道的大型项目也能应对自如。它拥有数十种专业工具，包括录音、编辑、混合、对白补录、去除杂音、均衡处理、动态处理等，此外还包括立体声、环绕声，新型沉浸式 3D 音频等各类格式的母带制作。

（6）协同工作页面。

DaVinci Resolve 是一款可以让所有用户同时对同一个项目进行操作的后期制作软件。传统后期制作采用线性工作流程，每个用户完成后要与下一个用户交接出错点和大量的日志更改来跟踪每个阶段的情况。借助 DaVinci Resolve 的协作功能，每个用户都可以在自己专属的页面内，利用需要的工具处理同一个项目。Blackmagic Cloud 能使剪辑师、调色师、视觉特效师、动画师和音响工程师在全球任何地方同时工作。此外，他们还可以检查彼此做出的修改，不需要花费大量时间重新套底时间线。

4．EDIUS

EDIUS 是一款非线性编辑软件，专门为广播和后期制作环境而设计。EDIUS 拥有完善的基于文件工作流程，提供了实时、多轨道、多格式混编、合成、色键、字幕和时间线输出功能。除了标准的 EDIUS 系列格式，还支持 Infinity™ JPEG 2000、DVCPRO、P2、VariCam、Ikegami GigaFlash、MXF、XDCAM、SONY RAW、Canon RAW、RED R3D 和 XDCAM EX 视频素材，同时支持所有 DV、HDV 摄像机和录像机。

5．会声会影

会声会影也是一款功能强大的视频编辑软件，具有图像抓取和编修功能，可以用于抓取或转换 MV、DV、V8、TV 和实时记录抓取画面文件，并提供了超过 100 种的编制功能与效果，可以用于导出多种常见的视频格式，甚至可以直接用于制作 DVD 光盘和 VCD 光盘，还支持各类编码，包括音频编码和视频编码。会声会影是最简单好用的 DV、HDV 影片剪辑软件。

2.6.3　常见的视频文件格式及其特点

1．AVI 格式

AVI（Audio Video Interleaved）是由微软公司开发的一种数字音频与视频文件格式。AVI 格式允许视频和音频交错在一起同步播放，但 AVI 文件没有限定压缩标准，由此也造就了

AVI 格式兼容性不好。针对不同压缩标准生成的 AVI 文件，必须使用相应的解压缩算法才能将其播放。

2．MPEG 格式

MPEG 是一种常见的视频格式，如 VCD、SVCD、DVD 等文件均采用了这种格式。MPEG 格式有 3 个常用的压缩标准，分别是 MPEG-1、MPEG-2、和 MPEG-4。

3．RM 格式

RM 是由 RealNetworks 公司开发的一种新型流式视频文件格式，共有 3 个成员，分别是 RealAudio、RealVideo 和 RealFlash。其中，RealAudio 用于传输接近 CD 音质的音频数据，RealVideo 用于传输连续视频数据，而 RealFlash 则是由 RealNetworks 公司与 Macromedia 公司合作推出的一种高压缩比的动画格式。RealMedia 根据网络数据传输速率的不同制定了不同的压缩比率，可以在低速率的广域网上进行影像数据的实时传送和实时播放。

RealVideo 除了可以以普通的视频文件形式播放，还可以与 RealServer 服务器相配合，首先由 RealEncoder 负责将已有的视频文件实时转换成 RealMedia 格式，然后由 RealServer 负责广播 RealMedia 视频文件。在数据传输过程中可以边下载边由 RealPlayer 播放视频影像，而不必像大多数视频文件那样，必须先下载才能对其进行播放。

由 RM 视频格式升级延伸出的一种视频格式是 RMVB，它的先进之处在于 RMVB 视频格式打破了原先 RM 视频格式那种平均压缩采样的方式，在保证平均压缩比的基础上合理利用比特率资源。也就是说，静止和动作场面少的画面场景采用较低的编码速率，这样可以留出更多的带宽空间，而这些带宽会在出现快速运动的画面场景时被利用。这就在保证了静止画面质量的前提下，大幅提高了运动图像的画面质量，从而使图像质量和文件大小之间达到微妙的平衡。

4．FLV 格式

FLV 视频格式的文件体积小、加载速度极快。它的出现有效地解决了视频文件导入 Flash 后，导出的 SWF 文件体积庞大且不能在网络上很好地应用等问题。FLV 格式目前被众多新一代视频分享网站所采用，是增长最快、最为广泛的视频格式。许多热门在线视频网站都采用了 FLV 视频格式，如土豆、优酷、酷 6 与新浪播客。

5．MOV 格式

MOV 是由 Apple（苹果）公司开发的一种视频格式，其默认的播放器是 QuickTime Player。MOV 格式具有较高的压缩比率和较完美的视频清晰度，但是它最大的特点还是跨平台性，不仅 macOS 操作系统可以使用，而且 Windows 操作系统同样可以使用。QuickTime Player 支持 25 位彩色，支持领先的集成压缩技术，提供 150 多种视频效果，并配有 200 多种 MIDI 兼容音箱和设备的声音装置。

6．ASF 格式

ASF（Advanced Streaming Format）是由微软公司推出的高级流格式，也是一个在 Internet 上实时传播多媒体的技术标准。ASF 格式的主要优点有本地或网络回放、可扩充的媒体类型、部件下载与扩展性等。ASF 应用的主要部件是 NetShow 服务器和 NetShow 播放器。ASF 是微软公司为了与 Real Player 竞争而推出的一种视频格式，使用户可以直接使用 Windows 操作系统附带的 Windows Media Player 对其进行播放。

7. WMV 格式

WMV（Windows Media Video）格式是由微软公司推出的一种采用独立编码方式，并可以直接在 Internet 上实时观看视频节目的文件压缩格式。WMV 格式的主要优点有本地或网络回放、可扩充的媒体类型、部件下载、可伸缩的媒体类型、流的优先级化、多语言支持、环境独立性、丰富的流间关系与扩展性等。

习题 2

一、填空题

1. 模拟图像数字化包括采样、量化和_____3 个步骤。

2. 模拟信号在时间上是连续的，而数字信号在时间上是_____的，为了使计算机能够处理声音信息，需要把模拟信号转化成_____信号。

3. 计算机屏幕上显示的画面和文字通常有两种描述方式，一种是由线条和颜色块组成的，称为"_____"，另一种是由像素组成的，称为"位图"。

4. CorelDRAW 是由 Corel 公司开发的一种应用_____制作工具软件。

5. 色彩具有 3 个基本要素，包括亮度、色调和_____。

6. 成色有两种基本原理：颜色相加原理和_____。

7. 在_____色彩模式中，人们认为自然界中的任何颜色的光均由三原色混合而来。

8. CMYK 色彩模式基于_____成色。

9. Lab 色彩模式包含 3 个通道，_____，另外两个是色彩通道。

10. Photoshop 主要处理以像素构成的_____。

11. 一般来说，声音具有 3 个基本特性，即频率、_____和波形。

12. 幅度随时间连续变化的信号称为"_____信号"。

13. 数字音频是指用一连串_____数据来保存声音信号。

14. 将模拟声音数字化需要经过采样、_____、编码 3 个步骤。

15. 采样频率不应低于声音信号最高频率的_____，这样就能把以数字表达的声音还原成原来的声音，这称为"无损数字化"。

16. 视像从眼前消失之后，仍在视网膜上保留_____秒左右。

17. 动画是借助人的眼睛"_____"而产生的。

18. 水墨动画片是以_____作为人物造型和环境空间造型的表现手段，运用动画拍摄的特殊处理技术对水墨画形象和构图逐一进行拍摄，通过连续放映形成浓淡虚实活动的水墨画影像的动画片。

19. _____具有折纸片轻巧、灵活、充满稚气的独特艺术特点，它体现出了人们心灵手巧的品质。

20. _____可以看成动画中的艺术品，因为黏土动画在前期制作过程中，很多环节依靠手工制作，手工制作决定了该动画具有淳朴、原始、色彩丰富、自然、立体、梦幻般的艺术特色。

21. 定格动画（逐帧动画）是通过_____地拍摄对象然后将其连续放映，从而产生运动的人物或能想象到的任何奇异角色。

22. _____所生成的是一个虚拟的世界，画面中的物体不需要建造，物体、虚拟摄像机的运动也不会受到限制，动画师几乎可以随心所欲地编织他的虚幻世界。

23. 当连续的图像变化每秒超过24帧（frame）画面时，根据视觉暂留原理，会产生平滑连续的视觉效果，这样连续的画面称为"_____"。

24. 视频与_____属于不同的技术，后者是利用摄影技术将动态的影像捕捉为一系列的像素。

25. _____是指荧光屏上画面更新的速度，单位是 FPS（Frame Per Second，帧每秒）。

26. 根据压缩前和解压缩后的数据的一致与否，压缩可分为_____和_____。

27. 目前物体的三维建模方法大体上有3种：第一种方法是利用_____；第二种方法是通过仪器设备测量建模；第三种方法是利用图像或视频来建模。

二、选择题

1. 对位图和矢量图描述不正确的是（　　）。
   - A．我们通常称位图为"图像"，矢量图为"图形"
   - B．位图存储容量较大，矢量图存储容量较小
   - C．位图的缩放效果没有矢量图的缩放效果好
   - D．位图和矢量的图存储方法是一样的

2. 下面关于图形图像的说法正确的是（　　）。
   - A．位图的分辨率是不固定的
   - B．位图是以指令的形式来描述图像的
   - C．矢量图放大后不会失真
   - D．矢量图中保存着每个像素的颜色值

3. 下面说法正确的是（　　）。
   ① 图像都是由像素组成的，通常称为"位图"或"点阵图"
   ② 图形是用计算机绘制的画面，又被称为"矢量图"
   ③ 图像的最大优点是容易进行移动、缩放、旋转和扭曲等变换
   ④ 图形文件是以指令集合的形式来描述的，数据量较小
   - A．①、②、③
   - B．①、②、④
   - C．①、②
   - D．③、④

4. 有一种图，清晰度与分辨率无关，任意缩放都不会影响清晰度，该图是（　　）。
   - A．点阵图
   - B．位图
   - C．真彩图
   - D．矢量图

5. 使用下面（　　）文件格式存储的图像，在缩放过程中不易失真。
   - A．BMP
   - B．PSD
   - C．JPG
   - D．CDR

6. 一张图像的分辨率为 256 像素×512 像素，计算机的屏幕分辨率是 1024 像素×768 像素，该图像按100%显示时，占据屏幕的（　　）。
   - A．1/2
   - B．1/6
   - C．1/3
   - D．1/10

7. 色彩的种类即（　　），如红色、绿色、黄色等。
   - A．饱和度
   - B．色相
   - C．明度
   - D．对比度

8. 计算机显示器通常采用的色彩模式是（　　）。
   - A．RGB
   - B．CMYB
   - C．Lab
   - D．HSB

9. 下列关于数码相机的叙述正确的是（　　）。
   ① 数码相机的关键部件是 CCD

②　数码相机有内部存储介质

③　使用数码相机拍摄的照片可以通过串行口、SCSI 或 USB 接口送到计算机

④　数码相机输出的是数字或模拟数据

　　A．①　　　　　　B．①、②　　　　C．①、②、③　　D．全部

10．将照片扫描到计算机中，需要对其进行旋转、裁切、色彩调校、滤镜调整等加工，比较合适的软件是（　　）。

　　A．画图　　　　　B．Flash　　　　C．Photoshop　　D．超级解霸

11．将一张 BMP 格式的图像转换为 JPEG 格式的图像后，会使（　　）。

　　A．图像更清晰　　　　　　　　　B．文件容量变大

　　C．文件容量变小　　　　　　　　D．文件容量大小不变

12．使用图像处理软件可以对图像进行（　　）操作。

①　放大、缩小　　　②　上色　　　　③　裁剪

④　扭曲、变形　　　⑤　叠加　　　　⑥　分离

　　A．①、③、④　　　　　　　　　B．①、②、③、④

　　C．①、②、③、④、⑤　　　　　D．全部

13．想要获得图像，下面（　　）获得的图像是位图。

　　A．使用数码相机拍摄的照片　　　B．使用绘图软件绘制的图形

　　C．使用扫描仪扫描杂志上的照片　D．剪贴画

14．（　　）不是平面动画的类型。

　　A．剪纸片　　　　B．剪影片　　　　C．折纸动画　　　D．水墨动画

15．（　　）不是立体动画的类型。

　　A．木偶动画　　　B．黏土动画　　　C．针幕动画　　　D．手绘动画

16．图 2.32 所示为《阿凡提的故事》，它是（　　）。

　　A．黏土动画　　　B．木偶动画　　　C．手绘动画　　　D．折纸动画

17．图 2.33 所示为《小样肖恩》动画，它是（　　）。

　　A．黏土动画　　　B．木偶动画　　　C．手绘动画　　　D．折纸动画

图 2.32　《阿凡提的故事》

图 2.33　《小样肖恩》

18．根据画面形成的规则和制作方法，动画可划分为 3 种类型，以下（　　）不属于这 3 类动画。

　　A．路径动画　　　B．折叠动画　　　C．变形动画　　　D．运动动画

19．以下（　　）不是三维动画制作软件。

　　A．3ds Max　　　B．Maya　　　　C．Flash CS5　　　D．Cool 3D

20．下面只支持 256 色以内的图像格式是（　　　）。

    A．JPG　　　　　　B．GIF　　　　　　C．BMP　　　　　　D．SWF

21．下面的（　　　）是一个专门制作文字三维效果的软件。

    A．3ds Max　　　　B．Maya　　　　　C．Flash CS5　　　D．Cool 3D

22．当连续的图像变化每秒超过（　　　）帧画面时，根据视觉暂留原理，人眼无法辨别单张的静态画面，看上去是平滑连续的视觉效果。

    A．8　　　　　　　B．24　　　　　　C．25　　　　　　D．10

23．PAL 与 SECAM 规定其更新率为（　　　）。

    A．10FPS　　　　　B．29.97FPS　　　C．25FPS　　　　D．24FPS

24．下面关于分辨率说法正确的是（　　　）。

    A．分辨率是指单位长度内的有效像素值

    B．分辨率是指图像的高/宽像素值

    C．分辨率随视频放大而增大

    D．视频放大后看得更清晰

25．视频压缩按不同的标准可分成不同的类型。下面叙述错误的是（　　　）。

    A．根据压缩前和解压缩后的数据是否一致可将视频压缩分为有损压缩和无损压缩

    B．根据压缩时是否考虑相邻帧之间的冗余信息可将视频压缩分为帧内压缩和帧间压缩

    C．根据压缩比的高低可将视频压缩分为高比例压缩和低比例压缩

    D．根据压缩和解压缩占用计算处理能力和时间是否一样可将视频压缩分为对称压缩和不对称压缩

26．下面关于视频数字化叙述正确的是（　　　）。

    A．就是将视频数据从摄像机导入计算机

    B．就是将视频信号经过视频采集卡转换成数字视频文件并存储在数字载体上

    C．就是一个复制过程

    D．就是将视频播放出来

27．下面硬件设备中，多媒体计算机硬件系统必须包括的设备有（　　　）。

    A．计算机最基本的硬件设备　　　　B．CD-ROM

    C．音视频输入/输出处理设备　　　　D．以上全部包括

28．下面各项属于声音格式的文件是（　　　）。

    A．DOCX　　　　　B．WAV　　　　　C．JPG　　　　　D．BMP

29．多媒体技术的特性不包括（　　　）。

    A．集成性　　　　　B．同步性　　　　C．多态性　　　　D．交互性

30．下面（　　　）软件可用于编辑视频文件。

    A．ACDsee　　　　　B．Photoshop　　　C．Premiere　　　D．WinRAR

31．下面属于三维动画制作软件的是（　　　）。

    A．WinRAR　　　　　B．WinZIP　　　　C．Photoshop　　　D．3D MAX

32．下面关于多媒体计算机硬件系统的描述不正确的是（　　　）。

    A．摄像机、话筒、录像机、录音机、扫描仪等均是多媒体输入设备

    B．打印机、绘图仪、音箱、录像机、录音机、显示器等均是多媒体输出设备

    C．多媒体功能卡一般包括声卡、显卡、图形加速卡、多媒体压缩卡、数据采集卡等

    D．由于多媒体信息数据量大，因此一般用光盘而不用硬盘作为存储介质

33．（   ）不是多媒体技术的典型应用。

    A．计算机支持协同工作   B．教育和培训

    C．娱乐和游戏   D．视频会议系统

34．下面不属于多媒体需要解决的关键技术的是（   ）。

    A．音频、视频信息的获取、回放技术

    B．多媒体数据的压缩编码和解压缩编码技术

    C．音频、视频数据的同步实时处理技术

    D．图文信息的混合排版技术

35．下面不属于多媒体关键技术的是（   ）。

    A．多媒体同步技术   B．红外线扫描技术

    C．大容量存储技术   D．数据的压缩与解压缩技术

36．下面关于数码相机的说法不正确的是（   ）。

    A．在相同背景下，光圈大、曝光时间长的照片要比光圈小、曝光时间短的照片显得明亮

    B．数码照片能放大的尺寸与数码相机的像素成反比

    C．与传统胶卷相机相比，数码相机具有拍摄方便，后期图片处理方便等优点

    D．数码照片的存储量不仅与存储卡的容量有关，而且与拍摄照片的分辨率有关

三、简答题

1．简述 RGB、CMYK、HSB 和 Lab 色彩模式的特点和主要用途。

2．图形和图像有何区别？

3．数码相机的主要性能参数有哪些？

4．扫描仪的主要性能参数有哪些？

5．常见的图形处理软件有哪些，各有什么基本功能？

6．常见的图像处理软件有哪些，各有什么基本功能？

7．音频信号的压缩编码有哪些？

8．常见的音频格式有哪些，各自的特点是什么？

9．简述动画产生的原理。

10．简述剪纸动画的特点。

11．木偶动画一般采用什么材料制作？

12．简述计算机动画制作的特点及其应用范围。

13．简述计算机三维动画的制作过程。

14．简述 MPEG 标准。

15．适合网络传输的常用视频格式有哪些？

16．简述 AVI 格式的特点。

17．视频压缩与静态图片压缩的主要区别是什么，它们有哪些相同之处？

18．帧内压缩和帧间压缩的区别是什么？

19．对称压缩和不对称压缩各有什么特点？

第 3 章　图形编辑软件 CorelDRAW

CorelDRAW 是由 Corel 公司开发的一款矢量图形制作软件。它不仅具有强大的平面设计功能，还具有 3D 效果，主要提供了矢量插图、照片编辑和版面设计等多种编辑排版功能。

3.1　CorelDRAW 简介

3.1.1　功能简介

1．CorelDRAW 的产生与发展

CorelDRAW 1.0 于 1989 年问世，之后又相继推出了 CorelDRAW 2.0、……、CorelDRAW 8.0、CorelDRAW Graphics Suite 9.0、……、CorelDRAW Graphics Suite 12.0 等版本。2006 年推出了 CorelDRAW Graphics Suite X3，它拥有 40 多个新属性和增强特性，且兼容低版本文件。之后又推出了 CorelDRAW Graphics Suite X8，后来的软件版本开始以年份来命名，如 CorelDRAW Graphics Suite 2017。本章以 CorelDRAW Graphics Suite 2022（以下简称为 CorelDRAW）为例进行介绍。

2．CorelDRAW 的用途

CorelDRAW 是著名的矢量图形制作和排版软件，主要应用于以下 4 个方面。
（1）图文混排。用于制作名片、宣传画册、广告等。
（2）计算机绘画。用于绘制图标、商标与各种复杂的图形。
（3）印前制作。易于进行分色，制成印刷用胶片。
（4）设计所需的各种平面作品。例如，设计服饰、网页元素等。

3．CorelDRAW 的新功能/特性

CorelDRAW 具有触控优化的用户界面，允许用户在移动设备和平板电脑上使用。该软件新增了如下功能/特性。

- 新的页面泊坞窗/检查器：CorelDRAW 中新的页面泊坞窗/检查器简化了编辑多页面文档的工作方式。它可以列出设计中的所有页面，帮助用户轻松管理页面并快速导航。每个页面都有缩略图预览功能。将页面拖入泊坞窗/检查器即可对其进行重新排序。还可以一次性添加、删除、重命名页面。
- 新的拾色器与"滴管"工具："替换颜色"过滤器全新改版。改进后的拾色器和"滴管"工具可以实现更精确的编辑，新的交互式控制使色调和饱和度微调更加直观。
- 导出/导入字体集合：Corel Font Manager 2022 用于导出/导入字体数据库，这样可以在该软件的其他版本中使用这些字体或与他人分享。用户可以直接访问 Corel Font

Manager 2022 中的字体，减化了从头开始创建版式的步骤。

- 平移和缩放：CorelDRAW 新版本已经优化，可以更好地利用系统的图形处理单元（GPU），并提供了更为顺畅的移动和缩放体验。无论使用鼠标指针还是触控板，用户都能高流畅地浏览文档。
- HEIF 支持：CorelDRAW 新版本具有高效图像文件（HEIF）支持功能，能使手机上捕捉的照片展现出最佳效果。许多设备将 HEIF 作为默认捕获格式，因为这种格式的文件体积较小，而且不会降低图像质量。用户可以从 Corel PHOTO-PAINT 的 HEIF 文件中导入或打开关键图像，或者将其导入 CorelDRAW 绘图中。
- 自定义快捷键（适用于 macOS）：调整键盘快捷键以满足用户的工作流程需求。用户通过为常用的工具和命令分配自定义快捷键，可以提高工作效率。
- 实时评论：该新功能让参与项目的每一个人都能实时工作，也使相关人员可以在 CorelDRAW.app 中对文档进行评论和注释，所有反馈都能即时出现在 CorelDRAW 的工作文件中。
- 项目管理界面：项目管理界面可以用于存储、查看、组织和分享、保存 Cloud 文件。CorelDRAW 和 CorelDRAW.app 中的新版管理界面可以充当用户的协作中心。其中包含所有的 Cloud 图纸，单击即可显示预览、评论数量和团队成员及项目状态。用户还可以在项目管理界面中直接通过 CorelDRAW 共享设计，无须打开每个文件。
- 优化的学习体验：用户可以在新的"学习"泊坞窗中寻找个性化的学习内容，并在创作时从"探索"选项卡中搜索在线学习内容。
- 受客户启发的功能：在出现想法时用户可以提交自己的想法，并对他人的想法进行投票，为 CorelDRAW Graphics Suite 的设计和开发贡献力量。

3.1.2　系统基础要求

正常运行 CorelDRAW 软件对操作系统的要求如下。

（1）Windows 操作系统。

- Windows 10（21H1 或更高版本）或 Windows 11，64 位，带最新更新。
- Intel Core i3/5/7/9 或 AMD Ryzen3/5/7/9/Threadripper, EPYC。
- 支持 OpenCL 1.2 显卡，带 3GB VRAM。
- 具有 8GB 内存。
- 应用程序和安装文件的可用硬盘空间至少为 5.5GB。
- 支持鼠标、手写板或多点触摸屏。
- 分辨率为 1280 像素×720 像素，比例为 100%。
- DVD 驱动器可选（用于盒式安装）。
- 从 DVD 安装需要高于 900MB 的下载。
- 需要连接 Internet 才能安装和认证 CorelDRAW Graphics Suite 并访问某些内嵌软件组件、在线功能。

（2）macOS 操作系统。

- macOS Monterey（12）、macOS Big Sur（11）或 macOS Catalina（10.15），带有最新版本。
- Apple M1、M1 Pro、M1 Max 或多核 Intel 处理器。
- 支持 OpenCL 1.2 的显卡加 3+ GB VRAM。

- 具有 8GB 内存。
- 具有 4GB 硬盘空间（用于存储应用程序文件）（建议使用固态硬盘）；不支持区分大小写字母的文件系统。
- 分辨率为 1280 像素×800 像素（建议使用 1920 像素×1080 像素）。
- 支持鼠标或手写板。
- 需要连接 Internet 才能安装和认证 CorelDRAW 并访问某些内嵌的软件组件、在线功能。

3.1.3　工作界面简介

图 3.1　CorelDRAW 图标

成功安装 CorelDRAW 应用程序后，桌面上的快捷方式图标如图 3.1 所示。双击该图标，启动 CorelDRAW，启动成功后的工作界面如图 3.2 所示。所有的绘图工作都是在该界面下完成的，熟悉该工作界面是学习 CorelDRAW 各项设计的基础。

图 3.2　CorelDRAW 的工作界面

3.2　文件操作与版面管理

3.2.1　文件的基本操作

在设计作品的过程中，需要进行创建新文件、打开已有文件、保存文件等操作。

1. 新建或打开文件

（1）新建文件。

在启动后的 CorelDRAW 工作界面上单击"新建"按钮，打开"创建新文档"对话框，如图 3.3 所示，单击"OK"按钮，即可创建新文件。

（2）打开文件。

在启动后的 CorelDRAW 工作界面上单击"打开文件"按钮，打开"打开绘图"对话框，从中选择需要打开的图形文件，单击"打开"按钮，即可打开文件。

2.　导入文件

CorelDRAW 是矢量图形绘制软件，使用的是 CDR 格式的文件。所以，其他格式的文件需要导入才能使用。基本方法为，在创建新文件后，选择菜单栏中的"文件"→"导入"命令（Ctrl+I），打开"导入"对话框，如图 3.4 所示。

图 3.3　"创建新文档"对话框　　　　　　　　图 3.4　"导入"对话框

导入文件时常有两种选择方式，"裁剪并装入"方式与"重新取样并装入"方式。

（1）导入文件时对位图进行裁剪。

在绘制图形的过程中，常常需要导入位图素材图像中的某一部分，如果将整个素材图像导入，则会浪费计算机的内存空间，影响导入的速度。这时，用户可以将需要的部分剪切下来再导入。具体操作步骤如下。

① 选择菜单栏中的"文件"→"导入"命令，打开"导入"对话框，选择要导入的图像文件，单击"导入"下拉按钮，在弹出的下拉列表中，选择"裁剪并装入"选项，如图 3.5 所示。

② 此时打开"裁剪图像"对话框，如图 3.6 所示。

- 在"裁剪图像"对话框的预览窗口中，用户通过拖动修剪选取框中的节点可以直观地选择裁剪范围。
- 用户可以在"选择要裁剪的区域"选区中设置"上"、"左"、"宽度"和"高度"等数值框中的数值，对图像进行精确修剪。
- 在默认情况下，"选择要裁剪的区域"选区中的选项都以像素为单位，还可以在"单位"下拉列表中选择其他的计量单位。

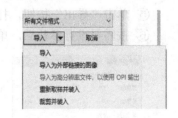

图 3.5　选择"裁剪并装入"选项

- "新图像大小"指示栏用于显示修剪后的新图像的文件存储空间大小。

③ 设置完成后，单击"OK"按钮，这时光标会变成一个标尺，在光标右下方显示图片的相应信息。在绘图页面中拖动光标，即可将导入的图像按裁剪的尺寸导入绘图页面中，如图 3.7 所示。

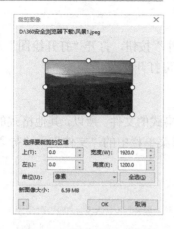

图 3.6 "裁剪图像"对话框

图 3.7 导入裁剪图像

（2）导入文件时对位图进行重新取样。

导入文件时对位图进行重新取样，可以更改图像的尺寸大小、解析度，以及消除缩放图像后产生的锯齿现象等，达到控制图像文件大小和显示质量，适应需要的目的。具体操作步骤如下。

① 在"导入"对话框中选择要导入的图像，单击"导入"下拉按钮，在弹出的下拉列表中选择"重新取样并装入"选项。

② 此时打开"重新取样图像"对话框，如图 3.8 所示。根据需要在该对话框中设置"宽度"、"高度"和"分辨率"等，单击"确定"按钮。

3．导出文件

用户使用"导出"命令可以将 CorelDRAW 矢量图形转换为其他软件能识别的数据格式。具体操作步骤如下。

① 选择菜单栏中的"文件"→"导出"命令（或者使用快捷键 Ctrl+E），打开"导出"对话框。

② 选择导出文件的位置。

③ 在"文件名"文本框中输入文件名。

④ 在"保存类型"下拉列表中选择"BMP-Windows 位图"选项。

⑤ 单击"导出"按钮，打开"转换为位图"对话框，如图 3.9 所示。

⑥ 按需要设置参数后，单击"确定"按钮，即可在指定的位置生成导出的位图文件。

图 3.8 "重新取样图像"对话框

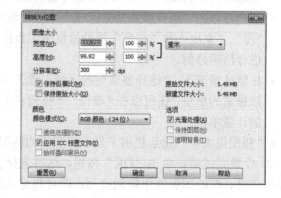

图 3.9 "转换为位图"对话框

4．保存文件

当完成作品后，需要将文件保存并关闭。保存文件最常见的方法有两种。

（1）通过菜单保存文件。

选择菜单栏中的"文件"→"保存"命令，打开"保存绘图"对话框，选择保存位置，输入文件名，默认的保存类型是"CDR"，单击"保存"按钮即可保存文件（或者使用快捷键 Ctrl+S）。

选择菜单栏中的"文件"→"另存为"命令，打开"保存绘图"对话框，选择保存位置，输入文件名，默认的保存类型是"CDR"，单击"保存"按钮即可另存储文件（或者使用快捷键 Ctrl+Shift+S）。

（2）通过工具栏按钮保存文件。

在工具栏中单击"保存"按钮即可保存文件。

3.2.2　版面管理

1．设置页面类型

一个文件的默认页面为 A4 大小，但在实际应用中，用户应该根据印刷的具体情况来设计页面大小与方向。这些都可以在绘图页面上方的属性栏中进行设置。

2．插入和删除页面

在文件的创建过程中，如果内容不能被放置在一个页面上，就需要插入新的页面。而对于不需要的页面，则可以删除。页面的插入和删除有多种方法。

（1）使用菜单命令插入或删除页面。

选择菜单栏中的"布局"命令，打开下拉菜单，如图 3.10 所示。如果想要添加页面，则可以选择"插入页面"命令，打开"插入页面"对话框，如图 3.11 所示。设置完对话框中的参数后，单击"OK"按钮，即可看到插入的页面，并在页面下方可以看到页面导航栏与页面标题，如图 3.12 所示。

图 3.10　"布局"下拉菜单

图 3.11　"插入页面"对话框

如果想要删除页面，则可以选择"删除页面"命令，打开"删除页面"对话框，如图 3.13 所示。设置"删除页面"选项，单击"OK"按钮即可删除页面。

（2）使用插入页按钮插入页面。

在页面导航栏上，用户通过单击"+"按钮可以快速插入页面，如图 3.14（a）所示。

图 3.12 页面导航栏与页面标题   图 3.13 "删除页面"对话框

（3）使用快捷菜单插入或删除页面。

将光标指向某个页面标题后，右击，在弹出的快捷菜单中选择相应插入或删除页面选项即可，如图 3.14（b）所示。

（a）使用插入页按钮插入页面   （b）使用快捷菜单插入或删除页面

图 3.14 插入或删除页面

3.3 图形处理

CorelDRAW 操作界面友好，并为用户创建各种图形对象提供了一套工具，如图 3.15 所示。用户利用这些工具可以快捷地绘制出各种图形对象，并轻松地编辑与处理图形文档。

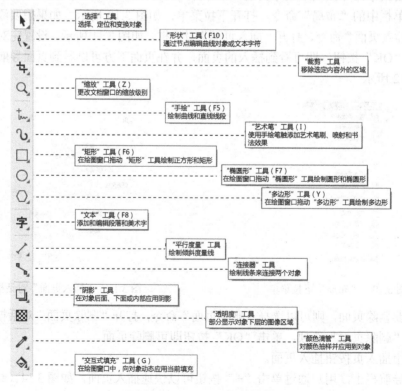

图 3.15 CorelDRAW 工具箱

3.3.1　创建基本图形

CorelDRAW 工具箱中提供了一些用于绘制几何图形的工具，而用户通过它们可以快速创建基本图形。

1．矩形工具组

（1）"矩形"工具。

用户使用"矩形"工具可以绘制矩形和正方形、圆角矩形。

- 在工具箱上，双击"矩形"工具，即可绘制出与绘图页面大小一样的矩形。
- 按住 Shift 键并拖动鼠标指针，即可绘制出以单击点为中心的图形。
- 按住 Ctrl 键并拖动鼠标指针，即可绘制正方形。
- 按住 Ctrl + Shift 快捷键并拖动鼠标指针，即可绘制出以单击点为中心的正方形。

圆角矩形的绘制方法为：首先绘制一个矩形，然后在绘图页面右侧"属性"泊坞窗的"角"设置项中选择"圆角"选项，如图 3.16（a）所示。在工具箱中选择"形状"工具 ，单击矩形边角上的一个节点并按住鼠标左键拖动，矩形将变成有弧度的圆角矩形。在 4 个节点均被选中的情况下，拖动其中一个节点可以使其变成正规的圆角矩形，如果只选中其中一个节点进行拖拉，就会变成不正规的圆角矩形。图 3.16（b）所示为正规的圆角矩形和不正规的圆角矩形。

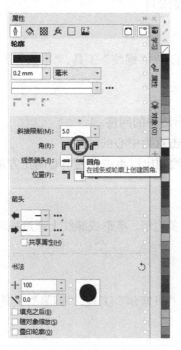

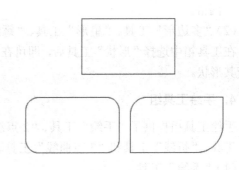

（a）选择"圆角"选项　　　　　　　　　　　（b）绘制圆角矩形

图 3.16　"矩形"工具的使用

（2）"三点矩形"工具。

矩形工具组中的"三点矩形"工具主要用于精确绘图，或者绘制一些比较精密的图形（如工程图等），它是"矩形"工具的延伸工具。

具体操作步骤如下。

① 在矩形工具组中，选择"三点矩形"工具。

② 在绘图页面中按住鼠标左键并拖动，此时绘制出一条直线。

③ 释放鼠标左键后移动光标的位置，在第 3 点上单击即可完成绘制。

2. 椭圆形工具组

用户使用椭圆形工具组可以绘制出椭圆、圆、饼形和圆弧。

按住 Ctrl 键，并同时按鼠标左键拖动，即可绘制出正圆形。

绘制饼形或弧形的方法为：首先绘制一个椭（正）圆形，然后在绘图页面左侧的工具箱中选择"形状"工具 ，在椭（正）圆形上拖动节点，同时保持鼠标指针位于椭（正）圆形内部，释放鼠标左键即可绘制出饼形，如图 3.17（a）所示。如果想要绘制弧形，则拖动节点时，保持鼠标指针位于椭（正）圆形外部，释放鼠标左键即可绘制出弧形，如图 3.17（b）所示。

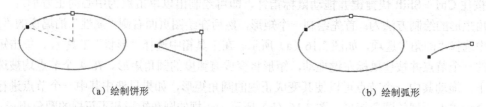

（a）绘制饼形　　　　　　　　　　　　　　　　　（b）绘制弧形

图 3.17　"椭圆形"工具的使用

3. 多边形工具组

多边形工具组主要包括"多边形"工具、"星形"工具、"螺纹"工具、"形状"工具、"冲击效果"工具和"图纸"工具 6 种工具。

（1）"图纸"工具。

● 按住 Ctrl 键并拖动鼠标指针，即可绘制出正方形边界的网格。

● 按住 Shift 键并拖动鼠标指针，即可绘制出以单击点为中心的网格。

● 按住 Ctrl + Shift 快捷键并拖动鼠标指针，即可绘制出以单击点为中心的正方形边界的网格。

（2）"多边形"工具、"星形"工具、"螺纹"工具。

在工具箱中选择"形状"工具后，即可在已绘制的多边形、星形或螺纹上通过拖动节点来改变其形状。

4. 手绘工具组

手绘工具组提供了"手绘"工具、"2 点线"工具、"贝塞尔"工具、"钢笔"工具、"B 样条"工具、"折线"工具和"3 点曲线"工具。

（1）"手绘"工具。

"手绘"工具允许用户使用鼠标指针在绘图页面上自由绘制线条。在绘图页面绘制线条后，还可以从工具箱中选择"形状"工具，在"形状"工具的"属性"泊坞窗中进行设置，从而改变所绘制线条的形状、粗细、线形，并为其增加箭头等。

（2）"2 点线"工具。

在绘制直线时，在工具箱中选择"2 点线"工具，在绘图窗口中拖动鼠标指针即可绘制出直线。如果想要在选定的线条上增加线段，则可以利用鼠标指针指向选定线条的结束节点，拖动鼠标指针即可绘制增加的线条。如果想要绘制平行线条,则可以在绘图之前先单击上方属性栏上的"平行绘图"按钮 ,打开"平行绘图"工具栏,再单击"平行绘图"工具栏上的"平行线条"按钮 ,在绘图窗口中按住鼠标左键移动鼠标指针即可绘制平行线。如果想要取消平行线绘制功能,则再次单击"平行绘图"工具栏上的"平行线条"按钮。

(3)"贝塞尔"工具。

用户使用"贝塞尔"工具可以比较精确地绘制直线和圆滑曲线。"贝塞尔"工具通过改变节点的位置来控制及调整曲线的弯曲程度。

如果想要绘制直线,则在选择"贝塞尔"工具后,在绘图窗口中按住鼠标左键向某个方向移动鼠标指针即可。

如果想要绘制曲线,则在选择"贝塞尔"工具后,在绘图窗口中按住鼠标左键以不规则方向拖动鼠标指针即可。如果想要限制曲线增量为 15 度,则可以在拖动鼠标指针时按住 Ctrl 键。按 Space 键即可停止绘制。

(4)"钢笔"工具。

"钢笔"工具和"贝塞尔"工具的操作方法与功能非常接近,都可以实现开放或闭合路径的绘制。用户可以通过精确放置节点、控制每段曲线的形状,一段一段地绘制线条,并结合"形状"工具调整曲线弧度和直线长度。

用户使用"钢笔"工具完成线条绘制后可以按 Space 键或双击来停止绘制。

如果想要使用"钢笔"工具为已绘制的线条添加节点,则可以指向要添加节点的位置后再单击。如果想要删除一个节点,则可以指向该节点后再单击。

与"贝塞尔"工具不同,在使用"钢笔"工具时,用户可以预览正在绘制的线段。"钢笔"工具的属性栏上有一个"预览模式"按钮。单击该按钮后,在绘制线条时,用户只要移动鼠标指针就能预览将要绘制的线条形态,移动鼠标指针调整到合适的形态后再次单击即可放置节点,如图 3.18 所示。

此外,"钢笔"工具的属性栏上还有一个"自动添加/删除节点"按钮 ,如果单击该按钮,则用户在绘图时可以随时在已绘制的部分中添加和删除节点。

图 3.18　钢笔工具的使用

5. 艺术笔工具组

艺术笔工具组提供了"艺术笔"工具、"LiveSketch"工具和"智能绘图"工具。下面介绍其中两种艺术笔工具。

(1)"艺术笔"工具。

"艺术笔"工具是一种具有固定或可变宽度及形状的特殊画笔工具。用户利用它可以创建具有特殊艺术效果的线段或图案。在绘图页面上方"艺术笔"工具的属性栏中提供了"预设" 、"笔刷" 、"喷涂" 、"书法" 和"表达式" 5 个功能按钮及其他功能选项设置。单击功能按钮并设置宽度等选项后,在绘图页面中单击并拖动鼠标指针,即可绘制出丰富多彩的图案效果。图 3.19 所示为使用不同艺术笔绘制的图案效果。

- "预设"按钮:用于绘制预设的曲线。
- "笔刷"按钮:用于绘制笔刷曲线。
- "喷涂"按钮:用于喷涂对象。
- "书法"按钮:用于绘制书法曲线。

● "表达式"按钮：用于绘制可响应触笔压力、倾斜和方位的曲线。

（2）"智能绘图"工具。

用户使用"智能绘图"工具可以自由描绘形状或线条，并将绘制的笔触转换为基本形状或平滑曲线。如图 3.20 所示，利用"智能绘图"工具自由绘制一个近似矩形的形状，释放鼠标左键后自动识别所绘制的图形，并将其转换成标准矩形。

图 3.19   使用不同艺术笔绘制的图案效果

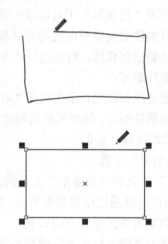

图 3.20   "智能绘图"工具的使用

3.3.2   对象的选取处理

在图形的绘制和编辑过程中，遵守的基本规则是"先选取、再操作"。

1．选中单个对象

新绘制的图形默认处于被选中状态，此对象中心会有一个"×"形标记，四周有 8 个节点，如图 3.21 所示。

如果想要选中其他对象，则首先在工具箱中选择"挑选"工具，然后单击要选中的对象，此对象被选中。Space 键是"挑选"工具的快捷键。用户利用 Space 键可以快速切换到"挑选"工具，再按一下 Space 键，就会切换到原来的工具。

图 3.21   图形的选中状态

2．选中多个对象

如果想要选中多个对象，则有两种基本方法。

（1）按 Shift 键+单击。

首先选中第一个对象，然后按住 Shift 键不放，单击要选中的其他对象，即可选中多个对象。

按住 Shift 键的同时单击已被选中的对象，则这个被单击的对象会从已选中的范围中去除。

（2）使用鼠标虚线框选中。

在工具箱中选择"挑选"工具后，在绘图页面的对象周围按下鼠标左键并在页面中拖动，以蓝色虚线框完全框入要选取的对象，就可以选中该对象。如果按住 Alt 键不放，拖动鼠标指针，则蓝色选框接触到的对象都会被选中。

在工具箱中选择"挑选"工具，按 Tab 键，就会选中最后绘制的图形，如果不停地按 Tab

键，则按照绘制顺序从最后开始选取对象。

3．选中重叠对象

当用户想要选中重叠图形中的下层图形时，经常会点选到上层图形。这时只要按住 Alt 键并在重叠处单击，即可选中被覆盖的下层图形，再次单击，可选中更下层的图形，以此类推。

4．选中全部对象

在工具箱中选择"选择"工具，即可选中绘图页面中所有的图形对象。

3.3.3　对象的填充

颜色填充对于作品的表现是非常重要的。CorelDRAW 具有 3 种基本的颜色填充方法。

1．在"属性"泊坞窗中设置填充

"属性"泊坞窗的"填充"选区中有"无填充"选项、"均匀填充"选项、"渐变填充"选项、"向量图样填充"选项、"位图图样填充"选项、"其他填充"选项（"其他填充"选项还包括"双色图样填充"选项、"底纹填充"选项、"PostScript 填充"选项）8 种模式，如图 3.22 所示。下面介绍其中几种颜色填充模式。

（1）均匀填充。

均匀填充是最普通的一种填充方式。选中要填充的图形，选择"属性"泊坞窗中"填充"选区的"均匀填充"选项，然后在设置面板上选择对应的填充颜色即可。

（2）渐变填充。

渐变填充包括"线性渐变填充"、"椭圆形渐变填充"、"圆锥形渐变填充"和"矩形渐变填充"4 种方式，使用用户可以灵活地利用各个选项得到需要的渐变填充。

（3）PostScript 填充。

PostScript 底纹是用 PostScript 语言编写的一种特殊底纹。

选中要填充的对象，选择"PostScript 填充"选项，在"PostScript 填充"选项的设置面板上调整参数，即可完成填充。

图 3.23 展示了各种模式下的填充效果。

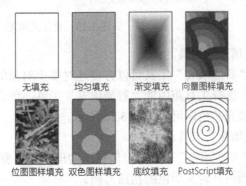

图 3.22　"属性"泊坞窗——填充模式　　　图 3.23　各种模式下的填充效果　　　彩色图

2．使用交互式填充工具组

用户可以使用交互式填充工具组进行颜色填充，如图 3.24 所示。

图 3.24 交互式填充工具组

通过交互式填充工具组提供的工具可以实现更为精细的填充。该工具组中有"交互式填充"、"智能填充"和"网状填充"3 个工具。

（1）"交互式填充"工具。

使用"交互式填充"工具的基本操作步骤如下。

① 选中需要填充的对象。

② 在工具箱中选择"交互式填充"工具。

③ 在被填充对象内部拖动鼠标指针进行填充即可，如图 3.25（a）所示。

④ 如果想要调节渐变填充的角度，则可以节点 1 为圆心旋转节点 2，如图 3.25（b）所示。

⑤ 如果想要调节渐变填充的渐变过程，则可以拖动两节点之间的滑块，如图 3.25（c）所示。

⑥ 如果想要调节渐变颜色，则可以单击节点 1 或节点 2 进行渐变色的选取。

⑦ 如果想要添加渐变填充的中间色，则可以从调色板中将某种颜色拖至填充路径，如图 3.25（d）所示。

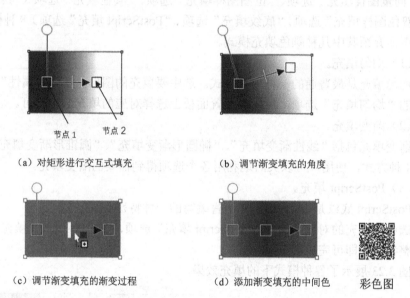

节点 1   节点 2

（a）对矩形进行交互式填充   （b）调节渐变填充的角度

（c）调节渐变填充的渐变过程   （d）添加渐变填充的中间色   彩色图

图 3.25 交互式填充

（2）"智能填充"工具。

用户使用"智能填充"工具可以方便地对多个对象的重叠区域进行填充。

填充方法：选择工具箱中的"智能填充"工具，单击要填充的重叠区域内部，在"属性"泊坞窗中选取填充颜色即可，如图 3.26 所示。

（3）"网状填充"工具。

用户使用"网状填充"工具可以轻松地实现复杂多变的网状填充效果，还可以对每一个网点填充不同的颜色并定义颜色的扭曲方向。

使用"网状填充"工具的基本操作步骤如下。

① 选中需要网状填充的对象。

② 在交互式填充工具组中选择"网状填充"工具。

③ 在绘图页面上方网状填充属性栏的"网格大小"数值框中输入网格数目，或者通过双

击对象来添加或减少网格数目。

④ 先单击需要填充颜色的节点或网格，再在调色板中双击需要填充的颜色，即可为该节点或网格填充颜色。

⑤ 拖动选中的节点，即可调整颜色的填充方向。

图 3.27 所示为 2 行 3 列的网格，对左上网格与右下节点进行红白渐变填充，得到调整后的填充效果。

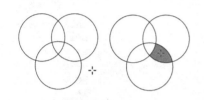
图 3.26　智能填充

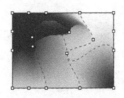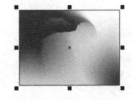
图 3.27　使用"网状填充"工具的填充效果　　彩色图

3．颜色滴管工具组

颜色滴管工具组包含"颜色滴管"和"属性滴管"两个基本工具，如图 3.28 所示。使用颜色滴管工具组中的工具不仅可以在绘图页面的任意图形对象上选取所需的颜色及属性，还可以从程序之外甚至桌面任意位置上选取颜色，并将选取的颜色填充在图形对象中。

（1）使用"颜色滴管"工具选取颜色。

基本操作步骤如下。

① 在工具箱中选择"颜色滴管"工具，此时光标变成滴管形状。

② 在绘图页面上方的属性栏中（见图 3.29）可以选择取样样本大小（单像素颜色取样、对 2 像素×2 像素区域中的平均颜色值进行取样、对 5 像素×5 像素区域中的平均颜色值进行取样）。

图 3.28　颜色滴管工具组

图 3.29　"颜色滴管"工具属性栏

③ 单击绘图页面内所需的颜色，颜色即可被选取。如果想要选取绘图页面以外区域的颜色或 CorelDRAW 应用程序窗口以外的颜色，则可以先单击属性栏上的"从桌面选择"按钮，再到任何外部区域单击以选取颜色。

④ 此时光标变成颜料桶形状，将光标移动到需要填充的图形对象中，单击即可为图形对象填充颜色。

（2）使用"属性滴管"工具拾取对象属性。

用户使用"属性滴管"工具可以复制对象属性（如填充、轮廓、大小和效果），并将这些属性应用到其他对象中。

基本操作步骤如下。

① 在工具箱中选择"属性滴管"工具。

② 打开绘图页面上方属性栏的"属性"下拉列表，如图 3.30（a）所示，选择需要复制的对象属性；打开属性栏的"变换"下拉列表，如图 3.30（b）所示，选择需要复制的变换属性；打开属性栏的"效果"下拉列表，选择需要复制的效果属性，如图 3.30（c）所示。

③ 使用"属性滴管"工具在想要复制属性的对象上单击，复制该对象属性。

④ 成功复制对象属性后，光标变成颜料桶形状，单击另一个对象，对其应用复制的属性即可，结果如图3.31所示。

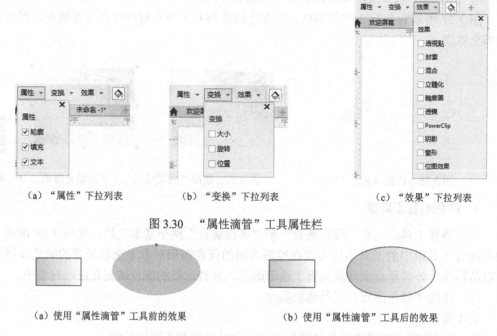

（a）"属性"下拉列表　　　　（b）"变换"下拉列表　　　　（c）"效果"下拉列表

图 3.30　"属性滴管"工具属性栏

（a）使用"属性滴管"工具前的效果　　　　（b）使用"属性滴管"工具后的效果

图 3.31　使用"属性滴管"工具的填充效果

3.3.4　阴影工具组

CorelDRAW 提供了阴影、轮廓图、混合、变形、封套、立体化、块阴影等交互式特效工具，并将它们归纳在一个工具组中，如图3.32所示。

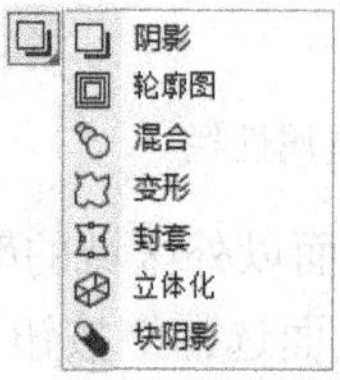

图 3.32　阴影工具组

1."阴影"工具

"阴影"工具用于在对象后面、下面或内部应用阴影，增加景深感，从而使对象具有一个逼真的外观效果。从对象中心拖动鼠标指针以定位阴影，如图3.33所示。如果想要添加透视阴影，则从对象边缘开始拖动鼠标指针，如图3.34所示。

阴影效果与选中对象是动态链接在一起的，如果改变对象的外观，则阴影也会随之变化。

（a）鼠标指针拖动中　　（b）鼠标指针拖动完成

图 3.33　应用于对象的阴影

图 3.34　应用于文本的阴影

（从边缘开始拖动鼠标指针）

2．"轮廓图"工具

用户使用"轮廓图"工具可以为选中的对象添加内部或外部轮廓。

基本操作步骤如下。

① 选中要添加轮廓图的对象。

② 在工具箱中选择"轮廓图"工具。

③ 如果从对象边缘向外拖动鼠标指针，则可以创建外部轮廓图。如果从对象边缘向内拖动鼠标指针，则可以创建内部轮廓图。

如果想要调节轮廓图中的步阶数和偏移程度，则可以移动相应滑块，如图 3.35 所示。

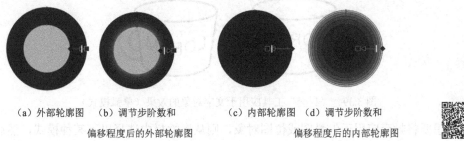

（a）外部轮廓图 （b）调节步阶数和 　　　 （c）内部轮廓图 （d）调节步阶数和
　　　 偏移程度后的外部轮廓图 　　　　　　　 偏移程度后的内部轮廓图

图 3.35 各种轮廓图效果

彩色图

3．"混合"工具

"混合"工具常用来调节两个不同形状的对象，即在两个对象之间产生形状、颜色、轮廓及尺寸上的平滑变化，将两个不同的对象调节为一体。

基本操作步骤如下。

① 先绘制两个用于制作混和效果的对象。

② 在工具箱中选择"混和"工具。

③ 在混和的起始对象上按住鼠标左键不放，拖动鼠标指针到终止对象上，释放鼠标左键即可，如图 3.36 所示。

如果想要绘制手绘混和路径，则从第一个对象拖至第二个对象时按住 Alt 键。如果想要同时调整混和的距离和颜色渐变效果，则移动中间的相应滑块。如果想要使用该滑块分别调整混和的距离和颜色渐变效果，则双击该滑块上的相应节点，然后移动这些节点来进行调节；还可以使用属性栏上的控件来调整混和效果。

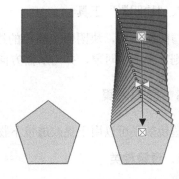

（a）混和对象 （b）混和效果

图 3.36 两个不同形状、色彩的对象混和效果

4．"变形"工具

用户使用"变形"工具可以更加方便地改变对象的外观，通过变形属性栏（见图 3.37）中推拉变形、拉链变形和扭曲变形 3 种变形方式的相互配合，可以得到意想不到的变形效果。

图 3.38 展示了圆形的推拉变形和扭曲变形效果。

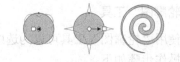

图 3.37　变形属性栏　　　　　　　　图 3.38　圆形的推拉变形和扭曲变形效果

5．"封套"工具

用户通过"封套"工具操纵边界框来改变对象的形状，方便、快捷地创建对象的封套效果。封套效果类似于印在橡皮上的图案，拖动橡皮后图案会随之变形，如图 3.39 所示。

图 3.39　"封套"工具应用于文字对象的效果（单弧模式）

如果想要将封套应用于矢量图或位图对象，则从属性栏中选择以下某种模式，然后单击该对象。

- 直线模式 ▱：基于直线创建封套，为对象添加透视点。
- 单弧模式 ▱：创建一边带弧形的封套，使对象为凹面结构或凸面结构外观。
- 双弧模式 ▱：创建一边或多边带 S 形的封套。
- 非强制模式 ✦：创建任意形式的封套，允许用户改变节点的属性及添加和删除节点。

6．"立体化"工具

"立体化"工具利用立体旋转和光源照射的功能为对象添加具有明暗变化的阴影。用户使用该工具可以轻松地为对象添加具有专业水准的矢量图立体化效果或位图立体化效果。如果想要创建立体模型，则首先选中对象，然后向要投射三维立体模型的方向拖动该对象。

7．"块阴影"工具

与阴影不同，块阴影由简单的线条构成，适合屏幕打印和标牌制作。如果想要添加块阴影，则首先选中对象，并向所需方向拖动该对象，直到块阴影达到所需大小即可。

3.3.5　透镜效果

透镜效果可以用于更改透镜下物体的外观。

1．透镜种类

CorelDRAW 提供了 13 种透镜。每一种类型的透镜都有自己的特色，使用方法相同，但能使位于透镜下的对象显示出不同的效果。

首先选中对象，然后选择菜单栏中的"效果"→"透镜"命令，在绘图页面右侧出现"透镜"泊坞窗，其中的"透镜"选项列表框如图 3.40 所示。

2．添加透镜效果

虽然每种透镜产生的效果不相同，但是添加透镜效果的操作步骤基本相同。添加透镜效果的基本步骤如下。

① 向绘图页面导入一张图片。

② 在图片上绘制一个没有填充色的正圆或其他形状的图形，选中所绘制的图形。

③ 选择菜单栏中的"效果"→"透镜"命令，在绘图页面右侧的"透镜"泊坞窗中，选择要应用的透镜效果，设置透镜参数，如图 3.41 所示。

图 3.40　"透镜"选项列表框

图 3.41　设置透镜参数

- 无透镜效果：选择该选项可以消除所使用的透镜。
- 变亮：可以调节正圆图形范围内图片的明暗度，比率值范围为-100～100，负数表示变暗，正数表示变亮。
- 颜色添加：可以为指定范围内的图片添加指定的颜色，比率值范围为 0～100，数值越大，颜色越深。
- 色彩限度：可以在指定范围内添加指定颜色，与"颜色添加"选项的区别是，"色彩限制"选项可用于为背景添加颜色。
- 自定义彩色图：可以为指定范围内的图片添加指定的两种颜色，一种作为前景色，另一种作为背景色。
- 鱼眼：通过该透镜可以制作出扭曲效果，一般用于制作立体图案。
- 热图：可以为对象模拟添加红外线成像效果。调节"调色板旋转"选项的参数，可以调整对象显示的颜色。
- 反转：按 CMYK 色彩模式将透镜下对象的颜色转换为互补色，产生类似照片底片的效果。
- 放大：产生放大镜一样的效果。
- 灰度浓淡：将透镜下的对象颜色转换为透镜色的灰度等效色。
- 透明度：可以调节指定范围内图片的透明度。
- 线框：用于显示图片的轮廓，可以为轮廓指定填充色。
- 位图效果：可以不改变原始图形，并得到指定范围内的位图。

图 3.42 所示为对矩形使用 4 种不同透镜的效果。

虽然不同类型的透镜需要设置的参数不尽相同，但是"冻结"、"视点"和"移除表面"3 个复选框是所有类型的透镜都有的公共参数。

- 冻结：选择该复选框后，可以将应用透镜效果对象下面的其他对象所产生的效果添加为透镜效果的一部分，不会因为透镜或对象的移动而改变该透镜效果。

- 视点：该复选框的作用是在不移动透镜的情况下，只弹出透镜下面的对象的一部分。当勾选该复选框时，其右侧会出现一个"编辑"按钮，单击该按钮，会在对象的中心出现一个"×"标记，该标记表示透镜所观察到对象的中心，拖动该标记到新的位置，将产生以新视点为中心的对象的透镜效果。
- 移除表面：勾选该复选框，只显示该对象与其他对象重合区域的透视效果，而被透镜覆盖的其他区域则不可见。

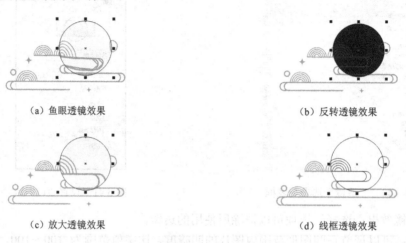

（a）鱼眼透镜效果	（b）反转透镜效果
（c）放大透镜效果	（d）线框透镜效果

图 3.42　各种透镜效果

注意：透镜只能应用于封闭路径与艺术字对象，而不能应用于开放路径、位图或段落文本对象，也不能应用于已经建立了动态链接效果的对象（如立体化、轮廓图等效果的对象）。

3.3.6　对象的变换

创建一个对象后，用户可以对其进行一系列的操作，直到满足要求为止。

1．镜像对象

镜像对象就是将对象在水平或垂直方向上进行翻转。所有的对象都可以做镜像处理，选中对象后，选定选框周围的一个节点向对角方向拖动，可得到按比例缩放后的镜像。如果按下 Ctrl 键，同时将节点向对角方向拖动，可得到一样大小的镜像。

2．倾斜和旋转对象

首先，单击需要倾斜或旋转处理的对象，可进入旋转/倾斜编辑模式，此时对象周围的节点变成旋转控制箭头和倾斜控制箭头，如图 3.43 所示。

然后，将鼠标指针移动到旋转控制箭头上，沿着控制箭头的方向拖动节点；在拖动过程中，会有外轮廓线框跟着旋转，指示旋转的角度。

最后，当旋转到合适角度时，释放鼠标左键，即可完成对对象的旋转。

图 3.43　旋转/倾斜编辑模式

3．缩放和改变对象

首先选中需要缩放或改变的对象，然后拖动对象周围的节点，即可缩放对象。这种方法方便、直接，但精度较低。如果需要比较精确地缩放对象或改变对象的大小，则可以利用属性栏中的选项来完成。

- "对象大小"文本框：选择"锁定比率"选项，输入横向对象大小值和纵向对象大小值，可按比例缩放对象的尺寸。
- "缩放因子"文本框：选择"锁定比率"选项，输入横向或纵向"缩放因子"选项的百分比值，可按比例缩放对象。

当"锁定比率"选项的锁形按钮呈"闭锁"状态时，表示按比例缩放对象；当"锁定比率"选项的锁形按钮呈"开锁"状态时，表示不按比例缩放对象。

3.3.7　对象的编辑

如果创建的对象不满足要求，就需要对其进行进一步编辑。利用系统提供的工具，用户可以灵活地编辑与修改对象。

1. 使用"橡皮擦"工具

"橡皮擦"工具主要用于改变对象形状、分割轮廓路径。当使用该工具在对象上拖动时，可以在对象内部生成擦除轮廓，对象中被破坏的路径，会自动形成封闭路径，处理后的对象和处理前的对象具有相同的属性。

使用"橡皮擦"工具的基本操作步骤如下。

① 使用"选择"工具选中需要处理的对象。

② 从工具箱的裁剪工具组中选择"橡皮擦"工具，如图 3.44 所示。

③ 此时鼠标指针变成橡皮擦形状，拖动鼠标指针即可擦除路径上的对象，但随之会出现擦拭轮廓路径，并可自动依照擦拭轮廓形成封闭路径，如图 3.45 所示。

用户可以在绘图页面上方属性栏中设置"橡皮擦厚度"选项来调整橡皮擦尖头的大小。

用户可以通过单击指定擦除的起始点和终止点，这样擦除部分为一条直线区域。

如果想要在擦除轮廓路径后，不会自动形成封闭路径，则先选中被擦除对象，再选择菜单栏中的"对象"→"将轮廓转换为对象"命令，拖动鼠标指针来擦除。使用这种方法只能擦除轮廓而不能擦除填充色。

　　　　　　　　　　　　　　　　　　　　　　（a）擦拭前　　（b）擦拭后

　　　图 3.44　选择"橡皮擦"工具　　　　　　　　图 3.45　使用"橡皮擦"工具

2. 使用"刻刀"工具

用户使用"刻刀"工具可以将对象分割成多个部分，但是不会使对象的任何一部分消失。

选择裁剪工具组中的"刻刀"工具，如果想要沿直线拆分对象，则可以单击属性栏上的"2 点线模式"按钮，拖动鼠标指针，穿过对象。如果想要沿手绘线拆分对象，则可以单击属性栏上的"手绘模式"按钮，拖动鼠标指针，穿过对象，如图 3.46 所示。

　　如果想要沿贝塞尔线拆分对象，则可以单击属性栏上的"贝塞尔模式"按钮 ✐ ，单击要放置第一个节点的位置，将节点拖动到要放置下一节点的位置并单击。继续单击以向该线条添加其他直线段。如果想要添加曲线段，则可以指向要放置该节点的位置，拖动鼠标指针以对该曲线进行变形。

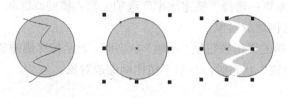

（a）拆分中　　　（b）拆分后　　（c）移开各部分查看拆分效果

图 3.46　使用"刻刀"工具

　　如果想要在新对象之间创建间隙或重叠，则可以在属性栏的"剪切跨度"下拉列表中选择"间隙"选项或"叠加"选项。在"宽度"数值框中输入数值，如图 3.47 所示。

3．使用"虚拟段删除"工具

　　用户使用"虚拟段删除"工具可以删除相交对象中两个交叉点之间的线段，从而产生新的图形形状。该工具的操作十分简单。

　　使用"虚拟段删除"工具的基本操作步骤如下。

　　① 从工具箱的裁剪工具组中选择"虚拟段删除"工具 ✂ 。

　　② 将鼠标指针移动到要删除的线段处，此时"虚拟线段"工具的刀片光标将变为竖立形状。

　　③ 单击即可删除选定的线段。

　　如果想要同时删除多条线段，则可以拖动鼠标指针在这些线段附近绘制出一个范围选取虚线框后，释放鼠标左键即可。

　　图 3.48 所示为使用"虚拟段删除"工具的效果。

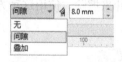

（a）使用前　　　（b）使用后

图 3.47　设置剪切跨度与宽度　　　　　图 3.48　使用"虚拟段删除"工具

4．使用"涂抹笔刷"工具

　　如果想要创建更为复杂的曲线图形，则可以使用形状工具组中的两个变形工具："涂抹笔刷"工具 ⅀ 和"粗糙笔刷"工具 ⅄ 。用户使用"涂抹笔刷"工具可以在矢量图形对象（包括边缘和内部）上任意涂抹，以达到变形的目的。使用"涂抹笔刷"工具的基本操作步骤如下。

　　① 选中需要处理的图形对象。

　　② 从形状工具组中选择"涂抹笔刷"工具。

　　③ 此时鼠标指针变成圆形，拖动鼠标指针即可涂抹拖动路径上的图形。

　　还可以在绘图页面上方的涂抹笔刷属性栏中设置"笔尖半径"选项的数值大小。图 3.49 所示为对圆形使用"涂抹笔刷"工具的效果。

5．使用"粗糙笔刷"工具

"粗糙笔刷"是一种扭曲变形工具，可以用于改变矢量图形对象中曲线的平滑度，从而产生粗糙的变形效果。使用"粗糙笔刷"工具的基本操作步骤如下。

① 选中需要处理的图形对象。

② 选择"粗糙笔刷"工具。

③ 在矢量图形的轮廓线上拖动鼠标指针，即可将曲线粗糙化。

图 3.50 所示为使用"粗糙笔刷"工具的效果。

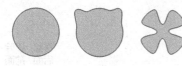 

图 3.49　使用"涂抹笔刷"工具 　　　　　图 3.50　使用"粗糙笔刷"工具的效果

3.3.8　对象的组合、合并与造型

1．组合（群组）

用户使用"组合"命令可以将多个不同的对象结合在一起，作为一个整体来统一控制及操作。使用"组合"命令的基本操作步骤如下。

① 选中要进行组合的所有对象。

② 选择菜单栏中的"对象"→"组合"命令（或者按 Ctrl+G 快捷键），即可组合选中的对象。

组合后的对象将作为一个整体，当移动或填充某个对象的位置时，组合中的其他对象也会被移动或填充。组合后的对象作为一个整体还可以与其他的对象再次组合。单击绘图页面上方属性栏中的"取消组合对象"按钮 或"取消组合所有对象"按钮 ，即可取消选中对象的组合关系或多次组合关系。

2．合并

用户使用"合并"命令可以把不同的对象合并在一起，完全变为一个新的对象。如果对象在合并前有颜色填充，则合并后的对象将显示底层对象的颜色。使用"合并"命令的基本操作步骤为，选中要合并的所有对象，选择菜单栏中的"对象"→"合并"命令。对于合并后的对象，用户可以通过"拆分"命令来取消对象的合并。

图 3.51 所示为使用"组合"命令和"合并"命令的效果。

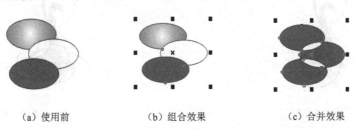

（a）使用前　　　　　　（b）组合效果　　　　　　（c）合并效果

图 3.51　使用"组合"命令和"合并"命令的效果

3. 造型

用户使用"造型"命令可以方便、灵活地将两个或两个以上的图形组合成复杂图形。"造型"命令组中包含"合并"、"修剪"、"相交"、"简化"、"移除后面对象"、"移除前面对象"和"边界"等多个功能命令。先选择菜单栏中的"对象"→"造型"→"形状"命令，如图 3.52（a）所示，即可在打开的"形状"泊坞窗中设置各类造型工具，工具列表如图 3.52（b）所示。

使用"造型"命令的基本操作步骤如下。

① 选中需要造型的多个对象后，上方属性栏中便会出现对应的造型工具按钮，如图 3.52（c）所示。

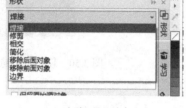

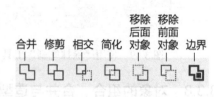

（a）造型工具菜单命令　　　　（b）造型工具泊坞窗选项　　　　（c）造型工具属性栏中的按钮

图 3.52　造型工具

属性栏中各造型工具按钮的作用如下。

- 合并：将几个图形对象结合成一个图形对象。
- 修剪：使用其他对象的形状剪切后面图形对象的一部分，将重叠部分、属于后面图形的部分剪切掉。
- 相交：在两个或两个以上图形对象的交叠处产生一个新的对象。
- 简化：减去后面图形对象中与前面图形对象的重叠部分，并保留前面和后面的图形的剩余部分。
- 移除后面对象：减去后面的图形对象及前、后图形对象的重叠部分，只保留前面图形对象剩下的部分。
- 移除前面对象：减去前面的图形对象及前、后图形对象的重叠部分，只保留后面图形对象剩下的部分。
- 边界：获取多个图形对象叠加后的轮廓。

② 单击需要的造型工具按钮，即可完成造型。

图 3.53 所示为使用"合并"按钮前后的图像效果。

（a）合并前　　　　　　　　　　　　　　　　　　　（b）合并后

图 3.53　使用"合并"按钮前后的图像效果

3.4　文本处理

在绘图过程中，往往离不开文本处理。从本质上讲，文本是具有特殊属性的图形对象。

3.4.1　创建文本

文本有两种模式：美术字和段落文本。

1. 美术字

美术字实际上是指作为一个单独的图形对象来使用的单个的文字对象。用户可以使用处理图形的方法对其进行编辑处理。

添加美术字的基本操作步骤如下。

① 在工具箱的文本工具组中选择"文本"工具。

② 在绘图页面中的适当位置单击后，就会出现闪动的插入光标。

③ 通过键盘直接输入美术字。

④ 设置美术字的相关属性。

使用"选择"工具选中已输入的文本，即可在绘图页面上方看到"文本"工具的属性栏，如图 3.54 所示。

图 3.54　"文本"工具属性栏

"文本"工具属性栏中的设置选项与字处理软件中的字体格式设置选项类似。

图 3.55 所示为美术字处理效果。

图 3.55　美术字处理效果

2. 段落文本

段落文本是建立在美术字基础上的大块区域文本。对于段落文本，用户可以使用编辑排版功能进行处理。

（1）添加段落文本。

添加段落文本的基本操作步骤如下。

① 在工具箱的文本工具组中选择"文本"工具。

② 在绘图页面中的适当位置按住鼠标左键后拖动，就会产生一个段落文本框。

③ 在段落文本框中直接输入段落文本。

对于在其他的文字处理软件中已经编辑好的文本，用户可以将其粘贴到段落文本框中。

对于段落文本，用户可以进行字体设置、应用粗斜体、排列对齐、添加下画线、首字下沉、缩进等格式编辑。

（2）图文混排。

用户使用"段落文本"命令不仅能实现段落的编辑和格式设置，还能将其他的图标及图形对象插入段落文本中与文本实现图文混排。

图文混排的基本操作步骤如下。

① 新建或导入段落文本。

② 选择菜单栏中的"文件"→"导入"命令，打开"导入"对话框。

③ 选择需要导入的图形，并将其拖动到绘图页面中的适当位置，此时可以看到图形所在位置的文本部分被覆盖，如图3.56所示。

④ 使用"选择"工具选中该图形，在图形上右击，在弹出的快捷菜单中选择"段落文本换行"命令，即可完成图文混排，如图3.57所示。

图 3.56　导入图片

图 3.57　图文混排

⑤ 使用"选择"工具选中该图形后，在属性栏中单击"段落文本换行"按钮，打开环绕类型下拉列表，如图3.58所示，选择相应的环绕类型就会产生不同的图文混排效果。

3.4.2　制作文本效果

文本除了能进行基础性的编排处理，还能制作文本效果。

1．沿路径排列文本

用户可以将美术字沿着特定的路径排列，从而得到特殊的文本效果。当改变路径时，沿路径排列的文本也会随之改变。

制作沿路径排列文本的基本操作步骤如下。

① 输入一段文本，使用"手绘"工具绘制一条曲线。

② 使用"选择"工具选中需要处理的文本。

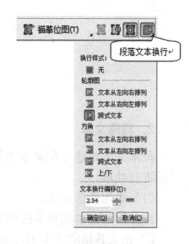

图 3.58　环绕类型下拉列表

③ 选择菜单栏中的"文本"→"使文本沿路径"命令，此时光标变成黑色的向右箭头。

④ 将该箭头移动到路径上，单击曲线路径，即可将文本沿着该曲线路径排列。

图 3.59 所示为沿路径排列文本的创建过程。

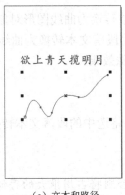  

|（a）文本和路径|（b）沿路径排列文本|（c）设置结果|

图 3.59　路径文本的创建

选中已经填入路径的文本，可以通过属性栏中的选项设置改变文本的排列效果。为了不使曲线路径影响文本排列的美观效果，可以选中路径曲线，将其填充为透明色，或者按 Delete 键将其删除。

2．将文本与对象对齐

增强的文本对齐功能可以使文本对象和图形对象一样，与图形对象、页面边缘、页面中心、网格线及选择的点对齐。

将文本与对象对齐的基本操作步骤如下。

① 在绘图页面中绘制需要的文本对象。

② 使用"选择"工具选中需要对齐的文本对象。

③ 选择菜单栏中的"对象"→"对齐与分布"命令，打开"对齐与分布"泊坞窗，如图 3.60 所示，选择对齐、分布方式即可。

3．将美术字转换为曲线

如果系统提供的字库不能满足用户的创作需求，则可以使用"转换为曲线"命令将美术字转换为曲线。当美术字被转换为曲线后，用户就可以任意地改变艺术字的形状。

将美术字转换为曲线的基本操作步骤如下。

① 选中需要转换的美术字后右击，在弹出的快捷菜单中选择"转换为曲线"命令（或者按 Ctrl+Q 快捷键）即可将选中的文本转换为曲线。

② 选择"形状"工具，进入节点编辑状态，调整曲线中的相应节点，直至满意为止。

图 3.60　"对齐与分布"泊坞窗

图 3.61 所示为将美术字转换为曲线后的效果。

注意：艺术字被转换为曲线后将不再具有文本属性，与一般的曲线图形一样，而且不能再将其转换为艺术字。所以在使用"转换为曲线"命令改变字体形状之前，一定要先设置好所有的文本属性。

4. 将段落文本转换为曲线

美术字可以被转换为曲线图形对象，而段落文本也可以被转换为曲线图形对象。此时，段落文本中的每个字符都被转换为单独的曲线图形对象。用户将段落文本转换为曲线，不但能保留字体原来的形状，而且段落文本被转换后还能应用多种特殊效果。

将段落文本转换为曲线的基本操作步骤如下。

① 选中需要转换的段落文本后右击。

② 在弹出的快捷菜单中选择"转换为曲线"命令，即可将选中的段落文本转换为曲线图形对象。

③ 按图形对象进行变换处理，直至满意为止。

注意：要转换为曲线的段落文本的字符数量不宜过多，否则将占用很大的存储空间。

图3.62展示将段落文本转换为曲线的转化效果。

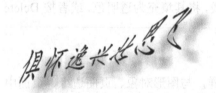

图 3.61　将美术字转换为曲线后的效果　　　　　图 3.62　将段落文本转换为曲线后的效果

3.5　位图处理

CorelDRAW 不但可以创建矢量图形，还可以处理位图并对位图添加各种效果。

3.5.1　位图的变换处理

1. 缩放和修剪位图

在导入位图时可以对其进行修剪，在导入位图后还可以对其进行进一步修剪，如进行缩放、修剪处理，还可以使用位图处理工具编辑位图。

缩放和修剪位图的基本操作步骤如下。

① 导入位图。

② 使用"选择"工具选中位图，此时图像的四周会出现控制框与8个节点。

③ 拖动控制框中的节点，可以缩放位图的尺寸大小。也可以设置"选择"工具属性栏中的图像尺寸或比例选项，来控制位图的缩放。

④ 选择"形状"工具，选中导入的位图，此时图像的4个边角出现4个节点。

⑤ 拖动位图边角上的节点修剪位图，也可以在控制框边线上双击来添加转换节点，并进行编辑。

图 3.63 所示为位图的修剪效果。

2．旋转和倾斜位图

与其他的矢量图形对象一样，用户也可以对位图进行旋转和倾斜操作，其操作步骤与矢量图的操作步骤相同。图 3.64 所示为位图的旋转效果。

图 3.63　位图的修剪效果　　　　　　　　图 3.64　位图的旋转效果

3.5.2　位图的效果处理

"效果"菜单中提供了"调整"、"变换"与"校正"等命令，如图 3.65 所示。用户通过调整均衡性、色调、亮度、对比度、强度、色相、饱和度与伽马值等颜色特性，可以更加方便地调整位图的色彩效果。

1．"调整"命令

用户通过"调整"命令可以创建或恢复位图中由于曝光过度或感光不足而呈现的部分细节，丰富位图的色彩效果。使用"调整"命令的方法比较简单和直观，只需先选中需要调整的图像，再选择需要的功能命令，即可通过相应的对话框调整位图效果。

2．"校正"命令

用户通过"校正"命令能够修正和减少图像中的色斑，减轻锐化图像中的瑕疵。用户使用"蒙尘与刮痕"命令可以更改图像中相异的像素来减少杂色。

3．"变换"命令

用户通过"变换"命令可以对选中图像的颜色和色调进行一些特殊的变换。

3.5.3　位图遮罩和色彩模式

图 3.65　"效果"菜单

用户使用"位图遮罩"命令和色彩模式可以更加方便地调整位图的颜色，按照需要屏蔽位图中的某种颜色，也可以将位图转换为需要的色彩模式。

1．位图遮罩

用户使用"位图遮罩"命令可以显示和隐藏位图中某种特定的颜色或与该颜色相近的颜色。使用"位图遮罩"命令去除纯色背景的基本操作步骤如下。

① 在绘图页面中导入位图，并使它保持被选中状态。

② 选择菜单栏中的"位图"→"位图遮罩"命令，打开"位图遮罩"泊坞窗。

③ 选择10个颜色框中的一个颜色框，单击"位图遮罩"泊坞窗中的"滴管"工具 ，在位图中单击吸取背景色，可以观察到颜色被提取到泊坞窗颜色框内，选中该项颜色框。

④ 选中"颜色"选区中的"隐藏选定项"单选按钮，如图3.66（a）所示。

⑤ 单击"应用"按钮，可以观察到背景颜色被隐藏，如图3.66（b）所示。

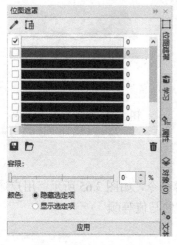
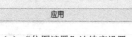

（a）"位图遮罩"泊坞窗设置　　　　　（b）原始图片和去除背景后的图片效果　　彩色图

图3.66　使用"位图遮罩"命令去除位图背景

用户还可以调节"容限"滑块，设置容差值，其取值范围为0～100。当容差值为0时，表示只能精确取色，容差值越大，选取的颜色的范围就越大，近似色就越多。

2．改变位图色彩模式

用户根据不同的应用需求，通过色彩模式转换可以将位图转换为最合适的色彩模式，从而控制位图的外观质量和文件大小。

用户通过"位图"菜单中的"模式"子菜单，可以选择位图的色彩模式，如图3.67所示。

（1）黑白（1位）模式。

黑白（1位）模式是颜色结构中最简单的位图色彩模式，由于只使用1位来显示颜色，所以只能有黑与白两色。

（2）灰度（8位）模式。

如果将选中的位图转换为灰度（8位）模式，则可以产生一种类似于黑白照片的效果。

（3）双色调（8位）模式。

用户在"双色调"对话框中不仅可以设置单色调模式，而且可以在"类型"选区中选择双色调、三色调与全色调模式。

（4）调色板色（8位）模式。

用户通过这种色彩转换模式可以设置转换颜色的调色板。

（5）RGB色（24位）模式。

在RGB色（24位）模式中，R、G、B三个分量各自代表三原色且都具有256级强度，其余的单个颜色都是由3个分量按照一定的比例混合而成的。RGB是位图默认的色彩模式。

（6）Lab 色（24 位）模式。

Lab 颜色是基于人眼认识颜色的理论而建立的一种与设备无关的颜色模型。L、a、b 三个分量各自代表照度、从绿到红的颜色范围及从蓝到黄的颜色范围。

（7）CMYK 色（32 位）模式。

CMYK 色（32 位）模式的 4 种颜色分别代表印刷中常用的青、品红、黄、黑 4 种油墨颜色，将这 4 种颜色按照一定的比例混合，就能得到范围很广的颜色。由于 CMYK 色（32 位）模式的范围比 RGB 色（24 位）模式的范围要小一些，因此将 RGB 位图转换为 CMYK 位图时，会出现颜色损失的现象。

图 3.68 所示为位图在不同色彩模式中的显示效果。

图 3.67　"模式"子菜单　　　图 3.68　位图在不同色彩模式中的显示效果

彩色图

3.5.4　应用滤镜

用户使用位图滤镜可以迅速地改变位图的外观效果。

1. 滤镜简介

"位图"菜单中有 10 种位图处理滤镜。每一种滤镜的级联菜单中都包含了多个滤镜效果命令。在这些滤镜效果命令中，一部分可以用来校正图像、修复位图；另一部分可以用来改变位图原有画面正常的位置或颜色，从而模仿自然界的各种状况或产生一种抽象的色彩效果。

每种滤镜都有各自的特性，灵活运用滤镜可以产生丰富多彩的位图效果。

2. 添加滤镜效果

虽然滤镜的种类繁多，但是添加滤镜效果的操作步骤非常相似。

添加滤镜效果的基本操作步骤如下。

① 选中需要添加滤镜效果的位图。

② 打开"效果"菜单，从相应滤镜组子菜单中选择滤镜命令，打开相应的滤镜属性设置对话框。例如，选择菜单栏中的"效果"→"艺术笔触"→"素描"命令，打开"素描"对话框，如图 3.69 所示。

在每一个滤镜对话框的底部都有一个"预览"复选框，如果勾选该复选框，则可以预览滤镜添加后的效果。

③ 在滤镜属性设置对话框中设置完相关的参数后，单击"OK"按钮，即可将选中的滤镜效果应用到位图中。图 3.70 所示为应用不同滤镜后的图像效果。

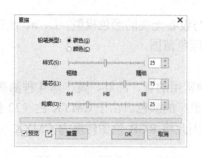

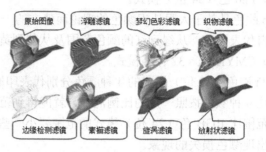

图 3.69　"素描"对话框　　　　　图 3.70　应用不同滤镜后的图像效果　　彩色图

3．撤销滤镜效果

如果对添加的滤镜效果不满意，则可以撤销滤镜效果。撤销滤镜效果的常见方法有两种。

（1）使用撤销命令。

选择菜单栏中的"编辑"→"撤销"命令，即可将刚才添加的滤镜效果撤销。

（2）使用工具栏中的撤销按钮。

单击工具栏中的"撤销"按钮 ↺，即可撤销上一步添加的滤镜效果。

3.6　应用举例

3.6.1　制作纪念徽章

徽章是一种常见的物品，而精美的纪念徽章会使人爱不释手。下面介绍如何制作一枚纪念徽章。

（1）绘制纪念徽章的外部轮廓。

① 选择工具箱中的"椭圆形"工具，按住 Ctrl 键的同时，在绘图页面拖动鼠标指针绘制一个圆形，如图 3.71 所示。

② 选择"属性"泊坞窗，在"填充"选区中，将"渐变填充"选项下的渐变颜色设置为由金黄色（C0、M18、Y88、K0）到浅黄色（C0、M2、Y8、K0）的渐变。单击"类型"选项中的"矩形渐变填充"按钮，如图 3.72 所示。

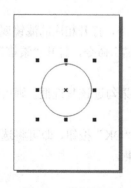

图 3.71　绘制圆形　　　　　图 3.72　设置"属性"泊坞窗　　彩色图

③ 去除圆形的边界，如图 3.73 所示。

（2）制作纪念徽章的内部轮廓。

① 选中该圆形，复制得到两个一模一样的圆形，按住 Shift 键，缩小上层的圆形，并将两个圆形中心对齐，如图 3.74 所示。

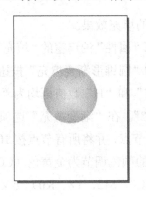
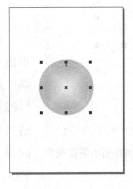

图 3.73　去除圆形的边界　彩色图　　　图 3.74　复制并缩小上层的圆形　彩色图

② 设置交叉颜色效果。

在上层圆形"属性"泊坞窗的"填充"选区中，单击"类型"选项中的"线性渐变填充"按钮。在"变换"选区中，设置"W"和"H"数值框均为"120.0%"，"倾斜"数值框为"30.0°"。在"渐变填充"选项的颜色条适当位置双击，添加 5 个间隔均匀的节点，连同两端的节点共 7 个，将这 7 个节点颜色调节为金黄色（C0、M18、Y88、K0）和浅黄色（C0、M2、Y8、K0）交叉出现（金黄色在两端），纪念徽章内部轮廓效果如图 3.75 所示。

（a）设置纪念徽章内部轮廓　　　　（b）纪念徽章内部轮廓效果　彩色图

图 3.75　制作纪念徽章内部轮廓

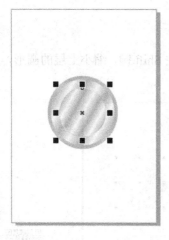

彩色图　图 3.76　复制并缩小条纹圆形

（3）制作核心镜面。

① 将刚才制作好的条纹圆形复制并得到两个一模一样的圆形，缩小上层的圆形，将两个圆形中心对齐，如图 3.76 所示。

② 设置核心镜面的填充效果。

在最上层条纹圆形"属性"泊坞窗的"填充"选区中，单击"类型"选项中的"圆锥形渐变填充"按钮。在"变换"选区中，设置"W"和"H"数值框均为"100.0%"，"倾斜"数值框为"0.0°"。在"渐变填充"选项的颜色条适当双击，再添加 4 个节点，并将所有节点按 10% 的间距间隔，将这 11 个节点的颜色调节为金黄色（C0、M18、Y88、K0）和浅黄色（C0、M2、Y8、K0）交叉出现（金黄色在两端），核心镜面效果如图 3.77 所示。

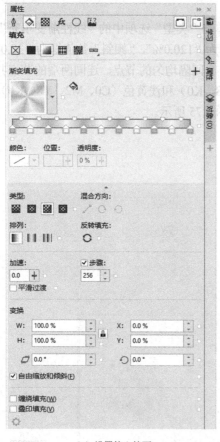

（a）设置核心镜面

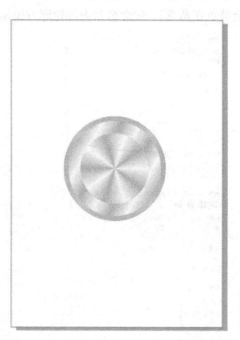

（b）核心镜面效果　　彩色图

图 3.77　制作核心镜面

（4）导入图像，并调节图像大小，如图 3.78 所示。

（5）添加文字，最终效果如图 3.79 所示。

图 3.78 导入图像并调节大小 彩色图

图 3.79 纪念徽章最终效果 彩色图

3.6.2 海报设计

下面介绍如何绘制一张中秋节海报。

（1）绘制底纹。

① 选择"椭圆形"工具绘制正圆，复制这个正圆，按住 Shift 键的同时，将右上角的节点向中心拖动到合适的大小，反复操作复制出 6 个同心圆。为最里面的同心圆填充线条色，如图 3.80 所示。

② 复制两个最外圈的圆形，分别移动到合适的位置，如图 3.81 所示。拖动鼠标指针选中所有同心圆，按 Ctrl+G 快捷键将其组合为一体。选中所有圆形，此时绘图页面上方属性栏中会出现"移除前方对象"按钮 □，单击该按钮，效果如图 3.82（a）所示。利用裁剪工具组中的"虚拟段删除"工具删除多余线段，如图 3.82（b）所示。选中这个类扇形并右击，在弹出的快捷菜单中选择"全部取消组合"命令。

图 3.80 绘制同心圆

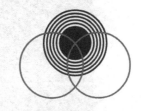

图 3.81 复制两个最外圈的圆形

（a）类扇形初步形态

（b）删除多余线段

图 3.82 类扇形

③ 选中这个类扇形，先将其向右复制一行，再向下复制一列，如图 3.83（a）所示。选中所有铺满的类扇形，选择菜单栏中的"对象"→"将轮廓转换为对象"命令，或者按

Ctrl+G 快捷键进行编组。在泊坞窗中首先选择"填充"工具，然后选择"渐变填充"选项，最后进行从深蓝到浅蓝的渐变色的填充，底纹绘制完成，如图 3.83（b）所示。

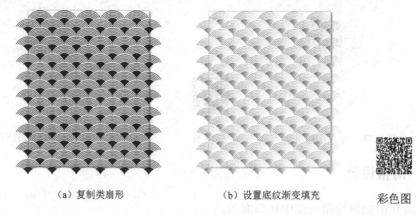

（a）复制类扇形　　　　　　　（b）设置底纹渐变填充　　　　彩色图

图 3.83　绘制底纹

（2）绘制背景。

① 添加矩形背景：选择"矩形"工具，绘制一个与画布相同大小的矩形，为矩形填充蓝色，并且取消矩形的描边。将蓝色矩形背景移动到页面窗口的底纹上，按 Ctrl+PgDn 快捷键，直至蓝色矩形图层位于底纹图层下方，如图 3.84（a）所示。

② 裁剪多余底纹：选中底纹，选择菜单栏中的"对象"→"PowerClip"→"置于图文框内部"命令，即可剪裁多余底纹，如图 3.84（b）所示。

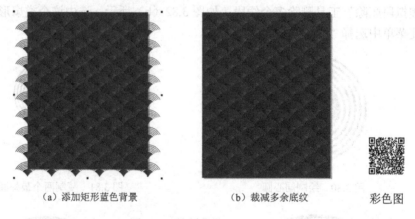

（a）添加矩形蓝色背景　　　　　　　（b）裁减多余底纹　　　　彩色图

图 3.84　绘制背景

（3）绘制文字。

选择"矩形"工具绘制矩形，选择"形状"工具，拖动矩形左上角的节点，将矩形变为圆角矩形。选择手绘工具组的"2 点线"工具，绘制竖线，将其设置为圆角端头。将两个形状组合为"中"字。按照相同的方法，利用"矩形"工具和"2 点线"工具绘制"秋"字。文字绘制完成后，将轮廓颜色设置为黄色，调整到合适的大小，按 Ctrl+G 快捷键组合文字，如图 3.85 所示。

（4）绘制月亮。

选择"椭圆形"工具绘制一个正圆，填充比背景略深的蓝色，轮廓颜色吸取文字的颜色，将轮廓宽度设置为"0.1mm"，将正圆置于文字和背景中间的图层。接着选择"阴影"工具，设置阴影颜色为白色，在绘图页面上方属性栏中将"合并模式"选项设置为"常规"，设置"阴影不透明度"和"阴影羽化"为合适的值，使得正圆呈现出发光的效果，如图 3.86 所示。

图 3.85　绘制文字　　　彩色图　　　　　　　　图 3.86　绘制月亮　　　　　　　彩色图

（5）绘制祥云。

选择"矩形"工具绘制矩形，向下拖动进行复制。选择"形状"工具，将两个矩形调整为圆角矩形，将上下两个矩形分别向左、向右拖动复制。使用"2 点线"工具在需要裁切的位置绘制 4 条竖线，如图 3.87（a）所示。选择"虚拟段删除"工具，删掉多余的线条。绘制完祥云形状，如图 3.87（b）所示。

设置祥云线条颜色为文字的黄色。按照这个方法继续绘制其他祥云，也可复制这个祥云形状并翻转以得到更多祥云，如图 3.87（c）所示。先将祥云线条组合，再将其调整到合适位置，如图 3.87（d）所示。

（a）绘制圆角矩形和竖线　　　　　　　　　　　　（b）删掉多余线的线条

（c）绘制各种祥云形状　　　　　　　　（d）将祥云调整到合适位置　　　彩色图

图 3.87　绘制祥云

（6）添加兔子元素。

选择菜单栏中的"文件"→"导入"命令。打开"导入"对话框选择要导入的兔子图片，如图 3.88（a）所示，并对兔子进行复制、缩放、镜像等操作，完成后将其放置在合适的位置，即可制作完中秋海报，如图 3.88（b）所示。

（a）选择兔子图片　　　　　　　　　　（b）中秋海报　　　　彩色图

图 3.88　制作完中秋海报

习题 3

一、填空题

1．图像类型有两大类，分别为位图和矢量图。使用 CorelDRAW 处理的图像类型为_____图像。

2．CorelDRAW 文件的扩展名为_____，模板的扩展名_____。

3．CorelDRAW 处理图像采用的色彩模式为 CMYK，分别代表青、洋红、黄和_____，RGB 分别代表红、绿和_____。

4．如果想要创建一个与页面相同大小的长方形，则最快的方法是_____。

5．如果想要改变矩形或椭圆的形状，应先将其转换成曲线，再用_____工具细致调整。

6．使用"手绘"工具绘制折线，需要在不同的位置_____。使用"贝塞尔"工具绘制折线，需要在不同的位置_____。

7．将两个对象结合时，颜色属性会变成一致，在按住 Shift 键的同时单击鼠标左键可以选择多个对象。使用最_____一个选中对象的属性，如果使用圈选法，新对象将使用最_____层对象的属性。

8．镜像有两种，分别为水平镜像和垂直镜像。_____镜像是左右对称，而_____镜像是上下对称。

9．渐变分为线性渐变、射线渐变、圆锥渐变、方形渐变。如果想要制作光盘效果，则采用_____渐变。

10. "交互式变形"工具的变形类型有推拉变形、拉链变形和_____。

11. 在推拉变形中向左拖动节点称为_____，可以做出_____效果，向右拖动节点称为_____，可以做出_____效果。

12. 文本分为美术字和_____。

二、选择题

1. CorelDRAW 备份文件的后缀是（　　）。

  A．.cdr   B．.bak   C．.cpt   D．.tmp

2. 对两个不相邻的图形执行"合并"命令，结果是（　　）。

  A．两个图形对齐后结合为一个图形

  B．两个图形原位置不变且结合为一个图形

  C．没反应

  D．两个图形成为群组

3. 对段落文本使用封套，结果是（　　）。

  A．段落文本被转换为美工文本   B．段落文本被转换为曲线

  C．文本框形状改变   D．没有作用

4. 当两次单击一个物体后，可以拖动 4 个角的节点进行（　　）操作。

  A．移动   B．缩放   C．旋转   D．推斜

5. 当多个对象处于被选中状态时，要取消部分选中对象按（　　）键

  A．Shift   B．Alt

  C．Ctrl   D．Esc

6. 位图的最小组成单位是（　　）。

  A．10 像素   B．1/2 像素

  C．1 像素   D．1/4 像素

7. 当选中多个对象，进行组合操作时，得到的对象属性是（　　）。

  A．同最下面的对象   B．同最上面的对象

  C．同最后选取的对象   D．同最先选取的对象

8. 框选多个对象，执行"对齐"命令，结果是（　　）。

  A．以最下面的对象为基准对齐   B．以最上面的对象为基准对齐

  C．以最后选取的对象为基准对齐   D．以最先选取的对象为基准对齐

9. 可以产生连续光滑曲线的工具是（　　）。

  A．手绘   B．贝塞尔

  C．自然笔   D．压力笔

10. 创建美术字正确的方法是（　　）。

  A．使用"文本"工具在"绘图窗口"中单击后并输入文字

  B．使用"文本"工具在绘图区拖出一个区域并输入文字

  C．双击"文本"工具输入文字

  D．在光标处直接输入文字

11．能将做过交互式轮廓图的物体与轮廓对象独立分开的操作是（　　　）。

　　A．取消群组　　　　B．拆分　　　　　　C．曲线化　　　　D．解锁

12．当为一个美术字增加封套时，（　　　）对美术字变形。

　　A．可以　　　　　　　　　　　　B．不可以

13．当利用鼠标单击一个物体时，它的周围出现的节点数量是（　　　）个。

　　A．4　　　　　　　B．6　　　　　　　C．8　　　　　　　D．9

14．CorelDRAW（　　　）还原命令。

　　A．有　　　　　　　　　　　　　B．没有

15．在 CorelDRAW 中进行"转换为位图"操作会造成（　　　）。

　　A．图像分辨率损失　　　　　　　B．图像大小损失

　　C．图像色彩损失　　　　　　　　D．什么都不损失

16．如果想要拆分合并对象，则应该（　　　）。

　　A．选中合并对象，排列/拆分

　　B．右击/取消群组

　　C．按住 Shift 键的同时，单击群组对象

　　D．右击/取消所有群组

17．"位图遮罩"命令所在的菜单是（　　　）。

　　A．颜色　　　　　　B．版面　　　　　　C．位图　　　　　　D．调整

18．如果想要添加粗线条，则应该选用的工具是（　　　）。

　　A．工具箱中的"线条"工具

　　B．工具箱中的"轮廓"工具

　　C．工具箱中的"自由手"工具

　　D．工具箱中的"填充"工具

19．如果想要编辑箭头，则应该选用的工具是（　　　）。

　　A．工具箱中自由手工具组的"箭头"工具

　　B．"编辑"菜单中的"箭头"命令

　　C．"效果"菜单中的"箭头"命令

　　D．工具箱中轮廓笔工具组的"箭头"工具

20．CorelDRAW 中关于"刻刀"工具的说法正确的是（　　　）。

　　A．"刻刀"工具可以直接作用于位图

　　B．"刻刀"工具可以对做过交互式轮廓的对象直接起作用

　　C．"刻刀"工具可以对没有被选中的物体直接起作用

　　D．"刻刀"工具可以对做过交互式透明的对象直接起作用

三、简答题

　　1．在 CorelDRAW 中如何删除多余的页面？

　　2．简述页面背景的设置方法。

　　3．简述位图和矢量图的组成单位及各自的特点。

4．如何使用"手绘"工具绘制不规则的形状？

5．当使用"贝塞尔"工具绘制曲线时，应该注意什么问题？

6．如何将输入的文字转换为图形并制作特殊效果（如文字商标）？

7．如何将输入的文字绕某个路径形状排列？当删除路径时，文字会发生什么情况？

四、操作题

1．绘制五角星，效果如图 3.89 所示。

使用工具："矩形"工具、"填充"工具、"轮廓"工具、"选择"工具、"星形"工具。

制作思路：先绘制一个蓝色的背景，再绘制一个发光背景与五角星，对这 3 个图形进行组合，制作步骤如图 3.90 所示。

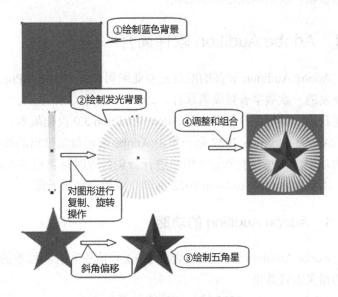

图 3.89　绘制五角星　　　　　　　　　图 3.90　绘制五角星的步骤

2．根据自己的需求，制作一张个性化的名片。

3．制作一张自己学校的宣传彩页，要求图文并茂。

4．为自己熟悉的景区制作可折叠宣传彩页，要求图文并茂。

5．为某公司设计一枚胸牌。

6．给自己设计一枚个性印章。

7．为某公司设计一个 Logo。

第4章 数字音频编辑软件 Adobe Audition

Adobe Audition 是一款功能强大的数字音频编辑软件，提供了先进的音频混合、编辑、控制和效果处理功能。它也是一个完善的工具集，其中包含用于创建、混合、编辑和复原音频内容的多轨、波形和光谱显示功能。

4.1 Adobe Audition 软件简介

Adobe Audition 软件的前身是专业编辑软件 CoolEditPro。它是由美国 Syntrillium 软件公司开发的一款数字音频编辑软件。2003 年 5 月，Adobe 公司获得了该软件的开发与设计权。目前我国大多数用户使用的是 Adobe Audition 3.0 汉化版本。

Adobe Audition 2022 是一款由 Adobe 公司最新推出的数字音频编辑软件，拥有强大而丰富的功能，这些功能能够在用户进行音频处理时提供很多帮助，从而极大提高用户的工作效率。本章以 Adobe Audition 2022 为例介绍数字音频处理。

4.1.1 Adobe Audition 的功能

Adobe Audition 旨在加快视频制作工作流程和音频修整的速度，并且还提供了带有纯净声音的精美混音效果。

Adobe Audition 2022 的新增功能如下。

（1）消除混响和降噪效果。

用户使用这些有效的实时效果，或者通过 Essential Sound 面板，可以从没有底噪或复杂参数的录音中降低或消除混响和背景噪声。

（2）改进了播放和录音性能。

在没有昂贵的、专有的单一用途加速硬件的情况下，用户能以低延迟在常见的工作站上播放 128 个以上的音轨或记录 32 个以上的音轨。

（3）剪辑增益控制和波形缩放。

用户可以使用剪辑增益控制来调整音频，配合看和听，将剪辑响度与相邻剪辑匹配，实时平滑缩放该剪辑中的波形以便调整幅度。

（4）添加轨道并删除空轨道。

用户使用添加轨道或删除空轨道等命令，可以快速添加任意声道化的多个音频或总线轨道，或者清除会话中所有未使用的音频轨道。

（5）缩放至时间。

用户可以使用自定义预设功能，缩放到特定的持续时间，不必再进行猜测或细微调整，即可看到确切的时间长度。

（6）效果和预设迁移。

在升级新版本时，Adobe Audition 新版本会导入上一个版本中已扫描的所有第三方效果与自定义效果预设等。

4.1.2　Adobe Audition 的工作界面

Adobe Audition 的工作界面如图 4.1 所示。

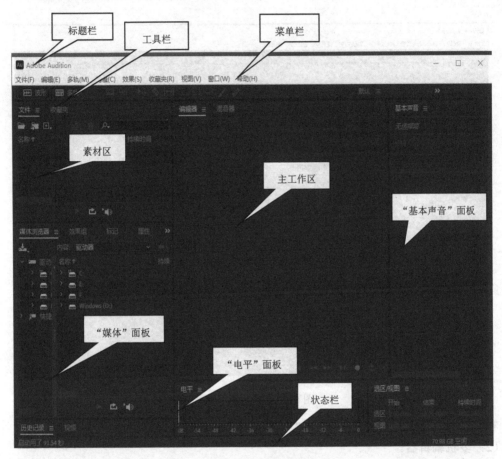

图 4.1　Adobe Audition 的工作界面

1．标题栏

标题栏的左侧是软件的图标"AU"和名称"Adobe Audition"。单击图标会弹出快捷菜单。标题栏的右侧是"最小化"按钮、"最大化/还原"按钮、"关闭"按钮。

2．菜单栏

菜单栏中包含"文件"、"编辑"、"多轨"、"剪辑"、"效果"、"收藏夹"、"视图"、"窗口"和"帮助"9 个菜单命令。当选择某个菜单命令时将会打开相应的下拉菜单。

3．工具栏

Adobe Audition 拥有两种编辑模式。用户可以通过单击工作界面顶部的"波形"按钮或"多轨"按钮来进行切换，也可以在"文件"面板中通过双击操作来打开音频文件或多轨对话。

（1）波形编辑器。

波形编辑器模式中提供了声波的直观表示形式。在"工作区"面板的默认波形显示（非常适合于评估音频振幅）下，用户可以在显示音频频率（低音到高音）的频谱中查看音频。

如果想要使用波形编辑器中的多个剪贴板，则可以选择菜单栏中的"编辑"→"设置当前剪贴板"命令。该命令可用于复制并粘贴最多来自 5 个不同剪贴板的音频。当需要粘贴并反复使用特定的素材时，该命令随时可用。单击"波形"按钮，打开波形编辑器模式，如图 4.2 所示。

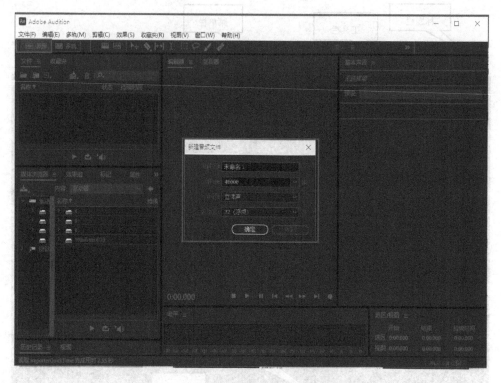

图 4.2　波形编辑器模式

视图切换方法：选择菜单栏中的"视图"→"波形编辑器"命令。

（2）多轨编辑器。

在多轨编辑器模式中，用户可以混音多个音频轨道以创建分层的声道和制作具有创意的音乐，还可以录音和混音无限多个轨道，每个轨道可以包含需要的剪辑，唯一的限制是硬盘空间和处理功能。在对混合感到满意时，用户可以导出供 CD 和 Web 等使用的混音文件。

多轨编辑器是一个极其灵活、实时的编辑环境，因此用户可以在播放期间和在听到结果后立即更改设置。例如，在收听会话时，用户可以调整轨道音量以便正确地将轨道混合在一起。所做的任何更改都是暂时的或非破坏性的。如果某个混合不再适合，则只需重新混合原始文件，自由应用并移除效果以便创建不同的音质，如图 4.3 所示。

Adobe Audition 会将有关源文件和混合设置方面的信息保存在会话（.sesx）文件中。会话文件的体积相对较小，因为它仅包含源文件的路径名和混音参数的参考（如音量、声像和效果设置）。如果想要更轻松地管理会话文件，则可以把会话文件保存在带有要参考的源文件的唯一文件夹中。如果稍后需要将该会话移动到其他计算机中，则只需移动唯一的会话文件夹。

视图切换方法：选择菜单栏中的"视图"→"多轨编辑器"命令。

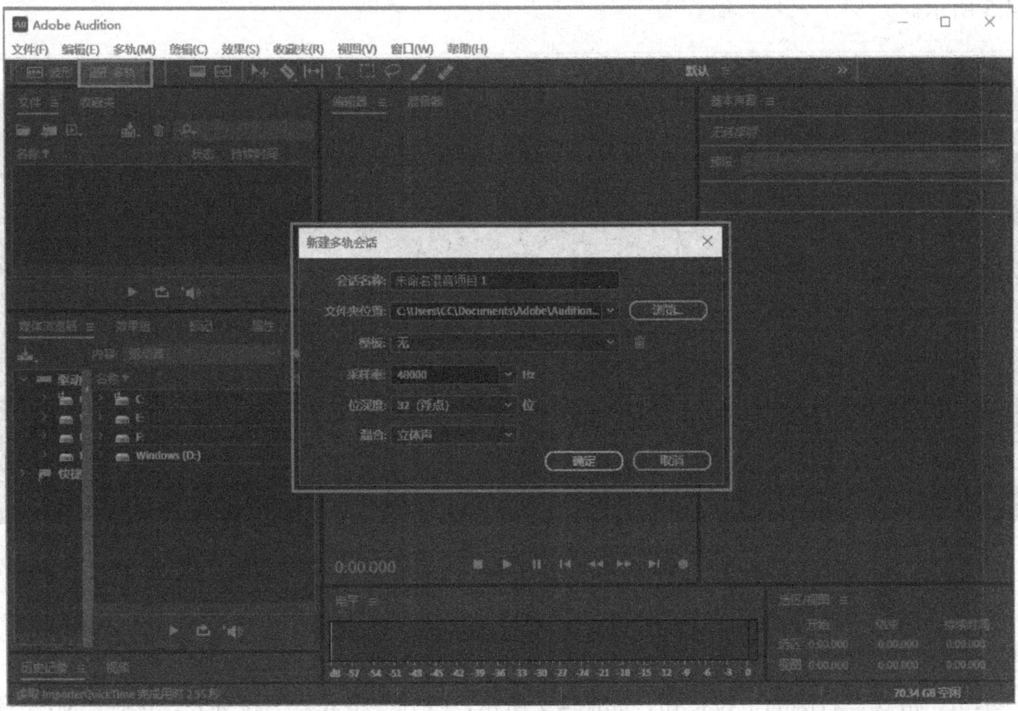

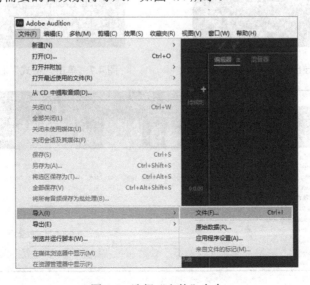

图 4.3　多轨编辑器模式

（3）CD 视图。

CD 视图功能主要适用于与 CD 唱片有关的整体编辑、刻录 CD 等工作。

视图切换方法：选择菜单栏中的"视图"→"CD 编辑器"命令。

下面介绍利用 Adobe Audition 打开、导入音频素材的过程。

打开 Adobe Audition 软件，选择菜单栏中的"文件"→"导入"→"文件"命令，打开"导入文件"对话框，将需要的音频素材导入，如图 4.4 所示。

图 4.4　选择"文件"命令

ффф 多媒体应用技术（第2版）

导入音频素材后，用户可以在工作界面中查看音轨，并进行相应的音频编辑操作，如图 4.5 所示。

图 4.5　在工作界面中查看音轨并进行音频编辑操作

处理完成后，选择菜单栏中的"文件"→"导出"→"文件"命令，打开"导出文件"对话框，如图 4.6 所示。

单击"格式"右侧的下拉按钮，如图 4.7 所示，打开"格式"下拉列表，选择"MP3 音频（*.MP3）"选项，这样导出的文件为 MP3 格式，如图 4.8 所示。

图 4.6　"导出文件"对话框

图 4.7　单击"格式"右侧的下拉按钮

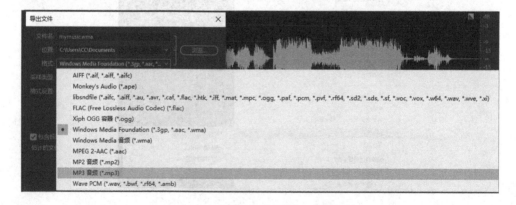

图 4.8　选择导出文件为 MP3 格式

设置完成后，单击"确定"按钮，即可导出音频，如图 4.9 所示。

图 4.9　单击"确定"按钮

4．主面板

主面板是进行各种编辑和处理时应用的区域，包含库面板和轨道区。

（1）库面板。

库面板位于主面板区域的左侧，包括"文件"面板、"效果"面板和"收藏夹"面板，其功能如下。

- "文件"面板：在该面板中，用户可以打开或导入各种文件，以便对文件进行管理与访问。
- "效果"面板：该面板列出了 Adobe Audition 中所有可利用的声音特效，以便用户快速选择，并为波形或音轨添加声音特效。
- "收藏夹"面板：该面板为用户提供了默认的效果或工具，也可以对用户经常使用的效果或工具进行收藏。

（2）轨道区。

轨道区是进行音频波形显示、编辑和处理工作时的主要区域。

5．关于工作区

Adobe Audition 视频和音频应用程序提供了一个统一且可自定义的工作区。虽然每个应用程序各有自己的一套面板（如项目、元数据和时间轴），但仍可以采用相同的方式跨产品移动或分组面板。

程序的主窗口是应用程序窗口。在此窗口中，面板被组合成工作区的布局。默认工作区包含面板组和独立面板。

用户可以自定义工作空间，将面板布置为最适合工作风格的布局。当重新排列面板时，其他面板会自动调整大小以适应窗口；还可以为不同的任务创建并保存多个自定义工作区。例如，一个用于编辑，另一个用于预览。

注意：用户可以使用浮动窗口来创建类似于 Adobe 应用程序早期版本的工作区，或者将面板置于多个监视器之上，如图 4.10 所示。

6．状态栏

状态栏中会显示一些关于工程的状态信息，如采样率、当前占用空间及剩余空间等。在状态栏中右击，在弹出的快捷菜单中选择"光标下的数据"命令，即可启用光标下显示数据功能。状态栏上的"可用空间"和"可用空间（时间）"显示随着在多轨视图中进行记录而实时更新的信息。

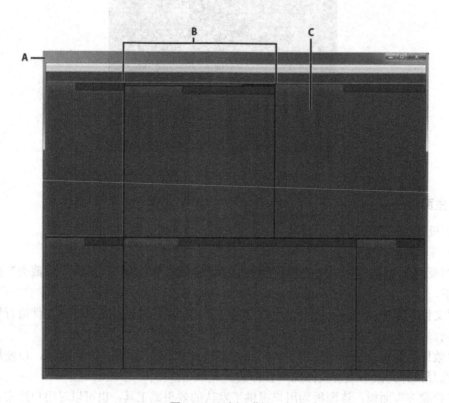

图 4.10　示例工作区

（A. 应用程序窗口，B. 分组的面板，C. 单个面板）

4.1.3　Adobe Audition 的简单操作

1. 创建新的空白音频文件

新的空白音频文件非常适合录制新音频或合并粘贴的音频。

（1）选择菜单栏中的"文件"→"新建"→"音频文件"命令。

注意：如果想要通过已打开文件中的选定音频创建文件，则可以选择菜单栏中的"编辑"→"复制为新文件"命令。

（2）打开"新建音频文件"对话框，输入文件名，并设置以下选项。

- 采样率：确定文件的频率范围。为了重现给定频率，采样率必须至少是该频率的 2 倍。
- 声道：确定波形是单声道、立体声还是 5.1 环绕声。Adobe Audition 会保存使用过的最后 5 种自定义音频通道布局，以便用户快速访问。
- 位深度：确定文件的振幅范围。32 位色阶可在 Adobe Audition 中提供最大的处理灵活性。然而，为了与常见的应用程序兼容，可以在编辑完成后转换为较低的位深度。

注意：对于只有语音的录制内容，"单声道"选项是一个不错的选择，这样处理速度更快，生成的文件体积更小。

（3）设置完成后，单击"确定"按钮，如图 4.11 所示，新建音频文件，且显示在"文件"面板中。

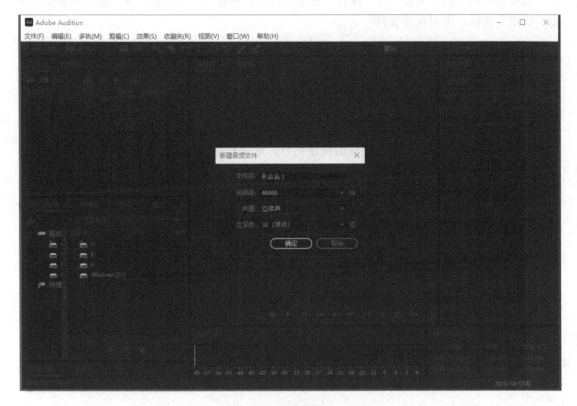

图 4.11　"新建音频文件"对话框

注意：

- 小于 22050Hz 的采样率保真度过低，通常适用于讲话、听写、玩具等。
- 22050Hz 是游戏和低解析度数字音频的常用选择。
- 32000Hz 通常用于广播和卫星传输。
- 44100Hz 与 CD 使用的采样率一致，是应用最普遍的音频采样率。
- 48000Hz 是视频项目的标准选择；大于 48000Hz 采样率的应用更加普遍。在一般情况下，工作室使用 88200Hz 或 96000Hz 的采样率以获得音质提升或高保真度。然而在高频率的采样率之间并没有太大的区别，而且会占用更多的存储空间，一个 1 分钟时长、96000Hz 文件占用的存储空间是 48000Hz 文件所占存储空间的 2 倍。

注意：在录制音频时，用户可以在"新建音频文件"对话框的"声道"下拉列表中选择需要的声道数，如单声道、立体声等。

- 单声道：适用于麦克风或电吉他的声音录制。
- 立体声：适用于便携式音乐播放器或其他立体声信号源。

2. 打开文件

选择菜单栏中的"文件"→"打开"命令，打开"打开文件"对话框，在该对话框中选择打开音频文件位置和文件名，单击"打开"按钮，即可打开文件。

3．保存文件

选择菜单栏中的"文件"→"保存"命令，打开"另存为"对话框，并设置相应参数，单击"确定"按钮，即可保存文件。

4．关闭文件

选择菜单栏中的"文件"→"关闭"命令，即可关闭正在编辑的文件。

5．音频文件播放控制

打开音频文件后，就可以对其进行播放。播放控制按钮如图 4.12 所示。在"播放""循环播放"等按钮上右击，可以弹出相应的快捷菜单，选择相应命令可以设置其对应的功能。

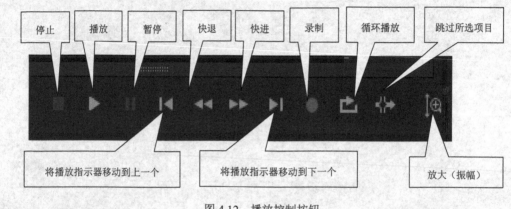

图 4.12　播放控制按钮

4.2　录制音频文件

用户可以在两种状态下录制音频文件：一种是在波形编辑器模式下进行单轨录音，另一种是在多轨编辑器模式下进行多轨录音。

用户既可以在波形编辑器中录制音频，又可以录制来自麦克风或任何设备中的音频。在录制之前，需要调整输入信号以优化信噪比。如果在多轨编辑器中直接录制，则 Adobe Audition 会自动将每个录制的音频直接保存为 WAV 文件。直接录制为 WAV 文件可以快速录制和保存多个剪辑，从而为用户提供极大的灵活性。

4.2.1　在波形编辑器中录制音频

具体操作步骤如下。

（1）将麦克风插入主机箱中的音频端口上。选择菜单栏中的"文件"→"新建"→"音频文件"命令，打开"新建音频文件"对话框。

（2）在打开的"新建音频文件"对话框中，可以设置"文件名"、"采样率"、"声道"和"位深度"选项。在"文件名"文本框中输入"cc001"，在"采样率"下拉列表中选择"48000Hz"，在"声道"下拉列表中选择"单声道"选项，在"位深度"下拉列表中选择"24 位"选项，设置完成后，单击"确定"按钮即可。

（3）在录音时，如果电平表不在工作区，则可以选择菜单栏中的"窗口"→"电平表"命令，打开"电平表"面板来查看电平值。为了使用户可以随时查看电平值的情况，通常将"电平表"面板放置在工作区底部。

（4）单击"编辑器"面板中的"录制"按钮开始录音。此时对着麦克风说话，就可以在波形编辑器中看到实时的波形，在电平表中看到当前输入的信号电平。

（5）可以按照计划内容进行录制，如唱一首歌或朗诵一篇作文。

（6）单击"暂停"按钮可暂停录制，再次单击"暂停"按钮或单击"录制"按钮可继续录制。

（7）单击"停止"按钮可停止录制。录制得到的波形将被自动全部选中。

（8）先单击"波形编辑器"时间轴的某一处，再单击"录制"按钮，此时新录制的音频将把该时刻往后的之前录制的音频覆盖。此方法可以用在某处朗诵出错时，单击出错部分的开始处并重新录制即可。

（9）保存文件，关闭项目。

4.2.2　在多轨编辑器中录制音频

1．在多轨编辑器中直接录制为文件

录制完成后，用户可以编辑文件以便制成完善的最终混音。例如，如果创建了吉他独奏的多个剪辑，可以将每个独奏的最佳部分组合在一起；也可以将一个版本的独奏用于视频音轨，将另一个版本用于音频 CD。

2．在多轨编辑器中录制音频

在多轨编辑器中，用户可以通过加录将音频录制到多个音轨上。当加录音轨时，先试听之前录制的音轨，再参与其中以创建复杂、分层的合成音轨。每个录音都会成为音轨上的新音频。

（1）在"编辑器"面板的输入/输出区域中，单击音轨的"输入"按钮，从菜单中选择音源。需要注意的是，如果想要更改可用输入，则可以选择"音频硬件"选项，单击"设置"按钮。

（2）单击音轨的"录制准备"按钮 R 。

音轨电平表显示输入，帮助优化电平（如果想要禁用此默认行为并仅在录制时显示电平，则可以在多轨首选项中取消选择"在准备录制时激活输入表"选项）。

如图 4.13 所示，音频轨道上有 3 个字母按钮："M"、"S"和"R"。"M"按钮表示静音，单击"M"按钮启用静音功能，按钮呈绿色状态，此时这个轨道是没有声音的。再次单击"M"按钮，关闭静音功能。"S"按钮表示独奏，单击"S"按钮启用独奏功能，按钮呈橘色状态，此时只有该轨道能播放声音。如果有多轨道音频，只想选择某个轨道播放，则需要单击"S"按钮，轨道上呈绿色状态，其余的轨道呈灰色状态。"R"按钮表示录制，单击"R"按钮启用录音功能，按钮呈红色状态，此时可以开始录音。再次单击"R"按钮，恢复到原来的状态。

（3）如果想要听到任何音轨效果，则可以单击"监视输入"按钮 I 。如果想要在多个音轨上同时录音，则重复步骤 1～3。

（4）在"编辑器"面板中，将当前时间指示器 置于所需的起始点，或者作为新剪辑选择范围。在"编辑器"面板的底部，单击"录制"按钮开始录制。

多轨录音是指利用音频软件，同时在多个音轨中录制不同的音频信号，并通过混合获得一个完整的作品。多轨录音还可以将先录制好的一部分音频保存在一些音轨中，再进行其他声音或剩余部分的录制，最终将它们混合制作成一个完整的波形文件。

（1）选择菜单栏中的"文件"→"新建"→"多轨会话"命令，或者单击工作界面左上方

的"多轨"按钮，即可打开"新建多轨会话"对话框，在该对话框中可以设置会话名称、文件夹位置、模板、采样率、位深度和混合形式。

（2）输入会话名称为"cc002"，将文件夹位置定位到"E:1AU Lesson"中，设置完成后，单击"确定"按钮，如图4.14所示。

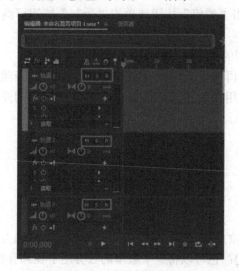

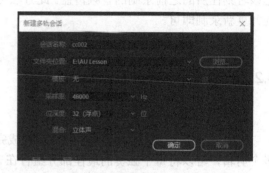

图4.13　音频轨道　　　　　　　　　　图4.14　"新建多轨会话"对话框

（3）单击"输入/输出"按钮（"多轨编辑器"工具栏左上方的箭头按钮），如图4.15所示。

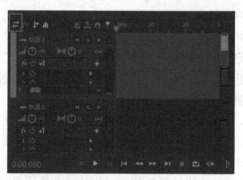

图4.15　单击"输入/输出"按钮

（4）每一个音轨都有一个"输入"字段，在它的左侧有一个指向输入字段的箭头，默认为"无"。将"音轨1"从"输入"字段的下拉菜单中选择信号源的接口作为输入，音轨可以是单声道也可以是立体声。

（5）一旦选择"输入"后，音轨的"R"按钮将变为"录制准备"状态，表示可以录制了。单击"R"按钮，它将变成红色，此时对着麦克风说话或播放信号源，音轨的仪表将显示输入信号的电平。

（6）单击"编辑器"面板中的"录制"按钮开始录制。录制的音源至少为15～20秒。与在"波形编辑器"中录制一样，用户可以通过单击"暂停"按钮暂停、重启录制，单击"停止"按钮完成录制，如图4.16所示。

（7）将播放指示器置于文件中约5秒的位置。单击"录制"按钮，录制约10秒后，单击"停止"按钮。

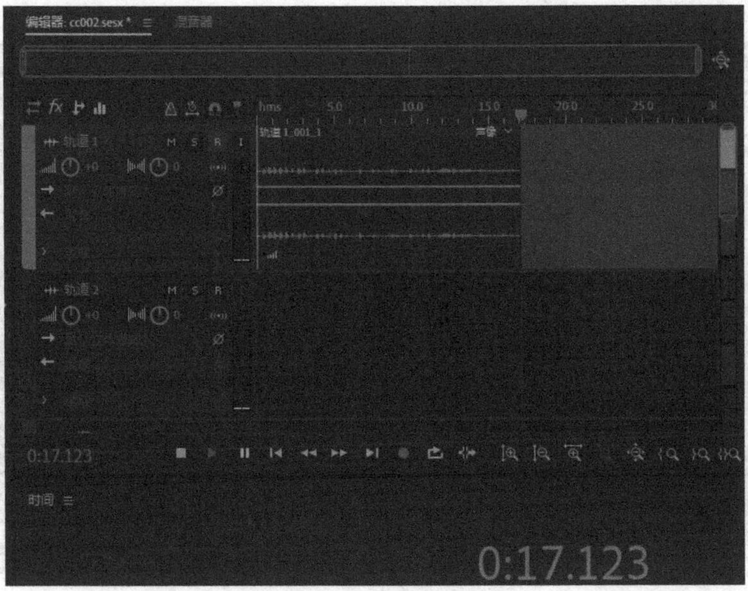

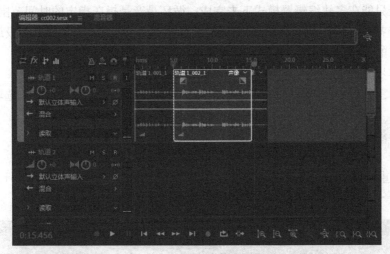

图 4.16　录制音频

（8）单击音轨中刚才录制完成的部分，此时在之前录制的音轨上会出现一个单独的图层，单击该图层可向左或向右拖动，也可以将它拖动到另一个音轨上，如图 4.17 所示。

图 4.17　录制不同音频

（9）Adobe Audition 中的音频文件可以在多轨编辑器和波形编辑器之间进行切换。如果想要在波形编辑器中打开多轨编辑器中的音频文件，则切换到多轨编辑器，选择菜单栏中的"剪辑"→"编辑源文件"命令。

（10）如果想要将文件移动到多轨编辑器中之前文件所在的位置，则单击 Adobe Audition 工作界面左上方的"多轨"按钮即可。

（11）如果想要将文件移动到会话中的其他部分或另一个会话中，则右击该文件，在弹出的快捷菜单中选择"插入到多轨混音中"选项，然后选择其中的"新建多轨会话"命令，打开"新建多轨会话"对话框，设置相应选项后即可新建一个项目，且音频已经被插入多轨编辑器的音轨上，如图 4.18 所示。

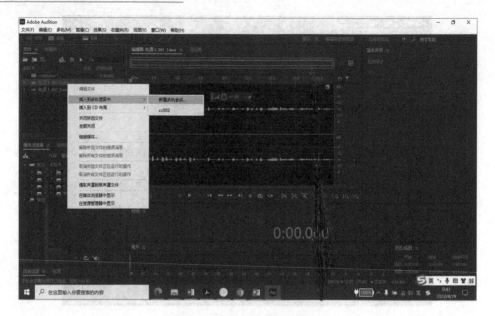

图 4.18　将文件移动到会话中

4.2.3　循环录音

循环录音只能在多轨编辑器模式下来完成。循环录音是指在指定的时间范围内重复录音，并且每次录音都将自动创建一个独立的音频文件。最后用户可以从中找出一段最为满意的音频，替代原来的音频。

具体操作步骤如下。

（1）选择工具栏中的"时间选择工具"，按下鼠标左键并拖动鼠标指针，选取一段要循环录音的区域。

（2）选择录音轨道并单击"R"按钮。

（3）单击"编辑器"面板中的"录制"按钮，开始录音。

（4）可以重复以上步骤进行多次录音，这样系统不断重复在选定的区域进行录音。每次录音后都会产生一个新的录音片段并将其添加到文件列表中，如图 4.19 所示。

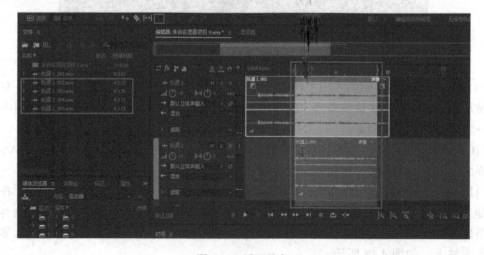

图 4.19　循环录音

（5）录制的所有音频片段都重叠在一个音轨上，使用"时间选择工具"，在音轨中单击以取消当前所选的时间段。选择工具栏中的"移动工具"，将循环录制的音频垂直拖放到其他轨道上再进行比较。

（6）单击"编辑器"面板中的"循环播放"按钮，分别单击每个轨道中的"S"按钮（"独奏"按钮），试听并选出满意的录音文件。

4.2.4　穿插录音

穿插录音用于在已有的文件中重新插入新录制的音频片段。穿插录音要求在多轨编辑器模式下进行操作。

（1）选择工具栏中的"时间选择工具"，选取一段要补录的录音区域。

（2）单击所选轨道的"录音备用"按钮自动处于激活状态。

（3）单击"编辑器"面板中的"录制"按钮开始录音，单击"插入"按钮，当光标经过选区时录音操作开始，当光标离开选区时录音操作结束。

4.3　波形编辑器中音频文件的编辑

4.3.1　基本操作

在波形编辑器中进行任何操作前，用户都要先选择需要处理的区域，再进行操作；否则认为对整个音频文件进行操作。

1．选择波形

方法 1：要选择波形的可视范围，需在"编辑器"面板中双击。

方法 2：要选择所有波形，需在"编辑器"面板中单击 3 次。

2．选取声道

在默认情况下，Adobe Audition 会将选择项和编辑应用到立体声或环绕声波形的所有声道中。然而，用户可以轻松地选择和编辑特定声道。

在"编辑器"面板的右侧，单击振幅标尺中的"声道"按钮即可选取声道。对于立体声文件，单击"左声道"按钮 L 或"右声道"按钮 R 即可选取声道。

注意：如果想要通过拖动鼠标指针来选择一个立体声声道，则可以选择菜单栏中的"编辑"→"首选项"命令，打开"首选项"对话框，选择"常规"选项，勾选"允许上下文相关的声道编辑"复选框。

（1）选择声道文件中的波形。

① 选择单声道文件中的波形。

方法 1：使用键盘选择一段波形。

● 先在开始时间处单击，再按住 Shift 键+左/右方向键进行选择。

● 先在开始时间处单击，再按住 Shift 键+拖动鼠标指针进行选择或调整选区的大小。

方法 2：使用鼠标指针选择一段波形。

● 在开始时间处拖动鼠标指针，直到结束点释放鼠标左键。

● 可以在"选取区域边界调整点"的左右边界上拖动鼠标指针来调整选区的大小。

方法 3：使用时间精确定位。

- 在"选择/查看"面板中输入准确的开始时间和结束时间，在空白处单击或按 Enter 键完成选择。
- 在"选择/查看"面板中输入准确的时间长度，在空白处单击或按 Enter 键完成选择。

② 选择立体声文件中的两个声道：L 为左声道，R 为右声道。

方法 1：使用鼠标指针选择一段波形。

注意：在拖曳鼠标指针过程中，鼠标指针的位置要保持在两个波形之间，才能同时选中左/右两个声道中的波形。

方法 2：使用键盘或时间精确定位。此方法与单声道波形的选择操作相似。

③ 选择立体声文件中的一个声道。

方法 1：使用鼠标指针选择一段波形。

注意：如果想要选择左声道中的某段波形，则在拖曳鼠标指针过程中要保持在偏上方，此时鼠标指针处显示字母"L"，并且只有左声道的选区区域呈现高亮效果，右声道显示为灰色；相反，如果想要选择右声道中的某段波形，则在拖曳鼠标指针过程中要保持在偏下方，此时鼠标指针处显示字母"R"，并且只有右声道的选区区域呈现高亮效果，左声道显示为灰色。

方法 2：使用快捷键控制。

按向上方向键，可以选择左声道；按向下方向键，可以选择右声道；按住 Shift+左/右方向键可以选择波形。

④ 选择全部波形。

方法 1：使用鼠标指针拖动的方法，从头至尾选择全部波形。

方法 2：使用快捷菜单。在波形上右击，在弹出的快捷菜单中选择"全选"选项可以选择全部波形。

方法 3：使用快捷键 Ctrl+A 可以选择全部波形。

方法 4：在波形文件上双击可以选择全部波形。

方法 5：在某处单击，不选择任何区域，系统默认编辑全部波形。

（2）删除声道文件中的波形。

先选中要删除的区域，再选择菜单栏中的"编辑"→"删除"命令，或者直接按 Delete 键即可删除当前被选中的音频片段，这时后面的波形自动前移。

（3）裁减声道文件中的波形。

先选中要保留的区域，再选择菜单栏中的"编辑"→"裁减"命令，即可删除文件开头和结尾部分不想要的音频。

（4）剪切声道文件中的波形。

先选中要操作的区域，再选择菜单栏中的"编辑"→"剪切"命令，即可将当前被选中的片段从音频中移除并将其放置到内部剪贴板上。

（5）复制声道文件中的波形。

先选中要操作的区域，再选择菜单栏中的"编辑"→"复制"命令，即可将选区复制到内部剪贴板上；也可以使用快捷键 Ctrl+C、工具栏中的"复制"按钮来完成复制操作。

（6）粘贴音频波形。

先在音频波形中确定插入点，再选择菜单栏中的"编辑"→"粘贴"命令，即可将内部剪贴板上的数据插入当前插入点位置；也可以使用快捷键 Ctrl+V、工具栏中的"粘贴"按钮来完成粘贴操作。

（7）粘贴到新文件。

选择菜单栏中的"编辑"→"粘贴到新的"命令，即可插入剪贴板中的波形数据并创建一个新文件。

Adobe Audition 提供了 5 个内部剪贴板、一个 Windows 剪贴板。如果想要在多个声音文件之间传送数据，则可以使用 5 个内部剪贴板；如果想要在外部程序交换数据，则可以使用 Windows 剪贴板。当前只有一个剪贴板时，选定当前剪贴板的方法为：选择菜单栏中的"编辑"→"剪贴板设置"命令。

（8）混合式粘贴。

"混合式粘贴"命令可用于将剪贴板中的音频数据与当前波形混合在一起。

① 在"编辑器"面板中，将当前时间指示器放置在要开始混合音频数据的位置，或者选中要替换的音频数据。

② 选择菜单栏中的"编辑"→"混合式粘贴"命令。

③ 打开"混合式粘贴"对话框，设置以下选项，单击"确定"按钮，如图 4.20 所示。

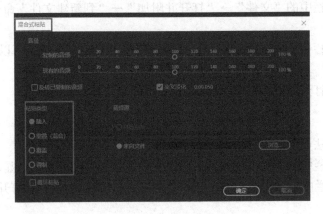

图 4.20　"混合式粘贴"对话框

"混合式粘贴"对话框中的选项说明如下。

- 复制的音频：调整复制的音频的百分比音量。
- 现有的音频：调整现有的音频的百分比音量。
- 反转已复制的音频：如果现有音频包含类似的内容，则反转所复制音频的相位，从而扩大或减少相位取消。
- 交叉淡化：将交叉淡化应用到所粘贴的音频的开头和结尾，从而使音频产生更平稳过渡的效果。指定淡出长度（以毫秒为单位）。
- 粘贴类型：指定粘贴类型，其选项说明如下。
  - 插入：在当前位置或所选内容处插入音频。Adobe Audition 在光标位置插入音频，将任何现有数据移动到已插入素材的末尾。
  - 重叠（混合）：在所选的音量级别将音频与电流波形混合。如果音频波形比电流波形长，则可以延长电流波形以符合粘贴的音频。
  - 覆盖：从光标位置开始将音频配到原带上，并用音频持续时间替换之后的现有素材。例如，当粘贴 5 秒的素材时，将替换光标之后的前 5 秒音频。

■ 调制：调制音频与电流波形以生成有趣的效果。其效果类似于"重叠（混合）"单选按钮的效果，只不过两个波形的值逐个样本彼此相乘而非添加。

● 音频源：指定音频的来源，其选项说明如下。

■ 自剪贴板：粘贴来自内部剪贴板的音频数据。

■ 来自文件：粘贴来自文件的音频数据。

■ 浏览：导航到文件。

● 循环粘贴：将音频数据粘贴指定次数。如果音频比当前所选内容长，则自动延长当前所选内容。

4.3.2　波形编辑器中音频文件管理

1．打开文件

打开文件的方法如下。

（1）选择菜单栏中的"文件"→"打开"命令，打开"打开文件"对话框，选择打开音频文件位置和文件名，单击"打开"按钮。

（2）选择菜单栏中的"文件"→"打开并附加"→"到新建文件"命令或"到当前文件"命令。

（3）选择菜单栏中的"文件"→"打开最近使用的文件"命令，可以打开最近编辑过的文件。

（4）如果想要打开当前选中的音频文件，则直接双击该文件即可。

2．关闭文件

关闭文件的方法如下。

（1）选择菜单栏中的"文件"→"关闭"命令，可以关闭当前波形显示区的文件。

（2）选择菜单栏中的"文件"→"全部关闭"命令，可以关闭所有打开的文件和新建的波形文件。

3．保存文件

保存文件的方法如下。

（1）选择菜单栏中的"文件"→"保存"命令，可以保存文件。当打开的文件被修改之后，会以新内容取代旧内容。

（2）选择菜单栏中的"文件"→"另存为"命令，可以将正在编辑的音频文件以另外一个文件名保存。

（3）选择菜单栏中的"文件"→"将选区保存为"命令，可以将当前文件中选定的部分作为独立文件保存。

（4）选择菜单栏中的"文件"→"全部保存"命令，可以将当前正在编辑的所有文件保存。

4.3.3　波形编辑器中音频文件的效果

Adobe Audition 提供了数量众多、用途广泛的效果。大多数效果都可以在波形编辑器和多轨编辑器中使用，但也有一些效果只适用于波形编辑器。一般，我们可以通过 3 种方法加载效果。只需单击这些效果就会直接应用。

添加效果的方法和步骤如下。

方法 1：选择菜单栏中的"窗口"→"效果组"命令，打开"效果组"面板，可以使用其中的效果。效果组有多个效果，它是应用效果最灵活的方式。

① 选择要应用效果的波形区域，如果不选择，则表示对整个文件应用效果。

② 在"效果"菜单栏中可以选择相应的效果命令，或者双击"效果组"面板中的相应效果按钮，在打开的对话框中进行参数设置，还可以在对话框中预览效果并确定，最后单击"应用"按钮即可。

方法 2：选择"效果"菜单栏中的命令可以添加效果。

在"效果"菜单栏中选择一个单独的效果命令，即可将它应用到被选中的音频上。当需要使用某一种特定效果时，使用这种方法比使用效果组更快捷。"效果"菜单栏中的特殊效果命令"VST"是空的，需要自行添加。用户可以在网络上搜索 VST 插件，并将其安装在 Adobe Audition 中。此外，"效果"菜单栏中提供的部分效果是效果组没有的。

方法 3："收藏夹"面板提供了一个快捷应用效果的方法。如果在使用过程中发现了一个特别有用的效果设置，可以将它保存为收藏预设。这个预设会被添加到"收藏夹"列表中，这样用户就可以通过"收藏夹"面板来灵活调用音频效果。如果选择一个收藏，则预设的效果会瞬间应用到选中的音频上，如图 4.21 所示。

图 4.21　添加音频效果

4.4　多轨编辑器中音频文件的编辑

4.4.1　轨道的添加、删除和移动操作

1．添加轨道

选择菜单栏中的"多轨"→"轨道"命令，在打开的"轨道"子菜单中选择需要插入的轨道的命令即可。如果要添加多个轨道，则可以在菜单栏中选择"多轨"→"轨道"→"添加轨道"命令，打开"添加轨道"对话框，可以输入要添加的轨道数量和通道布局。该软件允许添加总音轨，还可以选择总音轨的通道布局。

2．删除轨道

选中要删除的音轨后右击，在弹出的快捷菜单中选择"删除"命令或直接按 Delete 键即可。如果想要一次性删除所有空轨道，则选择菜单栏中的"多轨"→"轨道"→"删除空轨道"命令。

3．移动轨道

选中需要移动的音轨后，单击工具栏中的"移动工具"，按住鼠标左键将音轨移动到合适位置即可；也可以将鼠标指针放在轨道名称的左侧，在"编辑器"面板中向上或向下拖动鼠标指针；还可以在"混合器"面板中向右或向左拖动鼠标指针。

4.4.2　将音频文件插入多轨编辑器模式下的音轨中

在多轨编辑器模式下将音频文件插入音轨中的常用的方法如下。

（1）选择菜单栏中的"多轨"→"插入文件"命令，打开"导入文件"对话框，选中需要的文件后单击即可将文件导入"文件"面板中。选中文件后右击，在弹出的快捷菜单中选择"插入到多轨混音中"命令，将其插入当前音轨的鼠标指针之后的位置。

（2）直接选中"文件"面板中的文件，按住鼠标左键将其拖放到目标音轨的位置处。

（3）在"媒体浏览器"面板中选择相应的驱动器，选中需要插入的文件后选择"打开文件"按钮。

4.4.3　多轨编辑器中的混音处理

1．在多轨编辑器中为一个音频剪辑添加渐变效果

选择菜单栏中的"剪辑"→"淡入"命令，在打开的子菜单中选择相应的命令；或者选择菜单栏中的"剪辑"→"淡出"命令，在打开的子菜单中选择相应的命令，可以为同一轨道中重叠的音频剪辑设置交叉渐变效果。首先选择菜单栏中的"剪辑"→"启用自动交叉淡化"命令，然后将两个音频剪辑放置到同一个音频轨道上，并使它们有相交的区域，在相交处将自动产生交叉淡化效果。剪辑淡化和交叉淡化控件让用户在视觉上调整淡化曲线和持续时间。淡入和淡出的控件始终显示在剪辑左上角和右上角。仅在重叠剪辑时才会出现交叉淡化的控件，如图 4.22 所示。其中，A 部分是拖动剪辑角中的控件以达到淡入或淡出效果；B 部分是重叠剪辑以达到交叉淡化效果。

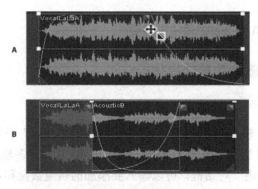

图 4.22　剪辑控件

2．为不同轨道中的音频剪辑添加渐变效果

将两个音频剪辑放置在不同轨道上，上一轨道中音频剪辑的尾部与下一轨道中音频剪辑

的首部有重叠区域。先选中两个音频剪辑的重叠区域，再按住 Ctrl 键将两个音频剪辑同时选中，选择菜单栏中的"剪辑"→"淡化包络穿越选区"命令，在打开的子菜单中还包括"线性"、"正弦"、"对数入"和"对数出" 4 个命令，选择其中一个命令即可。如果选择"线性"命令，则波形上产生了一条绿色细线，该细线可以用于控制对应音频播放时的振幅。

4.4.4　在多轨编辑器模式下为轨道添加音频效果

如果想要在多轨编辑器模式下为轨道添加音频效果，则可以分别在"主面板"、"混音器"面板和"效果组"面板中进行添加。

1．在"主面板"中添加音频效果

单击"主面板"上方的"效果"按钮。

2．在"混音器"面板中添加音频效果

选择菜单栏中的"窗口"→"混音器"命令，打开"混音器"面板，单击"显示或隐藏效果控制器"下拉按钮，选择相应的选项。

3．在"效果组"面板中添加音频效果

先选中要添加音频效果的轨道，再选择菜单栏中的"窗口"→"效果组"命令，打开"效果组"面板，在该面板中，用户可以进行剪辑效果和音轨效果的编辑。

4.5　应用举例

这里以制作一首配音诗朗诵为例，介绍 Adobe Audition 各种基本功能的使用，使用户对音频处理的基本思想、过程和技巧有一个更直观的认识。

（1）准备好制作该音频文件的各种素材，即要录制的诗文内容和一段背景音乐。选择诗文内容《再别康桥》，下载适合诗歌的背景音乐，这里选择"神秘园之歌"作为伴奏音乐。

启动 Adobe Audition 软件，选择多轨编辑器模式，单击工作界面左上角中的"多轨"按钮，打开"新建多轨对话"对话框。设置会话名称为"配音朗诵"，选择文件夹位置，设置采样率和位深度，单击"确定"按钮保存该会话。

（2）在多轨编辑器中，选择第一个音轨作为录音音轨，单击其中的"R"按钮，对照准备好的诗文内容，单击"编辑器"面板底部的"录制"按钮，即可开始录音。录音完成后，单击"停止"按钮。此时录音轨道呈现的是录音完成的诗文波形。

（3）单击"编辑器"面板上的"播放"按钮，试听录音效果，如果不满意，则可以删除已录声波，并进行重新录制。在不需要重录的情况下可以双击该录音轨道，进入单轨编辑状态，对所录声波进行一些基础的编辑或是添加需要的效果。

（4）如果录制声音过大或过小，则可以单击波形左侧对应的该轨道设置区域，向左或向右拖动音量调节按钮来增大或减小音量；或者在"基本声音"面板中通过"音乐"选项来调节音量。

（5）选择菜单栏中的"效果"→"降噪/恢复"命令，在打开的子菜单中选择适当的降噪命令。例如，可以分别在预设中选择"弱降噪"和"强降噪"。

在一般情况下，用户可以使用采样降噪处理。首先选择一段波形区域，然后选择菜单栏中

的"效果"→"降噪/恢复"→"降噪"命令，在打开的"效果-降噪"对话框中根据需要设置参数，或者使用默认参数，单击"应用"按钮，完成降噪处理。

（6）再次播放并试听，用户可以了解各段波形对应的诗文内容，如果有一些杂音或语气词，则可以将其剪切，复制波形前的一段静音区，将其粘贴在诗文的段落间隔处，增加诗文配音中的停顿。

（7）编辑完成后，用户可以根据具体情况为诗文添加混响效果或回音效果，只需要选择菜单栏中的"效果"→"混响"→"混响"命令，或者选择菜单栏中的"效果"→"延迟与回声"→"回声"命令，进行适当调整即可。

（8）当录音文件编辑好后，单击工作界面中的"多轨"按钮，重新返回多轨编辑器模式。将准备好的背景音乐拖入第二个音轨中，按住鼠标右键将其移动到适当位置，然后选择背景多余的音乐后右击，在弹出的快捷菜单中选择"删除"命令即可。

（9）对背景音乐可以做淡入和淡出处理，使两段声音融合得更加自然。淡入和淡出的控件始终显示在剪辑左上角和右上角。选择第二个音轨上的波形，利用鼠标指针分别拖动其左上角和右上角的控件，拖动鼠标指针时会显示淡入和淡出线性值。试听效果，调整控件的位置直到满意为止，也可以单击音轨2上的"S"按钮，单独欣赏音乐的淡入和淡出效果。

（10）再次聆听混合效果，调整音轨1和音轨2中的音量。选择菜单栏中的"文件"→"导出"→"会话"命令，保存当前会话。

（11）在完成混合会话之后，用户可以采用各种常见的格式导出全部或部分会话。在导出会话文件时，所产生的文件会反映混合音轨的当前音量、声像和效果设置。选择菜单栏中的"文件"→"导出"→"多轨混音"→"时间选区"命令或"整个会话"命令或"所选剪辑"命令。或者选择菜单栏中的"文件"→"导出"→"会话"命令，打开"导出混音项目"对话框，在其中选择保存位置、保存格式和文件名等，单击"确定"按钮。这样就制作完成一段配音诗朗诵文件。

习题 4

一、填空题

1．Adobe Audition 是一款功能强大的数字_____软件。

2．_____模式中提供了声波的直观表示形式。

3．在_____模式中，用户可以混音多个音频轨道以创建分层的声道和制作具有创意的音乐。

4．Adobe Audition 会将有关源文件和混合设置方面的信息保存在_____中。

5．主面板是进行各种编辑和处理时应用的区域，包含_____和轨道区。

6．_____会显示一些关于工程的状态信息，如采样率、当前占用空间及剩余空间等。

7．新的_____最适合录制新音频或合并粘贴的音频。

8．用户可以在两种状态下录制音频文件：一种是在_____模式下进行单轨录音，另一种是在多轨编辑器模式下进行多轨录音。

9．如果在多轨编辑器中录制音频，则 Adobe Audition 自动将每个录制的音频直接保存为_____文件。

10．循环录音只能在_____模式下来完成。

11．_____命令可用于将剪贴板中的音频数据与当前波形混合在一起。

二、选择题

1．下列软件产品中专门用于音频信息处理的工具软件是（　　　）。

　　A．3ds Max　　　　　　　　　　B．Adobe Photoshop

　　C．Audition　　　　　　　　　　D．Adobe Authorware

2．在 Adobe Audition 中，如果只对双声道其中某一个声道进行删除操作，则另一个声道的对应波形（　　　）。

　　A．也被删除　　　B．变成静音　　　C．不受影响　　　D．以上选项都不正确

3．当使用 Adobe Audition 进行录音采样时，可以在（　　　）模式下进行。

　　A．单轨编辑　　　B．多轨混录　　　C．CD 编辑　　　D．视频编辑

4．在 Adobe Audition 中，静音处理通常用于去除语音之间的噪声、音乐首尾的噪声，与删除声音片段不同的是（　　　）。

　　A．去除噪声部分后，时间长度缩短

　　B．变成静音的编辑区域仍然存在，时间长度缩短

　　C．变成静音的编辑区域仍然存在，时间长度不变

　　D．噪声部分变成静音，时间长度增加

5．在 Adobe Audition 中，如果想要删除音频文件中某段选取好的波形编辑区，则可以进行的操作是（　　　）。

　　A．将光标指向选定区域并右击，在弹出的快捷菜单中选择"静音"命令

　　B．按 Delete 键

　　C．将光标指向选定区域并按住鼠标左键，拖动鼠标指针将光标移出要删除的编辑区域

　　D．选择菜单栏中的"编辑"→"删除"命令

6．在单轨编辑模式下，打开音频文件后波形下方的"时间"面板将显示音频文件的（　　　）。

　　A．总时间长度　　　　　　　　　B．已播放时间长度

　　C．未播放时间长度　　　　　　　D．制作时间

三、简答题

1．简述 Adobe Audition 的基本功能。

2．简述使用 Adobe Audition 进行音频处理的基本过程。

3．简述 Adobe Audition 录制音频的基本方法。

4．在多轨编辑器中，我们能对音频进行哪些基本编辑？

四、操作题

1．制作一首配音诗朗诵短片。

2．哼唱一首歌曲，并进行音频处理，直到自己满意为止。

第 5 章 动画编辑软件 Adobe Animate

计算机动画已渗透到人们生活的方方面面，计算机提供生成的动画是虚拟的世界，画面中的物体并不需要真正去建造。现在仅需在计算机上安装简单易用的动画编辑软件，就可以把自己的独特创意赋予动画，并通过互联网传遍世界。本章主要介绍使用 Adobe Animate 2021 制作矢量动画的基本技巧。

5.1 Adobe Animate 简介

2005 年，Adobe 公司收购了 Macromedia 公司，将其核心产品 Macromedia Flash 更名为 Adobe Flash，并于 2015 年将当时的版本 Adobe Flash CC Professional 升级为 Adobe Animate CC，在支持 Flash SWF 文件的基础上，加入了对 HTML5 的支持，为网页开发者提供了更适用于现有网页应用的音频、图片、视频、动画等创作功能，为用户带来了全新的动画设计创作体验。本章以 Adobe Animate 2021 为例来介绍动画制作的基本技术。

SWF 格式十分适合于 Internet 使用，因为该文件的体积很小。这是因为 SWF 格式的文件大量使用了矢量图形。与位图图形相比，矢量图形占用内存和存储空间要小得多，因为矢量图形是以数学公式而不是大型数据集的形式展示的。位图图形的体积较大，因为图像中的每个像素都需要一个单独的数据进行展示。

安装 Adobe Animate 的系统要求如下。

（1）Windows 操作系统。

- 处理器：Intel Pentium 4、Intel Centrino、Intel Xeon、Intel Core Duo（或兼容处理器）。
- 操作系统：Windows 10 V2004、Windows 10 V20H2 和 Windows 10 V21H1。
- RAM：至少 8GB 内存（建议 16GB）。
- 硬盘空间：4 GB 可用硬盘空间用于安装；在安装过程中需要更多的可用硬盘空间（无法安装在可移动闪存设备上）。
- 显示器分辨率：1024 像素×900 像素（建议 1280 像素×1024 像素）。
- GPU：OpenGL 3.3 或更高版本（建议使用功能级别 12_0 的 DirectX 12）。
- Internet：必须具备网络连接并完成注册才能激活软件、验证订阅及访问在线服务。

（2）macOS 操作系统。

- 处理器：具有 64 位支持的多核 Intel 处理器。
- 操作系统：macOS 10.15（Catalina）、macOS 11.0（Big Sur）、macOS 12（Monterey）版本
- RAM：至少 8GB 内存（建议 16GB）。
- 硬盘空间：4 GB 可用硬盘空间用于安装；在安装过程中需要更多可用硬盘空间（无法安装在使用区分字母大小写的文件系统的卷上，也无法安装在可移动闪存设备上）。

- 显示器分辨率：1024 像素×900 像素（建议 1280 像素×1024 像素）。
- GPU：OpenGL 3.3 或更高版本（建议具备 Metal 支持）。
- Internet：必须具备网络连接并完成注册才能激活软件、验证订阅及访问在线服务。
- 软件：建议使用 QuickTime 10.x 软件。

5.1.1　Adobe Animate 的工作界面

在用 Adobe Animate 创建动画时，用户首先要了解它的工作界面与一些基本的概念，如舞台、时间轴、图层、帧与关键帧等。

1．启动 Adobe Animate

成功安装完 Adobe Animate 2021 后，双击桌面上的 An 图标（见图 5.1），即可启动该软件；或者单击 Windows 左下角的"开始"按钮，选择"Adobe Animate 2021"选项来启动该软件。

当用户第一次启动 Adobe Animate 时，将出现一个主（Home）屏幕，如图 5.2 所示，该主屏幕显示用户可以构建的项目类别及最近打开的项目，也可以在该主屏幕上单击"新建"按钮创建一个新 Animate 文档，或者单击"打开"按钮来加载一个已有的 Animate 文档。

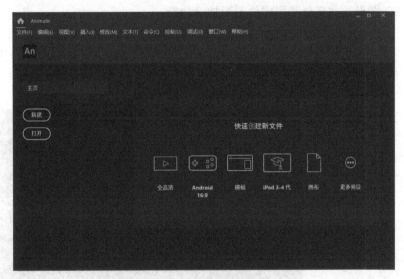

图 5.1　An 图标　　　　　　　　　图 5.2　Adobe Animate 的主屏幕

2．创建和保存文档

在创建文档之前，用户应该确定所创建动画的播放环境，这是因为播放环境决定文档应创建为何种类型。而且，不同类型的文档对 Adobe Animate 内工具的支持也不尽相同，当前文档类型不支持的工具会在工作界面上显示为灰色。Adobe Animate 支持 9 种类型的文档，而这 9 种文档适用于不同的播放环境，而且播放环境决定着动画及其交互性。

以下是常见的 5 种文档类型。

（1）ActionScript 3.0。

用户使用 ActionScript 3.0 可以在桌面浏览器的 Flash Player 中创建具有交互性的动画。这种类型的文档对绘画和动画特性的支持范围最为广泛。

（2）HTML5 Canvas。

用户使用 HTML5 Canvas 可以在 HTML5 和 JavaScript 浏览器中创建动画；还可以在 Adobe Animate 中插入 JavaScript 或将动画添加到最终的发布文件中，从而为动画添加交互性。

（3）AIR for Desktop。

用户可以在 Windows 或 macOS 上创建以应用程序播放的动画，而且不需要浏览器；还可以使用 ActionScript 3.0 在 AIR 文档中为动画添加交互性。

（4）AIR for Android。

用户可以为 Android 移动设备发布一个 App，还可以使用 ActionScript 3.0 在 AIR 文档中为动画添加交互性。

（5）AIR for IOS。

用户可以为 Apple 移动设备发布一个 App，还可以使用 ActionScript 3.0 在 AIR 文档中为动画添加交互性。

除了以上 5 种文档类型，Adobe Animate 还有 VR Panorama（VR 全景）、VR 360、标准 WebGL-glTF、扩展 WebGL-glTF 这 4 种文档类型。通过 VR Panorama（VR 全景）或 VR 360 可以为 Web 浏览器发布一个虚拟现实项目，便于用户全方位查看项目，并且能够为沉浸式环境添加动画或交互性。标准 WebGL-glTF 和扩展 WebGL-glTF 主要用于支持交互式动画素材与 3D 图形，并充分利用硬件图形加速功能。

在了解了文档类型后，现在开始创建新文档并保存这个文档。

① 在图 5.2 的主屏幕上单击"更多预设"按钮或选择菜单栏中的"文件"→"新建"命令，打开"新建文档"对话框，单击"高级"按钮，如图 5.3 所示。

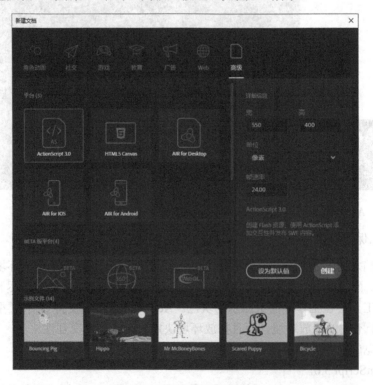

图 5.3 "新建文档"对话框

② 单击"ActionScript 3.0"按钮，在"详细信息"选区中设置"宽"为 800 像素，"高"

为 600 像素，"帧速率"为 2400。

③ 单击"创建"按钮，即可创建新文档。

④ 选择菜单栏中的"文件"→"保存"命令，将文件保存为 FLA 或 XFL 的文档。前者为 Adobe Animate 文档，后者为 Adobe Animate 未压缩文档。如果选择保存为 XFL 文档，则会保存为一系列的文档，并对用户公开，方便用户之间交换素材。

注意：ActionScript 代码允许为文档中的媒体元素添加交互性。例如，可以添加代码，当用户单击某个按钮时此代码会使按钮显示一个新图像；也可以使用 ActionScript 为应用程序添加逻辑。逻辑使应用程序能够根据用户操作或其他情况表现出不同的行为。

3．工作界面

Adobe Animate 的工作界面如图 5.4 所示。

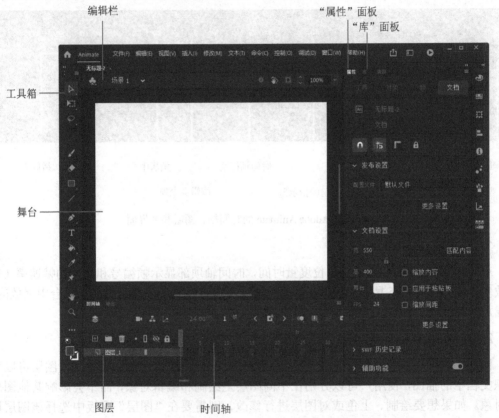

图 5.4　Adobe Animate 的工作界面

Adobe Animate 工作界面主要由舞台、工具箱、时间轴、"属性"面板、"库"面板组成，其功能如下。

（1）舞台。

图形、视频、按钮等在回放过程中都显示在舞台中。

（2）工具箱。

工具箱包含一组常用工具。用户可以使用它们选择舞台中的对象并绘制矢量图形。

（3）时间轴

时间轴用于控制影片中的元素出现在舞台中的时间，也用于指定图形在舞台中的分层顺序，高层图形显示在低层图形上方。

（4）"属性"面板。

"属性"面板用于显示有关任何选定对象的可编辑信息。

（5）"库"面板。

"库"面板用于存储和组织媒体元素和元件。

5.1.2　Adobe Animate 的时间轴、图层和帧

Adobe Animate 的时间轴、图层和帧界面如图 5.5 所示。时间轴用于组织和控制文档内容在一定时间内播放的图层数和帧数。与胶片一样，Adobe Animate 文档也将时长分为帧。时间轴的主要组件是图层、帧和播放头。

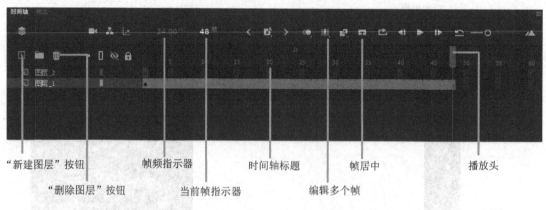

图 5.5　Adobe Animate 的时间轴、图层和帧界面

1．时间轴（Timeline）

Adobe Animate 文档以帧为单位度量时间，时间轴顶部显示帧编号和当前的帧速率（每秒播放多少帧），如图 5.5 所示。播放头（蓝色滑块及竖直线）用于指示当前在舞台中播放的帧。当播放 Adobe Animate 文档时，播放头会在时间轴上从左向右移动。

2．图层（Layer）

图层在时间轴左侧，就像透明的醋酸纤维薄片一样，在舞台上层层叠加。图层可以用于组织文档中的插图，使用户可以分别在不同图层上绘制和编辑对象，而不会影响其他图层上的对象。如果想要绘制、上色或对图层进行修改，则需要在"图层"面板中选择该图层以激活它。

当文档中有多个图层，而用户需要编辑单一图层中的对象时，需要隐藏或锁定其他暂不编辑的图层，以便于编辑。单击图层名称旁边的"眼睛"图标或"挂锁"图标即可开启和关闭图层。

3．帧（Frame）

在时间轴中，不同的帧对应不同的时刻，画面随着时间的推移逐个出现，就形成了动画。动画中帧的数量与播放速度决定了动画的长度。常见的帧类型有以下几种。

（1）关键帧。

在制作动画过程中，在某一时刻需要定义对象的某种新状态，这个时刻对应的帧称为"关

键帧"。关键帧是画面变化的关键时刻，决定了动画的主要动态。关键帧的帧数越多，文件体积就越大。因此对于同样内容的动画，逐帧动画的体积比补间动画的体积大得多。

如图 5.6 所示，关键帧在时间轴上用圆点表示。实心圆点是有内容的关键帧，即实心关键帧。空心圆点是无内容的关键帧，即空心关键帧。每个图层的第 1 帧默认为空心关键帧，使用户可以在上面创建内容。一旦创建了内容，空心关键帧就会变为实心关键帧。

在图 5.6 中的 3 个图层中，"背景"图层和"对象 1"图层分别放置了图片，而"对象 2"图层没有放置内容。

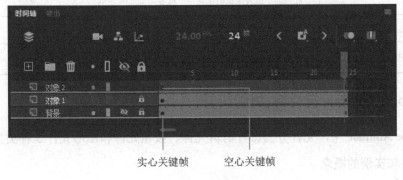

图 5.6　关键帧

（2）普通帧。

普通帧又被称为"静态帧"，在时间轴上显示为一个个矩形单元格。无内容的普通帧显示为空白单元格，而有内容的普通帧显示出一定的颜色。

关键帧后面的普通帧将继承该关键帧的内容。例如，制作动画背景，就是将一个含有背景图案的关键帧的内容沿用到后面的帧上。

（3）过渡帧。

过渡帧实际上也是普通帧。过渡帧中包括许多帧，但其中至少要有两个帧：起始关键帧和结束关键帧。起始关键帧用于决定动画主体在起始位置的状态，而结束关键帧用于决定动画主体在终点位置的状态。

用户利用过渡帧可以制作两类补间动画，即运动补间和形状补间。不同颜色代表不同类型的动画。此外，还有一些箭头、符号和文字等信息用于识别各种帧的类别，用户可以通过表 5.1 的方式区分时间轴上的动画类型。

表 5.1　过渡帧类型

过渡帧形式	说　明
	一段具有蓝色背景的帧表示补间动画。范围内的第 1 帧中的黑点表示补间范围分配有目标对象。黑色菱形表示最后一个帧和任何其他属性关键帧
	第 1 帧中的空心点表示补间动画的目标对象已被删除。补间范围仍包含其属性关键帧，并可应用新的目标对象
	一段具有绿色背景的帧表示反向运动（IK）姿势图层。姿势图层包含 IK 骨架和姿势。每个姿势在时间轴上显示为黑色菱形。Adobe Animate 将在姿势之间的帧中内插骨架的位置
	带有黑色箭头和蓝色背景的起始关键帧处的黑色圆点表示传统补间
	虚线表示传统补间是断开的或不完整的，如丢失最后的关键帧

续表

过渡帧形式	说　明
	带有黑色箭头和淡绿色背景的起始关键帧处的黑色圆点表示补间形状
	单个关键帧用一个黑色圆点表示。单个关键帧后面的浅灰色帧包含无变化的相同内容，在整个范围的最后一帧还有一个空心矩形
a○	如果出现一个小 a，则表示此帧已使用"动作"面板为该帧分配一个帧动作
animation	红色的小旗表示该帧包含一个标签
animation	绿色的双斜杠表示该帧包含注释
animation	金色的锚记表示该帧是一个命名锚记

5.1.3　Adobe Animate 元件和实例

在 Adobe Animate 中，元件分为影片剪辑元件、按钮元件和图形元件 3 种类型。

1．元件和实例的概念

（1）元件的概念。

元件是一些可以重复使用的对象，它们被保存在库中。当想要重复使用一个对象时，如果多次复制该对象并粘贴到文档中来使用，则会占用大量内存，影响性能。因此，为了避免多次重复存储同一个对象，可以将该对象转换为元件。这样用户就可以多次重复使用该元件而不会增加存储空间。

（2）实例的概念。

实例是指位于舞台上或嵌套在另一个元件内的元件副本。实例可以与其父元件在颜色、大小和功能方面有差别。编辑元件会更新它的所有实例，但对元件的一个实例应用效果则只更新该实例。用户使用元件可以使影片的编辑更加容易，同时，利用元件更加容易创建复杂的交互行为。

2．影片剪辑元件

影片剪辑元件（Movie Clip）是一种可重复使用的动画片段，即一个独立的小影片。影片剪辑元件拥有各自独立于主时间轴的多帧时间轴，使用户可以把场景上任何看得到的对象，甚至整个时间轴上的内容创建为一个影片剪辑元件，而且可以将这个影片剪辑元件放置到另一个影片剪辑元件中，还可以将一段动画（如逐帧动画）转换为影片剪辑元件。用户可以在影片剪辑中添加动作脚本来实现交互和复杂的动画操作，还可以通过对影片剪辑添加滤镜或设置混合模式来创建各种复杂的效果。

在影片剪辑中，动画是可以自动循环播放的，也可以用脚本来进行控制。例如，时钟的秒针、分针和时针一直以中心点不动，按一定间隔旋转，如图 5.7 所示。因此，在制作时钟时，应将这些帧创建为影片剪辑元件。

图 5.7　时钟指针旋转

3．按钮元件

按钮用于在动画中实现交互，有时用户也可以使用它来实现某些特殊的动画效果。一个按钮元件有 4 种状态，分别是弹起、指针经过、按下和单击。每种状态可以通过图形或影片剪辑来定义，同时可以为其添加声音。在动画中一旦创建了按钮，用户就可以通过 ActionScript 脚本为其添加交互动作。

4．图形元件

图形元件是一组在动画中或单一帧模式中使用的帧。动画图形元件是与放置该元件的文档的时间轴联系在一起的。相比之下，影片剪辑元件拥有自己独立的时间轴；而动画图形元件则使用与主文档相同的时间轴，所以在文档编辑模式下显示它们的动画。

图形元件既可以用于静态图像，又可以用于创建连接到主时间轴的可重用动画片段。交互式控件和声音在图形元件的动画序列中不起作用。由于没有时间轴，图形元件在 FLA 文件中的尺寸小于按钮或影片剪辑。

5.1.4　Adobe Animate 的基本工作流程

1．基本工作流程

（1）规划文档。决定文档要完成的基本工作。

（2）加入媒体元素。绘制图形、元件与导入媒体元素，如影像、视频、声音与文字。

（3）安排元素。在舞台上和时间轴上安排媒体元素，并定义这些元素在应用程序中出现的时间和方式。

（4）应用特殊效果。套用图像滤镜（如模糊、光晕和斜角）、混合与其他特殊效果。

（5）使用 ActionScript 控制行为。编写 ActionScript 程序代码来控制媒体元素的行为，包含这些元素响应用户互动的方式。

（6）测试及发布应用程序。测试以确认建立的文档是否达成预期目标，以及寻找并修复错误，并将 FLA 文档发布为 SWF 文档，这样才能在网页中显示动画并使用 Flash Player 播放动画。

2．一个简单的动画制作

（1）新建一个 ActionScript 3.0 文档。

（2）设置舞台属性。

在 Adobe Animate 工作界面中选择"属性"选项卡，打开"属性"面板，查看并可重新设置该文档的舞台属性。在默认情况下，舞台大小设置为 550 像素×400 像素（见图 5.8），单击"编辑"按钮可以重新设置舞台大小；将舞台的背景颜色设置为白色，单击色板可更改舞台的背景颜色。

注意：Adobe Animate 影片中舞台的背景色可通过菜单栏中的"修改"→"文档"命令进行设置。当发布影片时，Adobe Animate 会将 HTML 页面的背景色设置为与舞台背景色相同的颜色。

（3）绘制一个圆。

在工具箱中，单击矩形工具组的下拉按钮，在弹出的下拉列表中选择"椭圆"工具，在工作界面右侧"属性"选项卡中的"颜色和样式"选区中单击"笔触"按钮，将笔触颜色设置为"无颜色"，再单击"填充"按钮，选择

图 5.8　舞台属性设置

一种填充颜色（如红色）。

在"椭圆"工具处于选中状态下，按住 Shift 键的同时在舞台上拖动鼠标指针绘制一个正圆，如图 5.9 所示。

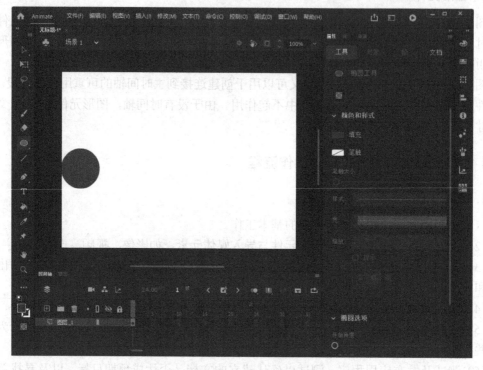

图 5.9　绘制一个正圆

（4）创建元件。

将绘制的圆转换为元件，使其转变为可重用资源。

使用"选择"工具选择舞台上绘制的圆圈，选择菜单栏中的"修改"→"转换为元件"命令（或者按 F8 键），打开"转换为元件"对话框，如图 5.10 所示（也可以将选中的图形拖到"库"面板中，将它转换为元件）。

图 5.10　"转换为元件"对话框

在"转换为元件"对话框中，用户可以为新建的元件命名（如圆），将其类型选择为"影片剪辑"，单击"确定"按钮，系统创建一个影片剪辑元件。此时"库"面板中将显示新元件的定义，舞台上的圆则成为元件的实例。

（5）添加动画。

右击舞台左侧的圆形实例，在弹出的快捷菜单中选择"创建补间动画"命令，时间轴将自动延伸到第 24 帧（见图 5.11）。这表示时间轴可供编辑 1 秒，即帧频率为 24fps。

将圆拖到舞台区右侧。利用此步骤创建补间动画。动画参考线表示第 1 帧与第 24 帧之间的动画路径，如图 5.12 所示。

在时间轴的第 1 帧和第 24 帧之间来回拖动红色的播放头可预览动画，单击"播放"按钮即可播放。

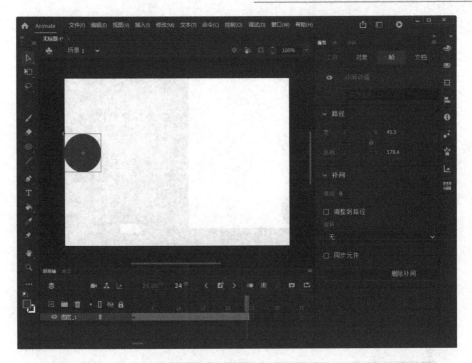

图 5.11　时间轴自动延伸到 24 帧

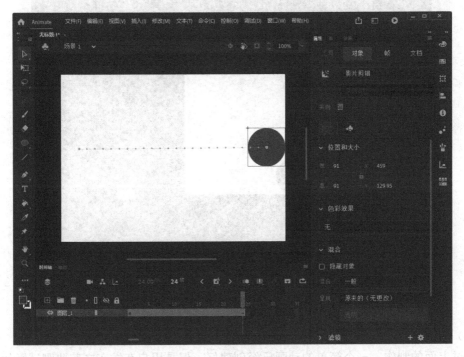

图 5.12　一个 24 帧动画路径

　　首先将播放头拖到第 12 帧，选择菜单栏中的"插入"→"时间轴"→"关键帧"命令，然后将圆移动到舞台下边界的中间位置，从而在动画中间添加方向变化，如图 5.13 所示。

　　使用"选择"工具拖动动画参考线使线条弯曲，如图 5.14 所示。弯曲动画路径将使动画沿着一条曲线运动。

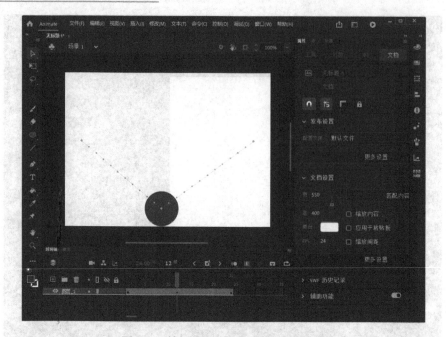

图 5.13　补间动画显示第 12 帧方向更改

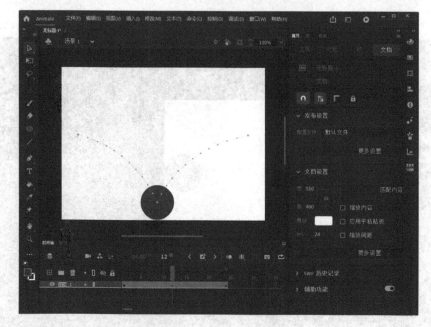

图 5.14　使动画参考线弯曲

（6）测试影片。

经过上面的制作，一个简单的动画已经创建好，但是用户在发布之前要测试影片。方法是：选择菜单栏中的"控制"→"测试影片"命令。

（7）保存文档。

选择菜单栏中的"文件"→"保存"命令，将文档保存为 FLA 文件。

（8）发布。

保存完成后即可发布动画，以便用户通过浏览器查看它。当发布文件时，Adobe Animate

会将动画压缩为 SWF 文件格式，这是放入网页中的格式。"发布"命令可以用于自动生成一个包含正确标签的 HTML 文件。

发布过程如下。

（1）选择菜单栏中的"文件"→"发布设置"命令。

在打开的"发布设置"对话框中，确认勾选"Flash（.swf）"复选框和"HTML 包装器"复选框，单击"确定"按钮。

（2）选择菜单栏中的"文件"→"发布"命令即可。

发布的文件被保存在存放 FLA 文档的文件夹中。用户可以在此文件夹中找到与 FLA 文档同名的 SWF 和 HTML 两个文件，打开 HTML 文件就可以在浏览器中看到制作的动画。

在以上实例中，我们是将 ActionScript 3.0 文档发布到 SWF 并在 Web 浏览器中使用 Flash Player 播放器进行播放的。但是，截止到 2020 年年末，Adobe 公司不再为 Web 浏览器提供 Flash Player 支持。越来越多的浏览器自动阻止 Flash Player，而用户必须手动启用 Flash Player 插件。因此，用户可以先将 ActionScript 3.0 文档转换为 HTML5 Canvas 文档，再将其发布。

具体操作步骤如下。

（1）选择菜单栏中的"文件"→"转换为"→"HTML5 Canvas"命令。

（2）保存转换后的新文件。

（3）选择菜单栏中的"控制"→"测试"命令来测试转换后的内容。

（4）如果选择菜单栏中的"文件"→"发布"命令，则会导出同名的".fla"（Animate 文件）、".html"（HTML 文件）和".js"（JavaScript 文件）这 3 个文件，还会创建一个 images 文件夹来存储 PNG 图像的位图资源。用户可以双击打开 HTML 文件，即可观看发布动画。

如果想要在网络上分享 HTML5 动画，则可以将 HTML 文件、JavaScript 文件和 images 文件夹上传到服务器即可。这样就可以引导观众打开 HTML5 文档，播放动画。

5.2 绘制基本图形

5.2.1 工具箱介绍

Adobe Animate 工具箱提供了多种绘制图形工具和辅助工具，如图 5.15 所示。常用工具说明如下。

- "选择"工具：该工具用于选择、改变对象的形状，移动对象，对路径上的锚点进行选取和编辑。
- "任意变形"工具：使用该工具可以对图形进行旋转、缩放、扭曲、封套变形等操作。
- "套索"工具：这是一种选取工具，使用它可以勾勒任意形状的范围来进行选择。
- "流畅画笔"工具：用于配置线条样式，除了能够配置线条大小、锥度、角度和圆度，还提供稳定器、曲线平滑、速度、压力等选项。
- "画笔"工具：用户可以通过设置笔刷的形状和角度等参数来自定义画笔，通过定制画笔工具来满足绘图需要。
- "线条"工具：该工具用于绘制从起点到终点的直线。
- "矩形"工具：该工具用于快速绘制椭圆、矩形、多角星形等相关几何图形。
- "铅笔"工具：该工具既可以用于绘制伸直的线条，也可以用于绘制一些平滑的自由形状。在进行绘图之前，用户还可以对绘画模式进行设置。

- "钢笔"工具：该工具用于绘制精确的路径（如直线或者平滑流畅的曲线），并可以调整直线段的角度和长度及曲线段的斜率。
- "文本"工具：该工具用于输入文本。
- "颜料桶"工具：该工具用于对封闭的区域、未封闭的区域及闭合形状轮廓中的空隙进行颜色填充。
- "滴管"工具：该工具用于从现有的钢笔线条、画笔描边或填充上获取（或者复制）颜色和风格信息。
- "资源变形"工具：该工具从 Adobe Animate2019 开始引入，可以为 Adobe Animate 中的形状、绘制对象、位图等创建变形节点，从而调节其形状。
- "橡皮擦"工具：该工具用于擦除笔触段或填充区域等工作区中的内容。
- "手形"工具：该工具用于移动舞台。
- "缩放"工具：该工具用于放大、缩小舞台。
- "摄像头"工具：该工具用于模仿虚拟的摄像头移动，在摄像头视图下查看作品。

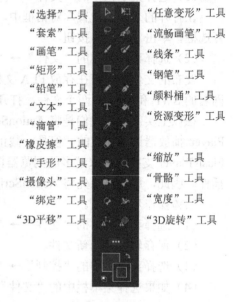

"选择"工具		"任意变形"工具
"套索"工具		"流畅画笔"工具
"画笔"工具		"线条"工具
"矩形"工具		"钢笔"工具
"铅笔"工具		"颜料桶"工具
"文本"工具		"资源变形"工具
"滴管"工具		
"橡皮擦"工具		
"手形"工具		"缩放"工具
"摄像头"工具		"骨骼"工具
"绑定"工具		"宽度"工具
"3D平移"工具		"3D旋转"工具

图 5.15　Adobe Animate 的工具箱

- "骨骼"工具：该工具用于向影片剪辑元件实例、图形元件实例或按钮元件实例添加 IK（反向运动）骨骼。这是一种通过骨骼为对象添加动画效果的方式。骨骼按父级子级关系链接成线性或枝状的骨架。当一个骨骼移动时，与其连接的骨骼也发生相应的移动。
- "绑定"工具：根据预设，形状的节点会连接至最接近的滑块。还可以使用"绑定"工具来编辑个别的滑块与形状节点之间的连接，控制每个滑块移动时如何扭曲，以获得较佳的效果。
- "宽度"工具：该工具用于改变线条中某一部分的宽度，并在不同粗细部分之间形成平滑过渡。
- "3D 平移"工具：该工具用于沿着三维坐标轴平移影片剪辑实例或舞台空间。在 3D 术语中，在 3D 空间中移动一个对象称为"平移"。使用"3D 平移"工具可以使影片剪辑实例沿三维坐标轴移动。如沿 Z 轴移动，可实现更近或更远的效果，还可以在全局 3D 空间或局部 3D 空间中操作对象（全局 3D 空间为舞台空间。全局变形和平移与舞台相关。局部 3D 空间即为影片剪辑空间）。
- "3D 旋转"工具：该工具用于转动 3D 模型，只能对影片剪辑或舞台空间产生作用。

当选择不同的工具时，有的工具的参数修改器会出现在工具栏的下方，此时用户可以对绘制的图形的外形、颜色与其他属性进行微调。对于不同的工具，其参数修改器是不一样的。

5.2.2　基本绘图工具的应用

由于动画都是由基本的图形组成的，因此掌握绘图工具对于制作好的动画至关重要。

1. 同一图层位图图形重叠效果

（1）线条穿过图形。

当绘制的线条穿过其他线条或图形时，它会像刀一样把其他的线条或图形切割成不同的部分，而线条本身也会被其他线条和图形分成若干部分，可以使用鼠标指针将它们分开，如图 5.16 所示。

（a）矩形　　　　　　　　（b）矩形和直线　　　　　　　（c）被分割的各部分

图 5.16　矩形和线条重叠效果

（2）两个图形重叠。

当新绘制的图形与原来的图形重叠时，新的图形将取代下面被覆盖的部分，使用鼠标指针将其分开后，原来被覆盖的部分就会消失，如图 5.17 所示。

图 5.17　圆和正方形重叠效果

（3）图形的边线。

在 Adobe Animate 中，边线是独立的对象，可以被进行单独操作。例如，当绘制圆形或矩形时，在默认情况下就有边线，使用鼠标指针可以把两者分开，如图 5.18 所示。

（a）圆和边线未被分开　　　　　　　　　　　　　（b）圆和边线被分开

图 5.18　圆及其边线

2. "铅笔" 工具的应用

选择"铅笔"工具，在舞台上单击，按住鼠标左键不放，可以在舞台上随意绘制线条。如果想要绘制平滑或伸直线条和形状，可以在工具箱下方的参数修改器中为"铅笔"工具选择一种铅笔模式（伸直、平滑、墨水），还可以在"铅笔"工具"属性"面板中设置不同的线条颜色（笔触颜色）、线条粗细（笔触大小）、线条样式等。

在"伸直"模式下绘制出的线条会自动拉直，并且当绘制封闭图形时，会模拟成三角形、矩形、圆等规则的几何图形。在"平滑"模式下绘制出的线条会自动光滑化，变成平滑的曲线。在"墨水"模式下绘制出的线条比较接近于原始的手绘图形。

图 5.19 所示为使用 3 种模式绘制一座山的效果。

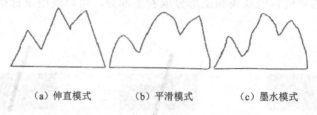

（a）伸直模式　　　　（b）平滑模式　　　　（c）墨水模式

图 5.19　使用 3 种模式绘制一座山的效果

3."线条"工具的应用

选择"线条"工具，在舞台上单击，按住鼠标左键不放并拖动到需要的位置，可以绘制出一条直线，还可以在其"属性"面板中设置不同的线条颜色、线条粗细、线条样式等，其操作方法与使用"铅笔"工具绘制线条的操作方法类似。图 5.20 所示为使用不同属性绘制的一些线条示例。

4."矩形"工具的应用

这个工具比较简单，主要用于绘制椭圆、矩形、多角星形等相关几何图形。例如，选择"椭圆"工具，在舞台上单击，按住鼠标左键不放，向需要的位置拖动鼠标指针，可以绘制出椭圆，还可以在其"属性"面板中设置不同的边框颜色、边框粗细、边框样式和填充颜色。图 5.21 所示为使用不同的边框属性和填充颜色绘制的椭圆示例。

图 5.20　使用不同属性绘制的线条示例　　　图 5.21　使用不同的边框属性和填充颜色绘制的椭圆示例

5."画笔"工具的应用

选择"画笔"工具，在舞台上单击，按住鼠标左键不放，可以随意绘制出笔触。在工具栏的下方还会出现其相应的参数修改器，如画笔模式、使用斜度、使用压力。在"属性"面板中可以设置不同的笔触颜色、大小、样式、宽。图 5.22 所示为在不同的"宽"选项下绘制的图形示例。

图 5.22　在不同的"宽"选项下绘制的图形示例

6."钢笔"工具的应用

"钢笔"工具可以用于精确绘制路径。选择"钢笔"工具，将鼠标指针放置在舞台上想要绘制曲线的起始位置，然后按住鼠标左键不放，此时出现第一个锚点，并且钢笔尖光标变为箭头形状。释放鼠标左键，将鼠标指针放置在想要绘制的第二个锚点的位置处单击，可以绘制出一条直线段。如果在绘制第二个锚点时，按住鼠标左键向其他方向拖动，释放鼠标左键后就可以绘制出曲线，如图 5.23 所示。

图 5.23　绘制曲线的过程

用户可以在使用"钢笔"工具之前，先设置好画笔的各项属性，还可以将设置好的画笔风格应用到钢笔绘制的路径上。

7."任意变形"工具的应用

用户使用"任意变形"工具可以随意地变换图形形状，还可以对选中的图形进行缩放、旋转、倾斜、扭曲、封套、任意变形等操作。如果想要执行变形操作，则要先选择图形，再选择"任意变形"工具，在选定图形的四周将出现一个边框，拖动边框上的节点就可以修改大小，如图 5.24 （b）所示。如果想要旋转图形，则可以将鼠标指针移动到节点的外侧，当出现旋转图标时，就可以进行旋转操作，如图 5.24 （c）所示。如果想要进行其他变形操作，则可以在"任意变形"工具和变形图形都被选定的状态下，在工具箱下方的参数修改器中打开"任意变形"下拉列表，在该下拉列表中进行选择，如图 5.25 所示。

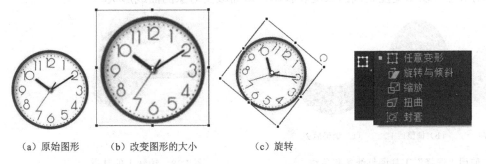

（a）原始图形　　　（b）改变图形的大小　　　（c）旋转

图 5.24　任意变形工具效果　　　　　图 5.25　"任意变形"下拉列表

对于 Adobe Animate 中其他绘图工具的使用和设置，用户可以根据前文介绍的绘图工具的使用方法进行举一反三。

另外，还可以选择"渐变变形"工具，它可以改变所选图形中的填充渐变效果。当图形填充色为线性渐变色时，选择"渐变变形"工具，单击图形，出现 3 个节点和两条平行线，向图形中间拖动方形节点，缩小渐变区域。将光标放置在旋转节点上，拖动旋转节点来改变渐变区域的角度。图 5.26 所示为应用"渐变变形"工具改变渐变效果。

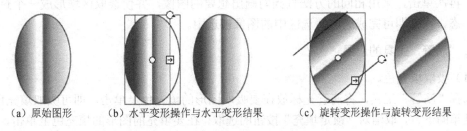

（a）原始图形　　　（b）水平变形操作与水平变形结果　　　（c）旋转变形操作与旋转变形结果

图 5.26　应用"渐变变形"工具改变渐变效果

5.2.3　辅助绘图工具的应用

1．"选择"工具的应用

（1）选择对象。

选择"选择"工具，在舞台中的对象上单击即可选中对象。按住 Shift 键，再单击其他对象，可以同时选中多个对象。在舞台中拖动一个矩形可以框选多个对象。

（2）移动和复制对象。

选择对象，按住鼠标左键不放，直接将对象拖动到任意位置。如果按住 Alt 键，将选中的对象拖动到任意位置，则复制选中的对象。

（3）调整线条和色块。

选择"选择"工具，在对象未被选中的状态下，将光标移至对象轮廓附近，当光标下方出现圆弧时，拖动鼠标指针，对选中的线条和色块进行调整即可，如图 5.27 所示。

2．"部分选取"工具的应用

"部分选取"工具在选择工具组中。单击选择工具组右下角的下拉按钮，在打开的列表中选择"部分选取"工具，并在对象的外边线上单击，对象周围将会出现多个节点，如图 5.28 所示。用户拖动节点可以调整控制线的长度和斜率，从而改变对象的曲线形状。

<table>
<tr><td>（a）调整前</td><td>（b）调整后 1</td><td>（c）调整后 2</td></tr>
</table>

图 5.27　使用"选择"工具调整线条和色块　　　　　　图 5.28　边线上的节点

3．"套索"工具的应用

选择"套索"工具，利用鼠标指针在位图上任意勾选想要的区域，形成一个封闭的选区，释放鼠标左键，选区中的图像被选中。套索工具组中还包括"魔术棒"和"多边形"这两种选取工具。

- "魔术棒"工具：在位图上单击，与单击取点颜色相近的图像区域被选中。
- "多边形"工具：在图像上单击，确定第一个定位点，将鼠标指针移动到下一个定位点，再次单击，采用相同的方法直到勾画出想要的图像，并使选取区域形成一个封闭的状态，双击即可完成选取，选区中的图像被选中。

4．"滴管"工具的应用

（1）吸取填充色。

选择"滴管"工具，将滴管光标放在要吸取图形的填充色上单击，即可吸取填充色样本，在工具箱的下方，取消对"锁定填充"按钮的选取，在要填充的图形的填充色上单击，图形的颜色被吸取色填充。

（2）吸取边框属性。

选择"滴管"工具，将鼠标指针放在要吸取图形的外边框上单击，即可吸取边框样本，在要填充的图形的外边框上单击，边框的颜色和样式被修改。

（3）吸取位图图案。

选择"滴管"工具，将鼠标指针放在位图上单击，吸取图案样本后，在修改的图形上单击，图案将被填充。

5. "橡皮擦"工具的应用

选择"橡皮擦"工具，在图形上想要删除的地方按下鼠标左键并拖动鼠标指针，图形被擦除。可在"属性"面板的"橡皮擦"选项中选择橡皮擦的形状与大小。如果想要获得特殊的擦除效果，系统在工具箱的下方设置了如图 5.29 所示的 5 种擦除模式。图 5.30 所示为应用 5 种擦除模式擦除图形的效果。

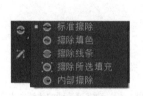

图 5.29　擦除模式　　　　　　图 5.30　应用 5 种擦除模式擦除图形的效果

- 标准擦除：这时"橡皮擦"工具就像普通的橡皮擦一样，将擦除经过的所有线条和填充，只要这些线条或填充位于当前图层中。
- 擦除填色：这时"橡皮擦"工具只能擦除填充色，而保留线条。
- 擦除线条：与擦除填色模式相反，这时"橡皮擦"工具只能擦除线条，而保留填充色。
- 擦除所选填充：这时"橡皮擦"工具只能擦除当前选中的填充色，保留未被选中的填充及所有的线条。
- 内部擦除：这时"橡皮擦"工具只能擦除橡皮擦笔触开始处的填充。如果从空白点开始擦除，则不会擦除任何内容。采用这种模式并不会影响橡皮擦的笔触。

5.2.4　文字工具的应用

利用 Flash 早期的文本引擎所创建的文本称为"传统文本"。从 Flash Professional CS5 开始，用户可以使用新文本引擎 Text Layout Framework (TLF)向 FLA 文件添加文本。但 Adobe Animate 中的 TLF 功能已经被弃用，即不能生成 TLF 文本。无论是在 Flash Professional CS5 中，还是在 Adobe Animate 中，传统文本都可以被使用。传统文本有静态文本、动态文本和输入文本 3 种类型，并可以在"属性"面板中设置（见图 5.31）。

- 静态文本：是指不会动态更改字符的文本，常用于决定动画的内容和外观。
- 动态文本：是指可以动态更新的文本，如体育得分、股票报价或天气报告。
- 输入文本：允许用户在表单或调查表中输入文本。

1. 创建文本

选择"文本"工具，如果在舞台单击，则可以创建扩展的静态水平文本，会在该文本字段的右上角出现一个圆形节点，如图 5.32（a）所示。如果直接输入文字，则文本框根据文字长度扩展。如果拖动光标，则可以创建具有固定宽度的静态水平文本，文本字段的右上角将显示一个方形节点。如果输入的文字较多，则会自动转到下一行显示，而文本框宽度不变，如图 5.32（b）所示。

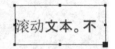

（a）扩展的静态水平文本　　　　（b）固定宽度的静态水平文本

图 5.31　传统文本的类型　　　　　　图 5.32　扩展的和固定宽度的静态水平文本

对于可扩展的动态或输入文本字段，其右下角将显示一个圆形节点，如图 5.33（a）所示。对于已被定义高度和宽度的动态或输入文本字段，其右下角将显示一个方形节点，如图 5.33（b）所示。对于动态可滚动的传统文本字段，圆形节点或方形节点将变为实心黑色而不是空心，如图 5.33（c）所示。

（a）可扩展的动态或输入文本字段　　（b）已被定义高度和宽度的动态或输入文本字段　　（c）动态可滚动的传统文本字段

图 5.33　各种动态或输入文本字段的节点形态

动态可滚动的传统文本字段的创建方法为：在按住 Shift 键的同时双击动态或输入文本字段的节点，这样就可以创建动态可滚动的传统文本字段，向该文本框中输入多于它可以显示的文本字数，就能发现滚动文本字段可以使得用户在舞台上输入文本时不扩展文本字段。

2．设置文本的属性

文本属性一般包括字体属性和段落属性。字体属性包括字体、字号、颜色、字符间距、自动调整字距等。段落属性包括对齐、缩进、行距、左右边距、行为（单行、多行、多行不换行）等。

当使用文本时，可以在"属性"面板中设置文本的属性，也可以在输入文本之后，再选中需要更改属性的文本，并在"属性"面板中对其进行设置。

3．变形文本

选中文本，在菜单栏中执行两次"修改"→"分离"命令（或按两次 Ctrl+B 快捷键），将文本打散，如图 5.34（a）所示。选择菜单栏中的"修改"→"变形"→"封套"命令，在文本的周围出现节点，如图 5.34（b）所示，拖动节点，改变文本的形状，如图 5.34（c）所示，最后的变形结果如图 5.34（d）所示。

（a）打散的文本　　　　　（b）封套　　　　　　　（c）变形　　　　　　　（d）变形后的结果

图 5.34　文本变形过程

4．填充文本

选中文本，在菜单栏中执行两次"修改"→"分离"命令（或按两次 Ctrl+B 快捷键），将文本打散。选择菜单栏中的"窗口"→"颜色"命令，打开"颜色"面板，如图 5.35 所示。在类型选项中选择"线性渐变"选项，在颜色设置条上设置渐变颜色，此时文本被填充为渐变色。图 5.36 所示为对"变化"两个字填充渐变色的效果。

图 5.35　"颜色"面板

图 5.36　填充渐变色的文本效果　彩色图

5.3　对象的编辑

使用工具箱中的工具创建的向量图形相对来说比较单调，如果能结合"修改"菜单来修改图形，就可以改变原始图形的形状、线条等，并且可以将多个图形组合起来达到所需要的图形效果。

5.3.1　对象类型

Adobe Animate 中的对象类型主要有矢量对象、图形对象、影片剪辑对象、按钮对象和位图对象。

1．矢量对象

矢量对象（矢量图形）是由绘画工具绘制出来的图形，包括线条和填充两部分。需要注意的是，使用"文本"工具输入文字是一个文本对象，不是矢量对象，但可以使用"修改"菜单中的"分离"命令（或按 Ctrl+B 快捷键）将其打散，这时文本对象就变为矢量对象。

2．图形对象

图形对象又被称为"图形元件"。从理论上来讲，任何对象都可以转换为图形对象，但是在实际操作过程中，从图形元件的作用出发，一般只能将矢量对象、文字对象、位图对象、组合对象转化为图形对象。在下一节将以位图对象为例来讲解将位图对象转换为图形对象的过程。

从外部导入的图片是位图对象。虽然它不是图形元件，但是可以被转换为图形元件。

3．影片剪辑对象

影片剪辑对象又被称为"影片剪辑元件"。从理论上来讲，任何对象都可以被转换为影片剪辑对象，而被转换的对象主要是根据实际需要而定的。

4. 按钮对象

按钮对象又被称为"按钮元件"。从理论上来讲，任何对象都可以被转换为按钮对象，而被转换的对象应根据实际需要而定。

5. 位图对象

位图对象是将矢量、图形、文字、按钮和影片剪辑对象打散后形成的分离图形。它主要用于制作变形动画对象，如将圆形变为方形、文字变形等。有些对象（如线条、边线等）只有变为分离图形后，才能填充颜色。

无论何种对象，只要在菜单栏中多次执行"修改"→"分离"命令（或按 Ctrl+B 快捷键）被打散后，最终都能被转变为位图对象。

5.3.2 制作对象

1. 制作图形元件

制作图形元件有两种方法，一种方法是直接制作，另一种方法是将矢量对象转换为图形元件。

（1）直接制作。

选择菜单栏中的"插入"→"新建元件"命令，打开"创建新元件"对话框（见图 5.37），

图 5.37 "创建新元件"对话框

在"名称"文本框中输入"圆"，在"类型"下拉列表中选择"图形"选项，单击"确定"按钮，即可创建一个名称为"圆"的新图形元件。图形元件的名称会出现在舞台的左上方，舞台切换到了图形元件"圆"的窗口，窗口中间出现的十字代表图形元件的中心定位点，使用"矩形"工具在窗口十字处制作一个圆，如图 5.38 所示，在"库"面板中显示出"圆"图形元件。

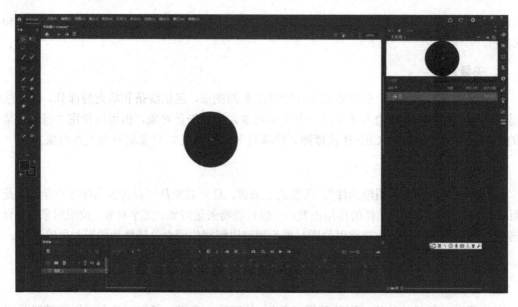

图 5.38 制作一个"圆"图形元件

每个图形元件实例都具有与之关联的循环属性（循环模式：循环、播放一次、单帧、反向播放一次、反向循环），可以在"属性"面板中设置循环模式，如图 5.39 所示。

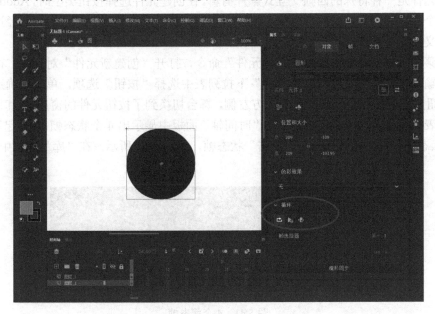

图 5.39　设置图形元件循环模式

（2）矢量对象转换为元件。

如果在舞台上已经创建或导入了矢量图形，并且以后还要再次应用这个矢量图形，则可以将其转换为图形元件。方法是选中矢量图形，选择菜单栏中的"修改"→"转换为元件"命令，打开"转换为元件"对话框，在"名称"文本框中输入元件名，在"类型"下拉列表中选择"图形"选项，单击"确定"按钮，转换完成，此时在"库"面板中显示出转换后的图形元件。图 5.40 所示为导入了云雾矢量图，并将其转换为云雾元件。

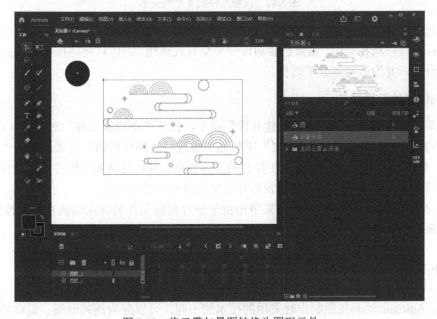

图 5.40　将云雾矢量图转换为图形元件

2．制作按钮元件

按钮元件是一种特殊的四帧交互式影片剪辑。在创建元件选择按钮类型时，Adobe Animate 会创建一个具有 4 个帧的时间轴。前 3 帧显示按钮的 3 种可能状态：弹起、指针经过和按下；第 4 帧定义按钮的活动区域。

选择菜单栏中的"插入"→"新建元件"命令，打开"创建新元件"对话框，在"名称"文本框中输入按钮元件名称，在"类型"下拉列表中选择"按钮"选项，单击"确定"按钮。此时，按钮元件的名称出现在舞台的上方左侧，舞台切换到了按钮元件的窗口，窗口中间出现的十字代表按钮元件的中心定位点。在"时间轴"面板中显示出 4 个状态帧："弹起"状态帧、"指针"状态帧、"按下"状态帧、"单击"状态帧，如图 5.41 所示。在"库"面板中显示出按钮元件。

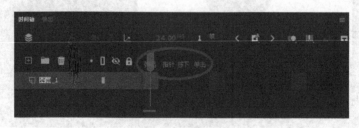

图 5.41　4 个状态帧

利用绘图工具绘制按钮的 4 个帧，如图 5.42 所示。如果单击位于影片按钮元件名称左边的左箭头按钮，就可以返回原来的场景，按钮元件制作完成。

弹起　　　　　　　　　指针　　　　　　　　　按下　　　　　　　　　单击

图 5.42　按钮元件的 4 个帧图形

按钮元件时间轴实际播放时不像普通时间轴那样以线性方式播放；它通过跳至相应的帧来响应鼠标指针移动和动作。如果想要制作一个交互式按钮，则可以将该按钮元件的一个实例放置在舞台上，并为该实例分配动作。

3．制作影片剪辑元件

选择菜单栏中的"插入"→"新建元件"命令，打开"创建新元件"对话框，在"名称"文本框中输入"变形动画"，在"类型"下拉列表中选择"影片剪辑"选项，单击"确定"按钮。此时，影片剪辑元件的名称出现在舞台的上方左侧，舞台切换到了影片剪辑元件"变形动画"的窗口，窗口中间出现的十字代表影片剪辑元件的中心定位点。

利用绘图工具绘制影片剪辑，如果单击位于影片剪辑元件名称左边的左箭头按钮，则可以返回原来的场景，影片剪辑元件制作完成。

5.4　动画制作

Adobe Animate 动画按照制作时采用的技术的不同，可以分为逐帧动画、运动补间动画、形状补间动画等多种类型。下面介绍几种常见动画类型的制作方法。

5.4.1　创建逐帧动画

1．逐帧动画

逐帧动画就是先对每一帧的内容进行逐个编辑，再按一定的时间顺序播放而形成的动画。它是最基本的动画形式。逐帧动画适合于每一帧中的图像都在更改，而并非只简单地在舞台中移动的动画，因此，逐帧动画文件的体积比补间动画的体积要大得多。

创建逐帧动画的几种方法如下。

（1）使用导入的静态图片创建逐帧动画。

使用 JPG、PNG 等格式的静态图片连续导入 Adobe Animate 中，即可创建一段逐帧动画。

（2）绘制矢量逐帧动画。

使用鼠标指针或压感笔在场景中一帧帧画出帧内容。

（3）文字逐帧动画。

利用文字作为帧中的元件，实现文字跳跃、旋转等特效。

（4）导入序列图像。

用户可以导入 GIF 序列图像、SWF 动画文件或利用第三方软件（如 Swish、Swift 3D 等）产生的动画序列。

2．跑步的动画制作

这是一个利用导入连续图片而创建的逐帧动画，具体操作步骤如下。

（1）创建一个新文档。选择菜单栏中的"文件"→"新建"命令，设置舞台大小为 550 像素×230 像素，背景色为白色。

（2）创建背景图层。选择第 1 帧，选择菜单栏中的"文件"→"导入到舞台"命令，将本实例中名称为"草地背景.jpg"的图片导入场景中，调整大小后单击舞台右上角的"剪切掉舞台范围以外的内容"按钮。现在有 17 个人物跑步的动作图片，因此在第 17 帧按 F5 键（F5 键是用于添加帧的快捷键），从而添加过渡帧，使帧内容（草地背景）延续，如图 5.43 所示。

图 5.43　创建草地背景图层

（3）导入跑步的图片。新建一个图层，选择第1帧，选择菜单栏中的"文件"→"导入到舞台"命令，将17张跑步的系列图片导入。导入完成后，就可以在"库"面板中看到导入的位图图像。

由于导入"库"面板中的同时，把所有跑步图片都放在了第1帧，因此需要将工作区中第1帧下的所有图片删除。

（4）在时间轴上分别选择第1帧～第17帧，并从"库"面板中将相应的跑步图片拖放到工作区中。需要注意的是，因为第1帧是关键帧，可以直接放入，而后面的帧都需要先插入空白关键帧（方法为：选择菜单栏中的"插入"→"时间轴"→"插入空白帧"命令），之后才能将图片拖放到工作区中。

此时，时间帧区域出现连续的关键帧，从左到右拖动播放头，就会看到一个人在向前跑步放风筝，如图5.44所示。但是，动画序列尚未处于合适的位置，必须移动并调整它们。

用户可以一帧一帧地调整位置，先完成一幅图片后记下其坐标值，再把其他图片设置为相同坐标值，也可以用"多帧编辑"功能快速移动。

多帧编辑方法如下。

先把"背景"图层加锁，再单击"时间轴"面板上方的"编辑多个帧"下拉按钮▦，在打开的下拉列表中选择"所有帧"选项，如图5.45所示，所有帧上的元件实例都会显示出来。利用鼠标指针调整各帧图像的位置，使各帧的图像位置合适即可，如图5.46所示。

图5.44　向前跑步的人

图5.45　选择"所有帧"选项

图5.46　调整各帧后的跑步人

（5）测试影片。

选择菜单栏中的"控制"→"测试影片"命令，就能看到动画的效果。选择菜单栏中的"文件"→"保存"命令，即可将动画保存以备后用。

5.4.2　创建补间动画

1．补间动画

补间动画是指通过为一个帧中的对象属性指定一个值并为另一个帧中的该相同属性指定

另一个值创建的动画。

举例来说，假设第 1 帧和第 20 帧是属性关键帧，则可以先将舞台左侧的第一个元件放在第 1 帧中，再将其移动到舞台右侧的第 20 帧中。在创建补间动画时，Adobe Animate 将计算影片剪辑在此中间的所有位置。结果将得到从左到右（从第 1 帧移动到第 20 帧）的元件动画。在中间的每个帧中，Adobe Animate 将影片剪辑在舞台上移动 1/20 的距离，使其形成连续运动或变形的动画效果。

Adobe Animate 支持两种不同类型的补间动画：一种是传统补间动画（包括在 Adobe Animate 早期版本中创建的所有补间动画），其创建方法与原来相比没有改变；另一种是补间动画，其功能强大且创建简单，可以对补间动画进行最大限度的控制。另外，补间动画根据动画变化方式的不同又可以分为"运动补间动画"和"形状补间动画"两类。运动补间动画中的对象可以在运动中改变大小和旋转，但不能变形，而形状补间动画中的对象可以在运动中变形（如将圆形变成方形）。

制作补间动画的对象类型包括影片剪辑元件、图形元件、按钮元件与文本字段。

下面以创建飞行的海鸥为例来介绍运动补间动画的制作。具体操作步骤如下。

（1）创建一个新文档。选择菜单栏中的"文件"→"新建"命令，设置舞台大小为 550 像素×230 像素，背景色为白色。

（2）将当前图层重命名为"大海背景"，选择第 1 帧，选择菜单栏中的"文件"→"导入到舞台"命令，将一个风景图片导入场景中，调整大小后单击舞台右上角的"剪切掉舞台范围以外的内容"按钮。在第 40 帧按 F5 键添加过渡帧使帧内容延续。

（3）新建一个图层，并将其重命名为"海鸥"，选择第 1 帧，选择菜单栏中的"文件"→"导入到舞台"命令，导入一张海鸥图片。利用鼠标指针将舞台上导入的海鸥图片移动到右侧，并使用"任意变形"工具将海鸥图片调整到合适的大小，如图 5.47 所示。

（4）创建传统补间动画。在"海鸥"图层的第 40 帧处右击，在弹出的快捷菜单中选择"插入关键帧"命令，使用"选择"工具将"海鸥"图片调整到左上方的位置，并使用"任意变形"工具把海鸥图片的尺寸调小一些，如图 5.48 所示。在"海鸥"图层第 1 帧到第 40 帧中间的任意帧处右击，在弹出的快捷菜单中选择"创建传统补间"命令，打开提示对话框，如图 5.49（a）所示，选择"确定"按钮，结果如图 5.49（b）所示，播放即可看到海鸥飞翔的动画。

图 5.47　第 1 帧的海鸥图片

图 5.48　第 40 帧的海鸥图片

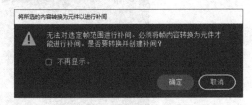

（a）提示对话框

图 5.49　海鸥飞翔的动画

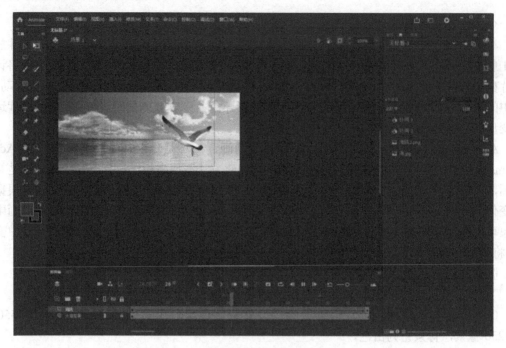

（b）创建传统补间动画

图 5.49　海鸥飞翔的动画（续）

　　（5）Adobe Animate 也提供了更加灵活的方式创建补间动画。下面的操作是从步骤（3）结束后开始的。右击第 1 帧，在弹出的快捷菜单中选择"创建补间动画"命令，如果打开如图 5.49（a）所示的提示对话框，选择"确定"按钮即可。将"播放头"拖动到第 40 帧，选中第 40 帧，将"海鸥"元件拖动到飞翔目的地，并适当调小图片尺寸。这时能够看到海鸥飞翔的轨迹，如图 5.50 所示。

　　（6）打开"动画编辑器"面板（方法为：在时间轴的补间范围内任意帧上双击，或者在补间范围中任意帧上右击，在弹出的快捷菜单中选择"优化补间动画"选项），如果"动画编辑器"面板没有完全显示出来，则可以调整"时间轴"面板，即可显示完整的"动画编辑器"面板，如图 5.51 所示。在动画编辑器上选择"位置"组中的"X"选项，将 40 帧一列的方块节点向下拖动至 100 像素左右的位置，如图 5.52（a）所示。选择"Y"选项，将 40 帧一列的方块节点向上拖动到 80 像素左右的位置，如图 5.52（b）所示。则在舞台上会显示出海鸥飞动的路径情况。从初始位置（475,55）飞到终止位置（100,80）。

图 5.50　海鸥飞翔的轨迹

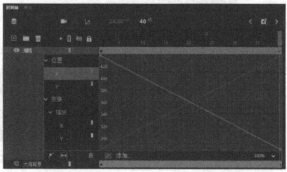

图 5.51　"动画编辑器"面板（初始位置 X=475，Y=55）

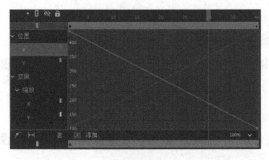
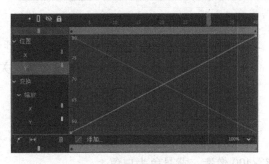

（a）调节 X 轴的坐标　　　　　　　　　　（b）调节 Y 轴的坐标

图 5.52　在"动画编辑器"面板上精确调整位置

（7）关闭"动画编辑器"面板（在补间范围内双击即可）。选择菜单栏中的"控制"→"测试影片"命令测试动画，就能在浏览器中看到海鸥飞翔的动画。

2. "动画编辑器"面板的使用

Adobe Animate 中的"动画编辑器"面板可以帮助用户创建较为复杂的补间动画。当用户已经创建了一个补间动画，又想要对动画进行修改调整时，就可以打开该补间的"动画编辑器"面板，该面板的左侧是关于该补间的属性目录树，如图 5.53（a）所示。用户可以为属性添加缓动效果，选择"添加"选项，打开缓动选项列表，如图 5.53（b）所示。

动画编辑器使用二维图形（称为属性曲线）表示补间的属性。每个属性都有自己的属性曲线，横轴（从左到右）为时间，纵轴为属性值的大小。

其中，"位置"组时间轴可以用于设置元件在 X 轴、Y 轴和 Z 轴方向的移动情况；"变换"组时间轴可以用于设置元件在 X 轴和 Y 轴方向的倾斜、Z 轴旋转缩放效果，还可以用于设置元件色彩和滤镜等特殊效果。

在"动画编辑器"面板的下方还有"添加"选项，可以用于设置元件的缓动效果，如"简单"、"停止和启动"和"回弹和弹簧"等。

（a）补间属性目录树　　（b）缓动选项列表

图 5.53　"动画编辑器"面板中的补间属性目录树

用户使用"动画编辑器"面板可以进行以下操作。

- 设置各属性关键帧的值。
- 添加或删除各个属性的属性关键帧。
- 将属性关键帧移动到补间内的其他帧上。
- 将属性曲线从一个属性复制并粘贴到另一个属性。
- 翻转各属性的关键帧。
- 重置各属性或属性类别。
- 使用贝塞尔控件对大多数单个属性的补间曲线的形状进行微调。（X 轴、Y 轴和 Z 轴的属性没有贝塞尔控件。）
- 添加或删除滤镜（或色彩效果）并调整其设置。
- 为各个属性和属性类别添加不同的预设缓动。

- 创建自定义缓动曲线。
- 将自定义缓动曲线添加到各个补间属性和属性组中。
- 对 X 轴、Y 轴和 Z 轴属性的各个属性关键帧启用浮动。用户通过浮动可以将属性关键帧移动到不同的帧来创建流畅的动画。

3．圆形变方形的补间动画制作

（1）创建一个新文档，选择菜单栏中的"文件"→"新建"命令，设置舞台大小为 550 像素×400 像素，背景色为白色。

（2）选择"椭圆"工具，将填充色设置为蓝色，按住 Shift 键的同时在舞台上绘制一个圆形，如图 5.54 所示。

（3）在"时间轴"面板的第 24 帧按 F6 键插入关键帧，删除舞台上的圆，然后选择矩形工具，并将填充色改为红色，按住 Shift 键的同时在舞台上绘制一个正方形，如图 5.55 所示。

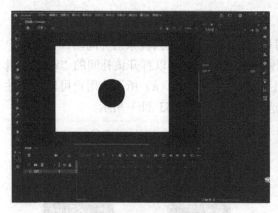

图 5.54　绘制一个圆形

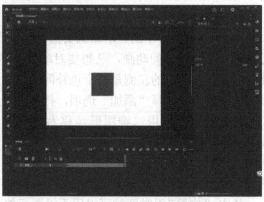

图 5.55　舞台上的方形

（4）在"时间轴"面板上的两个关键帧之间的任意一个帧上右击，在弹出的快捷菜单中选择"创建补间形状"命令，即可创建补间动画，如图 5.56 所示。至此一个简单的形变动画制作完成。

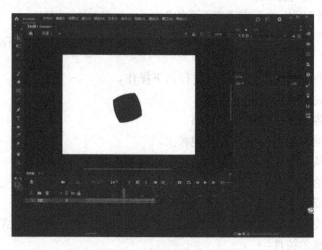

图 5.56　创建补间动画

（5）测试影片。可以看到一个蓝色的圆形逐渐变成红色的方形。

5.4.3　创建引导层动画

1. 引导层

在绘图时，如果想要对齐对象，则可以创建引导层，并将其他层上的对象与引导层上的对象对齐。引导层中的内容不会出现在发布的 SWF 动画中。用户可以将任何层用作引导层。如果图层名称左侧有引导层图标，则表明该层是引导层。

用户还可以创建运动引导层，通过它来控制运动补间动画中对象的移动情况。这样不仅能制作沿直线移动的动画，还能制作沿曲线移动的动画。

2. 制作沿引导线运动的小球

（1）制作一个小球移动的动画。

① 选择"椭圆"工具，按住 shift 键的同时，在舞台上绘制一个小圆，选择一个径向渐变的填充颜色填充小圆，使其形成具有立体感的小球。

② 在"时间轴"面板上选择第 1 帧，并右击，在弹出的快捷菜单中选择"创建传统补间"命令。

③ 在"时间轴"面板的第 40 帧（多少帧可自定，帧数越多，动画速度越慢；帧数越少，动画速度越快）上右击，在弹出的快捷菜单中选择"插入关键帧"命令。

④ 将第 40 帧的小球向右拖动到新的位置，如图 5.57 所示。

（2）制作引导线。

① 在"时间轴"面板上选择小球直线运动所在的图层，新建一个图层（单击"时间轴"面板中的"新建图层"按钮），使其在小球运动图层的上一个图层，在该图层上使用"铅笔"工具绘制一条曲线，如图 5.58 所示。

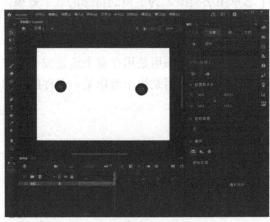
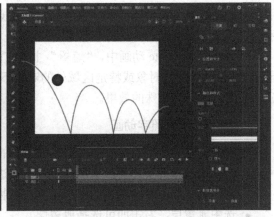

图 5.57　移动小球　　　　　　　　　　　　图 5.58　绘制一条曲线

② 在"时间轴"面板上选择曲线所在的图层，右击，在弹出的快捷菜单中选择"引导层"命令，使曲线变成引导线。

（3）引导小球。

① 按住鼠标左键并将小球直线运动所在图层向上拖动，使其被引导。

② 选择第 1 帧，将小球拖动到引导线的第一个端点，选择最后一帧，将小球拖动到引导

线的第二个端点，如图 5.59 所示。

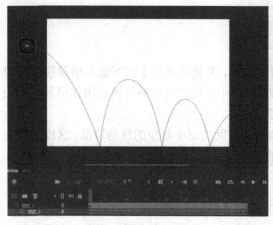

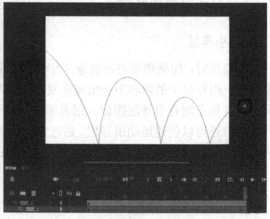

（a）第一帧　　　　　　　　　　　（b）最后一帧

图 5.59　在首尾帧引导小球

（4）测试影片。

选择菜单栏中的"控制"→"测试影片"命令，就能看到动画的效果。选择菜单栏中的"文件"→"保存"命令，即可保存动画。

5.4.4　遮罩动画

1．遮罩层

遮罩动画是 Adobe Animate 中的一个很重要的动画类型，很多效果丰富的动画都是通过遮罩动画来完成的。Adobe Animate 的图层中有一个遮罩图层类型。为了得到特殊的显示效果，用户可以在遮罩层上创建一个任意形状的"视窗"，遮罩层下方的对象可以通过该"视窗"显示出来，而"视窗"之外的对象将不会显示。

在 Adobe Animate 动画中，"遮罩"主要有两个作用：一个作用是用在整个场景或一个特定区域，使场景外的对象或特定区域外的对象不可见；另一个作用是用于遮罩某一元件的一部分，从而实现一些特殊的效果。

2．制作聚光灯照字动画

本实例使用文字层遮罩来实现聚光灯照字的效果，主要掌握蒙版制作的 3 个过程。

- 制作要遮罩的实体层，本实例是对圆球进行遮罩。
- 制作遮罩层，本实例使用文字作为遮罩物。
- 选中遮罩层，右击即可选择遮罩层。

（1）创建一个新文档，选择菜单栏中的"文件"→"新建"命令，设置舞台大小为 550 像素×130 像素，背景色为浅蓝色。

（2）选择"文本"工具，在"属性"面板中选择"隶书"字体、将"大小"数值框设置为"80pt"，"颜色"选项设置为"黄色"，"字母间距"数值框设置为"10"，如图 5.60 所示。在图层 1 第 1 帧输入文字"聚光灯照文字"，如图 5.61 所示。

（3）在"时间轴"面板上新建一个图层，并命名为"灯光"，在第 1 帧使用"椭圆"工具绘制一个圆形，如图 5.62 所示。Adobe Animate 会忽略遮罩层中的位图、渐变、透明度、颜色和线条样式。遮罩中的任何填充区域都是完全透明的，而任何非填充区域都是不透明的。

图 5.60　设置文字"属性"面板

图 5.61　输入文字

（4）在"灯光"图层的第 90 帧插入关键帧，将关键帧中的圆形移动到文字的右侧，在第 1～90 帧创建传统补间动画。返回文字所在的图层 1，在第 90 帧插入普通帧。

（5）右击"灯光"图层，在弹出的快捷菜单中选择"遮罩层"命令。下面的图层自动被遮罩层遮罩，如图 5.63 所示。

图 5.62　绘制一个圆形

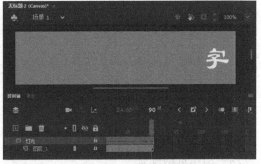

图 5.63　将"灯光"图层设置为遮罩层效果图

（6）测试影片。选择菜单栏中的"控制"→"测试影片"命令，可以看到动画效果。选择菜单栏中的"文件"→"保存"命令，即可保存动画。

5.4.5　骨骼动画

1．骨骼动画的概念

在动画设计软件中，运动学系统分为正向运动学和反向运动学两种类型。正向运动学是指对于有层级关系的对象来说的，父对象的动作将影响到子对象，而子对象的动作将不会对父对象产生任何影响。例如，当对父对象进行移动时，子对象也会随之而移动。当对子对象进行移动时，父对象不会移动。由此可见，正向运动学中的动作是向下传递的。

与正向运动学不同，反向运动学中的动作传递是双向的。当父对象进行位移、旋转或缩放等动作时，其子对象也会受到这些动作的影响；反之，子对象的动作也将影响到父对象。反向运动学是通过一种连接各种物体的辅助工具来实现的运动，这种工具就是 IK（Inverse Kinematics，反向动力学）骨骼，又被称为"反向运动骨骼"。使用 IK 骨骼制作的反向运动学动画就是骨骼动画。

在 Adobe Animate 中，创建骨骼动画一般有两种方式：一种方式是为实例添加与其他实例相连接的骨骼，使用关节连接这些骨骼，骨骼允许实例链一起运动；另一种方式是在形状对象（各种矢量图形对象）的内部添加骨骼，通过骨骼来移动形状的各个部分以实现动画效果，这样操作的优势在于无须绘制运动中该形状的不同状态，也无须使用补间形状来创建动画。

2．制作骨骼动画

（1）定义骨骼。

Adobe Animate 提供了一个"骨骼"工具，使用该工具可以为影片剪辑元件实例、图形元件实例或按钮元件实例添加 IK 骨骼。从工具箱中选择"骨骼"工具，先选中一个对象，再将该对象拖动到另一个对象上，释放鼠标左键后就可以在两个对象之间建立连接。此时，两个元件实例之间将显示创建的骨骼，如图 5.64 所示。在创建骨骼时，第一个骨骼是父级骨骼，骨骼的头部为红色方形端点，且为空心节点。骨骼的尾部为紫色带尖形状，且内有一个实心节点。

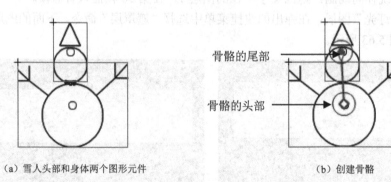

（a）雪人头部和身体两个图形元件　　　　　　　　（b）创建骨骼

图 5.64　骨骼形状

（2）创建骨骼动画。

在为对象添加骨骼后，用户就可以创建骨骼动画。在创建骨骼动画时，用户可以在开始关键帧中创建对象的初始姿势，在后面的关键帧中创建对象不同的姿态。Adobe Animate 会根据反向运动学的原理计算出连接点之间的位置和角度，创建从初始姿态到下一个姿态转变的动画效果。

在创建完对象的初始姿势后，在"时间轴"面板中右击动画需要延伸到的帧，在弹出的快捷菜单中选择"插入姿势"命令。在该帧中选择骨骼，调整骨骼的位置或旋转角度。此时将在该帧创建关键帧，按 Enter 键测试动画，即可看到创建的骨骼动画效果。

3．设置骨骼动画属性

（1）设置缓动。

在创建完骨骼动画后，在"属性"面板中设置缓动。Adobe Animate 为骨骼动画提供了几种标准的缓动，可以对骨骼的运动进行加速或减速设置，从而使对象的移动获得重力效果。

（2）约束连接点的旋转和平移。

在 Adobe Animate 中，用户可以通过设置骨骼的旋转和平移进行约束。约束骨骼的旋转和平移可以用于控制骨骼运动的自由度，创建更为逼真和真实的运动效果。

（3）设置连接点速度。

连接点速度决定了连接点的黏贴性和刚性。当连接点速度较低时，该连接点会反应缓慢；当连接点速度较高时，该连接点将具有更快的反应。在选取骨骼后，在"属性"面板的"位置"选区的"速度"文本框中输入数值，可以改变连接点的速度。

（4）设置弹簧属性。

在舞台上选择骨骼后，在"属性"面板中展开"弹簧"设置栏。该栏中有两个选项："强度"选项用于设置弹簧的强度，输入值越大，弹簧效果越明显。"阻尼"选项用于设置弹簧效果的衰减速率，输入值越大，动画中弹簧属性减小得越快，动画结束得就越快。将阻尼值设置为"0"时，弹簧属性在姿态图层中的所有帧中都将保持最大强度。

4．利用骨骼动画制作老人出行动画

（1）分割图形。

① 创建一个新文档，选择菜单栏中的"文件"→"新建"命令，设置舞台大小为 550 像素×400 像素，背景色为白色，导入如图 5.65 所示的图片。

② 先将老人的各肢体转换为影片剪辑（因为皮影戏的角色只做平面运动），再将角色的关节简化为 10 段 6 个连接点，如图 5.66 所示。

图 5.65　老人出行皮影图片　　　　　　图 5.66　转换为影片剪辑

③ 按连接点切割人物的各部分，并将每个部分转换为影片剪辑，如图 5.67 所示。

图 5.67　切割人物的各部分

④ 将各部分的影片剪辑放置好，先选中所有元件，再将其转换为影片剪辑（名称为"老人"），如图 5.68 所示。

（2）制作老人行走动画。

① 选择工具箱中的"骨骼"工具，并在左手上创建骨骼，如图 5.69 所示。

图 5.68　元件放置图　　　　　　　　　　　　图 5.69　创建左手骨骼

需要注意的是，使用"骨骼"工具连接两个轴点时，要注意关节的活动部分，可以使用"选择"工具和 Ctrl 键来进行调整。

② 采用相同的方法创建头部、身体、左手、右手、左脚与右脚的骨骼。

③ 人物的行走动画使用 35 帧完成，因此在各图层的第 35 帧插入帧。

④ 先调整第 10 帧、第 18 帧和第 27 帧上的动作，使角色在原地行走，再创建担子在行走时起伏运动的传统补间动画，如图 5.70 所示。

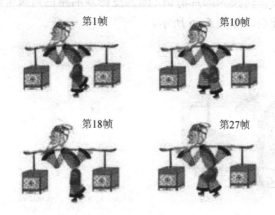

第1帧　　　　　　　　　第10帧

第18帧　　　　　　　　　第27帧

图 5.70　调整行走动作

⑤ 返回主场景，创建出"老人"影片剪辑的补间动画，使其向前移动一段距离，如图 5.71所示。

图 5.71　创建补间动画

（3）测试影片。选择菜单栏中的"控制"→"测试影片"命令，可以看到动画效果。选择菜单栏中的"文件"→"保存"命令，即可保存动画。

5.5 声音的使用

Adobe Animate 支持在动画中添加声音，这样可以使动画变得更加有趣和引人入胜。

5.5.1 导入声音

选择菜单栏中的"文件"→"导入"→"导入到库"命令，打开"导入"对话框，在其中
选择需要导入的声音文件，单击"打开"按钮，即可将声音文件导入库中，如图 5.72 所示。

图 5.72 导入声音后的"库"面板

将声音导入 Adobe Animate 文档后，"库"面板中会显示声音的波形图，单击"播放"按
钮可以试听声音效果。

5.5.2 使用声音

在海鸥飞翔动画的"时间轴"面板上添加一个新图层，并将图层命名为"音乐"，选择"音
乐"图层的第 1 帧，从库中将需要的声音文件拖放到舞台上，此时在"音乐"图层的时间轴上
显示声音的波形图，声音被添加到文档中，如图 5.73 所示。

图 5.73 插入"音乐"图层后的时间轴

注意：在向 Adobe Animate 文档中添加声音时，既可以将多个声音放置到同一个图层中，
也可以将多个声音放置到包含动画的图层中。但最好将不同的声音放置在不同的图层中，每个
图层相当于一个声道，这样有助于声音的编辑处理。

5.5.3　编辑声音

1．更改声音

与放置在库中的各种元件一样，如果将声音放置在库中，则可以在文档的不同位置重复使用。在时间轴上添加声音后，在"声音"图层中选择任意一帧，在"属性"面板的"名称"下拉列表中选择声音文件，此时，选择的声音文件将替换当前图层中的声音。

2．添加声音效果

用户可以为添加到 Adobe Animate 文档中的声音添加效果。在"时间轴"面板中选择"声音"图层的任意帧，在"属性"面板的"声音"选区中，选择"效果"下拉列表中的一种声音效果即可，如图 5.74 所示。

各声音效果的功能如下。

- 无：不对声音文件应用效果。选择此选项将删除以前应用的效果。
- 左声道/右声道：只在左声道或右声道中播放声音。
- 向左淡出/向右淡出：将声音从一个声道切换到另一个声道。
- 淡入/淡出：随着声音的播放逐渐增加或减小音量。
- 自定义：允许使用"编辑封套"对话框创建自定义的声音淡入和淡出点。

注意：　WebGL 和 HTML5 Canvas 文档中不支持上述声音效果。

3．声音编辑器

在时间轴上选择声音所在图层，在"属性"面板的"声音"选区中，单击"效果"下拉列表右侧的"编辑声音封套"按钮 （或者在"效果"下拉列表中选择"自定义"选项），打开"编辑封套"对话框，如图 5.75 所示。用户通过该对话框能够对声音的起始点、终止点和播放时的音量进行设置。

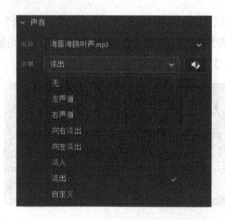

图 5.74　选择一种声音效果

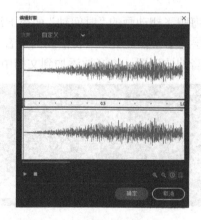

图 5.75　"编辑封套"对话框

首先选择声音效果为"淡出"选项，然后打开"编辑封套"对话框，单击该对话框右下方的"缩小"按钮 ，可以看到完整的音频，封套线显示了音量的大小，如图 5.76（a）所示，将音量变小处的节点向前拖动调整，如图 5.76（b）所示，单击该对话框中的"播放"按钮，声音会更早地变小。

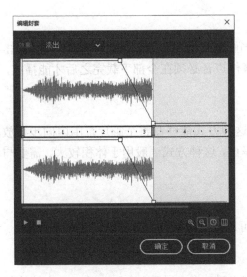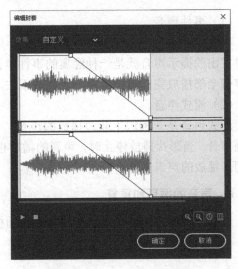

（a）结尾处音量变小　　　　　　　　　（b）将音量减小的淡出点向前移动

图 5.76　调节音量变小的位置

　　用户可以在封套线上单击，以创建更多的音量调节节点。封套线上最多可以有 8 个音量调节节点。

　　如果想要改变声音的起始点和终止点，则拖动"编辑封套"对话框中的"开始时间"控件和"停止时间"控件，如图 5.77 所示。

4．分割时间轴上的声音

　　用户可以使用"拆分音频"命令来分割时间轴中嵌入的流音频。在进行分割时，用户可以先在需要时暂停音频，再在时间轴中的某帧处从停止点恢复音频播放。

　　如果想要分割时间轴上的某个音频并保留其效果，则可以按如下步骤进行操作。

　　（1）选择菜单栏中的"文件"→"导入"→"导入到库"选项。

　　（2）在打开的"导入到库"对话框中，选择音频文件，将其导入库中。

　　（3）在"时间轴"面板上创建一个新图层，将音频添加到该图层。

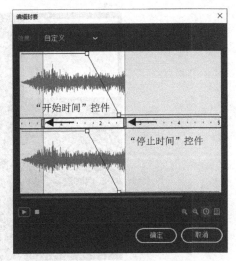

图 5.77　调节"开始时间"控件和
"停止时间"控件

　　（4）在"属性"面板的"声音"选区中，设置"效果"选项，如选择"向右淡出"选项。

　　（5）在"声音"选区的"同步"下拉列表中选择"数据流"选项。

　　（6）在"声音"图层的时间轴上，右击想要分割音频的帧，并在弹出的快捷菜单中选择"拆分音频"命令。

　　这样，即使将音频移动或更改到不同的时间跨度或帧范围内，也会保留音频效果。

5．同步声音

　　Adobe Animate 中的声音可以分为两类：事件声音、流式声音。

（1）事件声音。

事件声音是将声音与一个事件相关联，只有当触发事件时，才会播放声音。例如，单击按钮时发出的提示声音就是一种经典的事件声音。事件声音必须在全部下载完之后才能播放，除非声音全部播放完，否则其将一直播放下去。

（2）流式声音。

流式声音是一种边下载边播放的声音，使用这种方式能够在整个影片范围内同步播放和控制声音。当影片播放停止时，声音的播放也会停止。这种方式一般用于体积较大、需要与动画同步播放的声音文件。

6. 声音的循环和重复

选择声音所在图层，用户在"属性"面板中可以设置声音是重复播放还是循环播放。

7. 压缩声音

当添加到 Adobe Animate 文档中的声音文件较大时，将会导致 Adobe Animate 文档体积的增大。当将影片发布到网上时，会造成影片下载过慢，影响观看效果。如果想要解决这个问题，则可以对声音进行压缩。

在"库"面板中双击声音图标（或者在选择声音后单击"库"面板中的"属性"按钮），打开"声音属性"对话框，如图 5.78 所示。该对话框将显示声音文件的属性信息，在"压缩"下拉列表中可以选择声音的压缩格式。

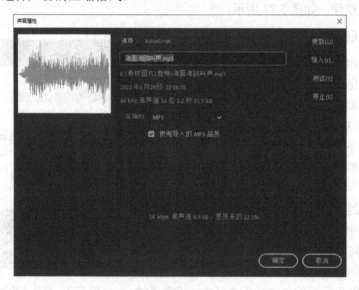

图 5.78　"声音属性"对话框

5.6　动画的发布

在完成 Adobe Animate 文档后，就可以对其进行发布，以便人们能够在浏览器中查看。

5.6.1　发布的文件格式

Adobe Animate 提供多种发布动画的格式，其中比较常见的格式有以下几种。

1．SWF 格式

SWF（Shock Wave Flash）是 Adobe Animate 的专用格式，是一种支持矢量和点阵图形的动画文件格式，被广泛应用于网页设计、动画制作等领域。该格式的优点是体积小、颜色丰富、支持与用户交互，可以用安装了 Adobe Flash Player 插件的浏览器打开。

2．GIF 格式

GIF 是一种图像交换格式（Graphics Interchange Format），其特点如下。

- GIF 格式只支持 256 色以内的图像。
- GIF 格式采用无损压缩存储，在不影响图像质量的情况下，可以生成体积很小的文件。
- GIF 格式支持透明色，可以使图像置于背景之上。
- GIF 格式可以用于制作动画，这是它最突出的一个特点。

如果用户对制作的动画颜色要求不高，也没有交互需求，则可以将发布的动画设置为 GIF 格式。

3．EXE 可执行文件格式

EXE 可执行文件格式是一种内嵌播放器的格式，可以在任何环境中自由播放。

5.6.2　发布动画

选择菜单栏中的"文件"→"发布设置"命令，打开"发布设置"对话框，如图 5.79 所示。在"在发布设置"对话框中，用户可以对发布动画的细节进行设置，设置完之后单击"发布"按钮，即可完成动画的发布。图 5.80 所示为一个 HTML5 Canvas 类型文档发布后生成的文件和文件夹。

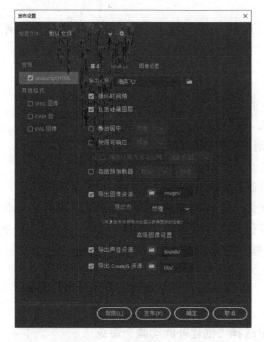

图 5.79　"发布设置"对话框

图 5.80　发布后生成的文件和文件夹

习题 5

一、填空题

1．Adobe Animate 通过使用_____和_____技术克服了目前网络传输速度慢的缺点。

2．Adobe Animate 支持动画、声音与_____功能，也具有强大的多媒体编辑功能，并可以直接生成主页代码。

3．SWF 格式被广泛应用于互联网上，因为它的文件体积很小。这是因为这种文件格式大量使用了_____。

4．图层可以组织文档中的插图，可以在图层上绘制和编辑对象，而_____影响其他图层上的对象。

5．元件是一些可以_____使用的对象，它们被保存在库中。实例是出现在舞台上或者嵌套在其他元件中的_____。

6．按钮用于在动画中实现_____，有时用户也可以使用它来实现某些特殊的动画效果。

7．选择"套索"工具后会在工具栏的下方出现"_____"和"_____"选取工具。

8．逐帧动画就是先对_____的内容逐个编辑，再按一定的时间顺序进行播放而形成的动画。它是最基本的动画形式。

9．引导层既可以用于控制运动补间动画中对象的移动情况，又可以用于制作出_____移动的动画。

10．Adobe Animate 的图层中有一个遮罩图层类型。为了得到特殊的显示效果，用户可以在遮罩层上创建一个任意形状的"视窗"，而遮罩层下方的对象可以通过该"视窗"_____，"视窗"之外的对象将_____。

11．Adobe Animate 提供了一个"_____"工具，使用该工具可以为影片剪辑元件实例、图形元件实例或按钮元件实例添加 IK 骨骼。

二、选择题

1．Adobe Animate 中的元件包括图形、影片剪辑和（　　）。

　　A．图层　　　　　　B．时间轴　　　　　C．按钮　　　　　　D．声音

2．如果想要在第 5 帧上添加一个关键帧，则下面操作错误的是（　　）。

　　A．在时间轴上单击第 5 帧，按 F6 键

　　B．在时间轴上单击第 5 帧，在舞台上绘制任意图形

　　C．在时间轴上单击第 5 帧，并右击，在弹出的快捷菜单中选择"插入关键帧"命令

　　D．在时间轴上单击第 4 帧，并右击，在弹出的快捷菜单中选择"插入关键帧"命令

3．如果想要把一个绘制的正方形制作成 50 帧的补间动画，则下面操作错误的是（　　）。

　　A．将整个正方形全部选中

　　B．将正方形转换为元件

　　C．在第 50 帧插入空白关键帧

　　D．在第 1 帧右击，在弹出的快捷菜单中选择"创建补间动画"命令

4．通过填充变形工具，不能调整填充颜色的（　　　）属性。

    A．角度　　　　　　　B．宽窄　　　　　　C．范围　　　　　　D．颜色

5．通过补间动画，可以制作的动画效果有多种，除了（　　　）。

    A．曲线运动　　　　　　　　　　　　B．颜色变化的动画

    C．旋转动画　　　　　　　　　　　　D．大小变化的动画

6．下面关于图层的说法不正确的是（　　　）。

    A．各个图层上的图像互不影响

    B．上面图层的图像将覆盖下面图层的图像

    C．如果想要修改某个图层，则必须将其他图层隐藏起来

    D．经常将不变的背景作为一个图层，并放在底层

7．以下（　　　）不是 Adobe Animate 支持的图像或声音格式。

    A．JPG　　　　　　　B．MP3　　　　　　C．PSD　　　　　　D．GIF

8．下面关于脚本的说法不正确的是（　　　）。

    A．通过脚本可以控制动画的播放流程

    B．Adobe Animate 的脚本功能强大

    C．使用脚本必须进行专门的编程学习

    D．按钮往往需要结合脚本来使用

三、简答题

1．相对于传统的 GIF 动画格式，Adobe Animate 动画具有什么优势？

2．Adobe Animate 中的"时间轴"面板主要由哪些部分组成，它们各自的作用是什么？

3．形变动画和运动动画的主要区别是什么？

4．元件与实例有什么关联？

5．骨骼动画适合什么样的动画制作？

四、操作题

1．制作一个在天空飞翔的风筝动画，并将提供的音乐作为背景音乐。

2．在 Adobe Animate 中使用逐帧动画的方式，制作一个水滴的动画，并以 SWF 和 GIF 两种格式输出。

3．选择一首喜爱的 MP3 歌曲，设计一些动画，尝试制作一首歌曲的 Animate MTV。

4．使用 Adobe Animate 制作一个从日出到日落的动画，并且包含如下内容。

- 有一个简单的场景（可以是大山、大海等）。
- 太阳从升起到落下的动画。
- 太阳在运动过程中的颜色变化。
- 其他的一些辅助的内容（云彩、整个场景的明暗变化）。

5．绘制一个简易的飞机（或导入），制作飞机沿任意指定路线飞行，并留下飞行轨迹路径。

6．首先使用"文本"工具输入一些文字，并通过"属性"面板设置文字的字体、字号、颜色和行距等。然后设计一个文字飘动进入和消失的动画。

第6章 视频编辑软件 VideoStudio

视频可以将信息以动态的、五彩缤纷的形式展现在观众眼前。视频剪辑可以使视频更加完美，大部分视频都需要通过后期编辑才能呈现出更好的效果。显然选择一款好的视频编辑工具对制作优秀的视频十分关键。本章以 VideoStudio 2022（以下简称为 VideoStudio）为例进行介绍。

6.1 VideoStudio 简介

VideoStudio 的中文名称为"会声会影"，是由 Corel 公司制作的一款功能强大的视频编辑软件，在国内普及度较高。VideoStudio 具有图像抓取和编修功能，可以抓取或转换 MV、DV、V8、TV 格式文件和实时记录抓取画面文件，并提供超过 100 种编制功能与效果，还可以导出多种常见的视频格式，甚至可以直接制作成 DVD 和 VCD 光盘。

VideoStudio 主要的特点是操作简单、适合家庭日常使用、影片编辑流程解决方案完整、从拍摄到分享、新增处理速度加倍。它不仅符合家庭或个人所需的影片剪辑功能，还可以挑战专业级的影片剪辑软件，适合普通大众使用，操作简单易懂，界面简洁明快。该软件具有成批转换功能与捕获格式完整的特点，虽然无法与 EDIUS、Adobe Premiere、Adobe After Effects 和 Sony Vegas 等专业视频处理软件媲美，但以简单易用、功能丰富的特点赢得了良好的口碑。

VideoStudio 最早是由 Ulead 公司推出的，最早的版本有 VideoStudio 4，后来陆续推出了 VideoStudio 5、VideoStudio 6、VideoStudio 7、VideoStudio 8、VideoStudio 9、VideoStudio 10、VideoStudio 11 等版本。目前 Ulead 公司被 Corel 公司收购，而该软件的版本标识变为 VideoStudio X2、VideoStudio X3、VideoStudio X4、VideoStudio X5、VideoStudio X6、VideoStudio X7、VideoStudio X8，VideoStudio X9、VideoStudio X10、VideoStudio 2018、VideoStudio 2020、VideoStudio 2021、VideoStudio 2022。

6.1.1 基本功能与新增功能

VideoStudio 的基本功能是视频编辑。按照视频编辑的环节，VideoStudio 主要实现了以下三大基本功能。

1．捕获功能

想要制作视频，必须要有一些相关的素材，这些素材大多来源于 DVD 或数码相机等设备，这些设备的存储介质和存储格式各有不同。VideoStudio 的捕获功能为用户提供了将这些视频或图像记录到计算机硬盘中的简便方法。用户通过 VideoStudio 可以将 DVD-Video、DVD-VR、AVCHD、BDMV 光盘中的内容录制到摄像机、存储器、DVD 或 HDV 摄像机、移动设备中。

2．编辑功能

用户通过捕获和其他途径得到了视频项目所需的视频素材和图像。编辑为用户提供整理媒体素材，添加或修改转场效果、标题和音频，以及预览等功能。编辑是集合项目中所有元素的地方。用户可以从素材库中选择视频、转场、标题、图形、效果和音频素材并添加到时间轴中。使用"选项"面板可以进一步自定义每个元素的属性。

3．共享功能

该功能主要用于满足用户的需求或以其他用途的视频文件格式分享用户的项目。用户可以将渲染的影片作为视频文件导出，将项目刻录为带有菜单的 AVCHD、DVD 和 BDMV 光盘，导出到移动设备或直接上传到 Vimeo、YouTube、Facebook 或 Flickr 的账户中。

4．VideoStudio 2022 的新增功能

VideoStudio 2022 旗舰版新增了以下八大功能。

（1）具有让人变美的脸部滤镜。

VideoStudio 2022 新增了脸部效果滤镜，通过为视频添加滤镜并设置滤镜属性，可以美化视频中的人脸，使皮肤更加光亮和平滑，美白、磨皮的同时可以调节脸部宽度和眼睛大小，并可以实现精准调节。

（2）具有更高效的语音转文字功能。

现在很多视频都需要添加旁白或解说，在这个功能被开发出来之前，用户在剪辑时需要根据音频文件的内容手动添加字幕，或者利用其他工具转换完成后再导入软件中对齐。用户使用语音转文字功能可以自动将视频中的语音转换为文字，操作简单，省时省力。同时，语音转文字的精确度非常高，这是 VideoStudio 2022 的一大亮点。

（3）加入更加灵活的 GIF 创建器。

GIF 是常见的文件格式，因为该格式文件体积小，所以利于传播，使用的人很多，应用场景也很广泛。利用新增的 GIF 创建器，用户可以轻松实现从视频到 GIF 文件的转换。转换后的 GIF 文件可以被轻松地上传到微博、朋友圈、群聊。

（4）具有更丰富的动画 AR 贴纸。

VideoStudio 2022 新增了静态贴纸的数量，还增加了动画贴纸这个新的分类。新版的贴纸可以应用于多个人脸，并对贴纸的位置和大小进行调节。无须像以前那样逐个添加贴纸，使操作变得更加人性化，趣味性也更强。

（5）新增的影视级运镜转场。

VideoStudio 2022 新增了新的转场分类——运镜转场。它具有 14 个转场效果，包含常见的运镜方式。这类转场效果没有其他转场那么复杂多变，但实用性很强，使用得当可以让视频具有高级的电影质感。我们熟悉的很多电影片段，如《长津湖》《流浪地球》《碟中谍》等都运用了此类转场。

（6）具有变速非线性关键帧。

VideoStudio 2022 利用非线性关键帧调节视频，可以使视频速度非线性变化。它具有预设的变速模板，还可以自定义速度，通过非线性关键帧可以快速调整视频速度，更加方便地制作视频特效。

（7）增强型音频波形编辑。

VideoStudio 2022 改进的音频波形编辑更加人性化，界面操作更简单直观，可以在"选项"面板的音乐标签中快速搜索音频相关工具，从而更加精准地控制音频。

（8）增强媒体库和 LUT 配置文件。

VideoStudio 2022 改进了增强媒体库，通过标记工具，既可以按关键词快速搜索内容，还可以对配置文件进行分类或重命名，这样可以快速定位配置文件。

6.1.2 工作界面

不同版本的 VideoStudio，其工作界面也有所不同。下面以 VideoStudio 2022 为例介绍工作界面的组成。

1．启动和退出 VideoStudio

（1）启动 VideoStudio。

在桌面双击 VideoStudio 快捷方式图标，启动 VideoStudio。也可以单击桌面左下角的"开始"按钮，在打开的程序列表中选择"VideoStudio"命令，打开欢迎界面，如图 6.1 所示，工作界面如图 6.2 所示。

图 6.1　欢迎界面

图 6.2　工作界面

（2）退出 VideoStudio。

在工作界面中，选择"文件"→"退出"命令，或者单击工作界面右上角的"关闭"按钮可退出 VideoStudio。

2．VideoStudio 的工作界面

启动 VideoStudio 2022 后就进入了工作界面，其工作界面主要包括菜单栏、"步骤"面板、"选项"面板、预览窗口、"导览"面板、"素材库"面板与"时间轴"面板等，如图 6.3 所示，其中"素材库"面板依次包括媒体素材、声音素材、模板素材、专场素材、标题素材、覆叠素材。

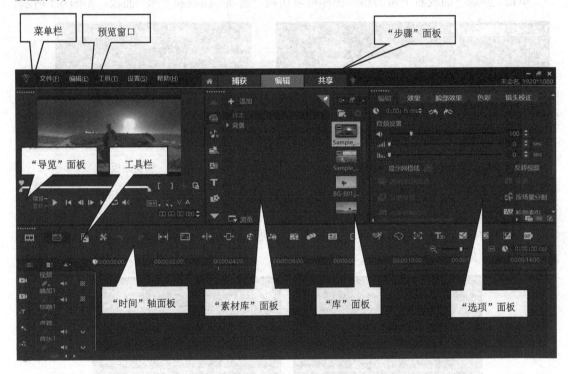

图 6.3　工作界面的组成

（1）菜单栏。

各菜单命令的功能说明如下。

- 文件：可以进行一些项目的操作，如新建项目、打开项目、保存等。
- 编辑：包含一些编辑命令，如撤销、重复、删除、复制等。
- 工具：利用该菜单可以对视频进行多样化编辑，包括高光时刻、多相机编辑器等。
- 设置：利用该菜单可以设置项目文件的基本参数、查看文件属性等。
- 帮助：该菜单提供帮助主题、用户指南、视频教程等，使用户可以获取与该软件相关的信息。

（2）"步骤"面板。

VideoStudio 将视频的编辑过程分为 3 个步骤：捕获、编辑和共享，可以单击"步骤"面板上相应的按钮进行切换，如图 6.4 所示。

"步骤"面板各项功能说明如下。

- 捕获：可以捕获各种视频文件，如 DV 视频、DVD 视频与各类实时画面，还可以定格动画。
- 编辑：主要进行视频文件的编辑，包括剪辑和修整，还可以添加声音、转场、标题、字幕等效果，丰富视频的表现力。
- 共享：当用户完成对视频的编辑后，通过"共享"面板对视频文件进行输出，可以输出 AVI、MPEG-2、MPEG-4 等不同格式的文件，还需要对文件进行命名、确定文件的保存位置等。

（3）"选项"面板。

单击"步骤"面板右下角的相应图标可以切换"选项"面板和"库"面板，如图 6.5 所示。

图 6.4   "步骤"面板 　　　　　　　　　　　　　　图 6.5   切换面板

"选项"面板中的内容根据编辑对象的不同而有差异。当对照片进行编辑时，显示的是"照片区间"数值框、"向左旋转"按钮、"向右旋转"按钮、"填充色"复选框。当对视频进行编辑时，显示的是"音频设置"按钮、"速度/时间流逝"按钮、"分割音频"按钮、"多重修整视频"按钮等，如图 6.6 所示。

图 6.6   照片"编辑"面板与视频"编辑"面板

（4）"库"面板。

用户在该面板中可以导入媒体文件、显示/隐藏视频、显示/隐藏照片、显示/隐藏声音文件。

（5）"导览"面板。

"导览"面板分为项目模式和素材模式，该面板上有功能按钮和播放控制按钮，可以预览和编辑项目中使用的素材。

（6）预览窗口。

在该窗口中，用户可以查看正在编辑的项目或预览视频和添加了转场、字幕等素材的效果。

（7）"素材库"面板。

"素材库"面板用于保存和管理各种多媒体素材，主要包括媒体、声音、模板、转场、标题、覆叠效果等。例如，单击"转场"按钮，选择其中的"滑动"选项，在"库"面板中会显示"滑动"的几种效果：单向、对角线、对开门、横条等。如果选择其中某个效果，则可以在预览窗口中看到该效果，如图 6.7 所示。

图 6.7 素材库中的"转场"素材

（8）"时间轴"面板。

"时间轴"面板用于显示项目中包含的所有素材、标题和效果。在这里允许用户微调效果，还可以根据素材在每条轨道上的位置准确地显示发生的具体时间和位置。各个按钮如图 6.8 所示。

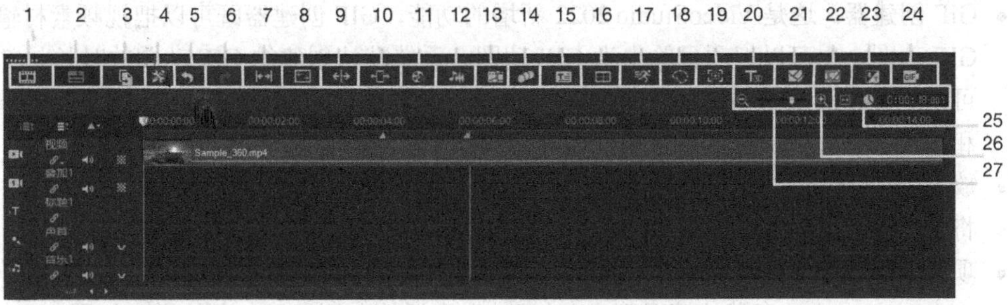

图 6.8 "时间轴"面板

- 故事板视图：单击该按钮，可以切换至故事板视图。
- 时间轴视图：单击该按钮，可以切换至时间轴视图。
- 替换模式：将素材拖放到要替换的时间轴视图上。如果关闭了"替换模式"，则在将替换剪辑放到时间轴上时按住 Ctrl 键。
- 自定义工具栏：单击该按钮，可以打开"工具栏"面板，在该面板中可以管理时间轴工具栏中相应的工具。
- 撤销：单击该按钮，可以撤销前一步的操作。
- 重复：单击该按钮，可以重复前一步的操作。
- 内滑：单击该按钮，可以调整剪辑素材的开始时间和结束时间。
- 调速：单击该按钮，可以调整素材的速度。
- 滚动：单击该按钮，可以调整两个素材之间的编辑点。
- 外滑：单击该按钮，可以调整相邻两个素材的开始帧和结束帧。
- 录制/捕获：单击该按钮，打开"录制/捕获选项"对话框，可以选择定格动画、快照、画外音、捕获视频等选项。
- 混音：单击该按钮，进入混音器属性视图。
- 自动音乐：单击该按钮，打开"自动音乐"对话框，可以设置类别、歌曲、版本等选项。

- 运动追踪：单击该按钮，可以制作视频的运动追踪效果。
- 字幕编辑器：单击该按钮，可以在视频画面中创建字幕。
- 多相机编辑器：单击该按钮，可以在播放视频的同时进行动态编辑等操作。
- 重新映射时间：单击该按钮，可以重新调整视频的播放速度、播放方向。
- 遮罩创建器：单击该按钮，可以创建视频的遮罩效果。
- 摇动和缩放：单击该按钮，可以创建视频的摇动和缩放效果。
- 3D 标题编辑器：单击该按钮，可以制作 3D 标题字幕。
- 分屏模板创建器：单击该按钮，可以创建多屏同框、兼容分屏效果。
- 绘图创建器：单击该按钮，打开"绘图创建器"面板，可以使用画笔工具及色彩绘制各种不同的图形对象。
- 语音转文字：将视频素材拖动到时间轴，双击后即可播放时间轴上的视频，打开视频操作界面，选择"分割音频"选项。完成分割后会在播放轴上出现该视频的音频。选中音频后单击，打开"语音转文字"对话框，可以指定源语言为简体中文、英文等，系统一般默认为简体中文。选择完成后单击开始即可进行语言到文字的转换，转换完成后播放轴标题栏会出现语音转文字的文字轴，单击即可进行编辑和修改。
- GIF 创建器：这是 VideoStudio 2022 新增的功能，GIF 创建器既可以把视频素材输出为 GIF 动图，也可以把项目输出为 GIF 动图。系统默认创建的 GIF 动图的时长是 5 秒，可以更改该时长。如果要修改 GIF 动图的显示时长，可以拖动轨道上的开始修整标记和结束修整标记，也可以使用开始标记和结束标记。
- 放大/缩小滑块：通过向左或向右拖动滑块，可以缩小或放大项目显示。
- 将项目调整到时间轴窗口大小：单击该按钮，可以将项目调整到时间轴窗口大小。
- 项目区间显示框：该显示框中的数值显示了当前项目区间的大小。

图 6.9　5 条轨道

在默认情况下，"时间轴"面板的左侧显示 5 条轨道，如图 6.9 所示。

① 视频轨：在视频中可以插入视频和图像素材，还可以对其进行相应的编辑及管理等操作。

② 叠加 1 轨：可以制作相应的覆叠特效，即画面的叠加，在屏幕上同时显示多个画面。

③ 标题 1 轨：可以创建标题字幕，并且字幕以各种字体、样式和动画等形式出现在屏幕上。

④ 声音轨：在声音轨中可以插入相应的背景声音素材，还可以添加声音特效，多方面展示视频。

⑤ 音乐 1 轨：在音乐 1 轨中可以插入音乐素材。

6.2　VideoStudio 的视频处理

视频处理是影片制作的一个很重要的方面。那么，如何进行视频处理呢？一般来说，视频捕获是视频编辑的第一步。首先视频捕获的素材是通过摄像机、电视等视频源获取的，然后通过视频捕获卡等接收，最后将视频信号保存在计算机中，在 VideoStudio 中添加该视频素材后，就可以对该素材进行相应的编辑，还可以通过添加各种视频特效来丰富视频内容，展现更加生动、美观的视频。

6.2.1　获取视频

VideoStudio 具有强大的视频捕获功能。用户不但可以通过 DV 捕获静态图像、视频等素材，还可以通过其他设备捕获素材。除了从移动设备中捕获素材，还可以在 VideoStudio 的"编辑步骤"面板中添加各种不同类型的素材。

在获取视频前，需要对捕获参数进行设置。在 VideoStudio 中，选择菜单栏中的"设置"→"参数选择"命令，打开"参数选择"对话框，选择"捕获"选项卡切换到"捕获"参数设置选区，在该选区中单击"捕获格式"右侧的下拉按钮，在打开的下拉列表中选择"JPEG"选项，设置完成后，单击"确定"按钮，完成捕获参数的设置，如图 6.10 所示。

1．捕获静态图像

在 DV 视频中可以捕获静态图像。如果计算机自带摄像头，则直接启用即可。如果计算机没有摄像头，则先将外部拍摄器连接在计算机上，再在工具栏中单击"捕获"按钮切换至"捕获"面板，选择该面板中的"捕获视频"选项，即可从外部设备获取视频，如图 6.11 所示。

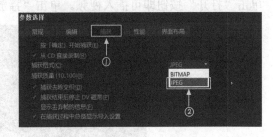

图 6.10　设置捕获参数

"捕获"面板中的"来源"下拉列表显示了摄像头的名称，即通过该下拉列表可以选择捕获设备。单击"格式"下拉列表可以选择视频文件的格式。单击"捕获视频"按钮，开始捕获摄像头拍摄的视频，如果要停止捕获，则单击"停止捕获"按钮。捕获完成后，视频素材被保存到素材库中，此处还可以设置文件名，如图 6.12 所示。

图 6.11　获取视频　　　　　　　　　　图 6.12　"捕获视频"相关设置

捕获静态图像的示例如图 6.13 所示。

图 6.13　捕获静态图像的示例

2. 将 DV 中的视频复制到计算机

将 DV 连接到计算机后，打开一个"打开文件"对话框，单击"浏览文件"按钮，打开"详细信息"对话框，打开 DV 磁盘，选取 DV 拍摄的视频文件，选中该文件并右击，在弹出的快捷菜单中选择"复制"命令，复制该文件。

3. 从计算机中获取视频

前文介绍了将 DV 中的视频复制到计算机中的方法，那么也可以从计算机中获取视频。在 VideoStudio 2022 工作界面中，选择菜单栏中的"文件"→"将媒体文件插入到时间轴"→"插入视频"命令，如图 6.14 所示，打开"打开视频文件"对话框，选择需要打开的视频文件，单击"打开"按钮即可插入视频。单击"播放"按钮即可在预览窗口看到预览效果。

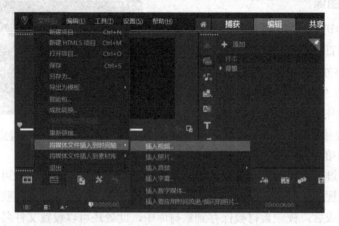

图 6.14 选择"插入视频"命令

此外还可以在右侧的媒体素材库中选中某个视频并右击，在弹出的快捷菜单中选择"插入到"→"视频轨"命令，如图 6.15 所示，可以在工作界面下方的视频轨中看到插入的视频，也可以在预览窗口中预览效果。采用同样的方法也可以插入音频等媒体素材。

预览视频效果如图 6.16 所示。

图 6.15 选择"视频轨"命令　　　　　图 6.16 预览视频效果

4．从手机中捕获视频

用户除了可以从计算机中获取视频，还可以从其他设备（如手机）中捕获视频。下面以 iPhone 手机为例介绍具体操作步骤。在计算机中找到 iPhone 移动设备，选中后右击，在弹出的快捷菜单中选择"打开"命令，打开"打开文件"对话框，选择手机拍摄的视频文件后右击，在弹出的快捷菜单中选择"复制"命令复制该视频文件。打开计算机中可以存放该视频文件的文件夹并右击，在弹出的快捷菜单中选择"粘贴"命令即可。将刚才选中的视频文件直接拖动到 VideoStudio 编辑器的视频轨中，这样就完成了捕获来自手机中的视频文件的操作。

5．从平板电脑中捕获视频

用户可以利用数据线将平板电脑与计算机连接，按照从手机中捕获视频的方法操作即可。

6.2.2　分割视频

视频处理首先就是按照需求对获取的视频进行分割，这样既可以对分割后的每段视频按需求进行精细化编辑，又可以替换部分视频。具体操作步骤如下。

（1）打开一个待处理的视频，此处可以将选中的视频直接拖动到视频轨中，如图 6.17 所示。

图 6.17　视频轨中显示已经打开的视频

（2）选中该视频，将光标移动到需要进行分割的节点处右击，在弹出的快捷菜单中选择"分割素材"命令，即可对原始素材以节点进行分割，如图 6.18、图 6.19 所示。

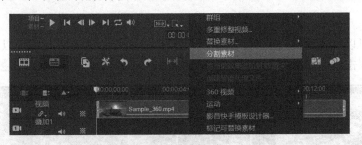

图 6.18　选择"分割素材"命令

图 6.19　分割视频

用户可以选择其中一段视频进行视频预览，也可以选中视频后按 Delete 键，或通过右击选择对应的菜单命令来删除某段视频。对于同一个视频的分割要求，可以使用多种方法来实现，用户只需选择简单快捷的方法来实现即可。VideoStudio 中还有其他分割视频的操作方法及一些辅助工具，用户可以自行查阅相关资料学习。

6.2.3　视频特效

在视频处理中，除了对视频进行分割剪切，还经常对播放画面的尺寸、形状、色彩与内容进行调整，另外也经常为不同的视频段添加一些播放效果，使视频更加丰富。

1．增强素材

用户通过调整视频或图像素材的当前属性（如色彩校正中的色彩设置），可以改善视频或图像的外观。

假设有一段视频拍摄时光线较差，那么可以通过如下方法进行调整：选中"时间轴"面板或"故事"面板中要调整的照片或视频，单击"选项"面板右下角的"显示库和选项面板"按钮或"选项面板"按钮，打开"选项"面板，如图 6.20 所示。

图 6.20　打开"选项"面板

拖动滑块可以调整素材的色调、饱和度、亮度、对比度；观看预览窗口以了解新的设置对图像的影响；双击相应的滑动条，就可以重置素材的原始色彩设置，如图 6.21 所示。

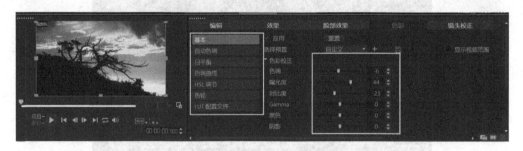

图 6.21　素材的色彩校正

在图 6.21 中也可以调整白平衡。

"白平衡"通过消除由冲突的光源和不正确的数码相机设置导致的不需要的色偏，从而恢复图像的自然色温。例如，在图像或视频素材中，白炽灯照射下的物体可能显得过红或过黄。要成功获得自然效果，需要在图像中确定一个代表白色的参考点。VideoStudio 提供了几种用于选择白点的选项。

- 自动：自动选择与图像整体色彩相配的白点。
- 选取色彩：可以在图像中手动选择白点。使用"色彩选取工具"可以选择应为白色或中性灰的参考区域。
- 白平衡预设：通过匹配特定光条件或情景自动选择白点。
- 温度：用于指定光源的温度，以开氏温标（K）为单位。较低的值表示钨光、荧光和日光情景，而云彩、阴影和阴暗的温度较高。

另外，还可以单击"自动色调"按钮，选择"自动调整色调"选项来调整色调。选择"自动调整色调"下拉菜单中的相应选项，可以指定将素材设置为最亮、较亮、一般、较暗或最暗。

2．调整素材画面大小

调整素材画面大小有两种基本方法。

方法 1：选中图片，在视频预览区，可以拖动图片的 4 个角来调整图片的大小，这样调整后的图片，其画质稍微有点损伤，如图 6.22 所示。

图 6.22　调整素材画面大小

方法 2：选中图片，在视频预览区右击，在弹出的快捷菜单中选择"调整到屏幕大小"命令或"重置变形"命令，如果想要图片清晰度保持不变，则可以选择"保持宽高比"命令，这样可以在调整完图片大小后保留其清晰度，如图 6.23 所示。

图 6.23　利用快捷菜单中的命令调整素材画面大小

3．裁减素材画面大小

在视频轨中，选中该素材后右击，在弹出的快捷菜单中选择"裁减模式"命令，此时在预览窗口中可以看到视频窗口的四周出现了黄色的裁减框，拖动黄色边框就可以完成素材画面的裁减，如图 6.24 所示。

图 6.24　裁减素材画面大小

4．滤镜

视频滤镜是可以应用到素材的效果，用来改变素材的样式或外观。使用滤镜是增强素材或修正素材中缺陷的一种具有创意的方式。例如，可以制作一个看起来像油画的素材或改善素材的色彩平衡。本节主要介绍 4 种编辑视频滤镜的操作方法。每种方法都选取一个实例来讲解。

方法 1：添加单个视频滤镜。

（1）打开 VideoStudio 编辑器，单击"故事板视图"按钮切换到故事板视图，从媒体素材库中选取一个视频并拖动到故事板视图的编辑区，可以在预览窗口预览效果，如图 6.25 所示。

图 6.25　插入一个视频素材

（2）单击素材库左侧的"滤镜"按钮，先选择"特殊"选项，再选择其中的"气泡"选项，即可选中气泡滤镜效果，在预览窗口中可以看到添加该滤镜后的效果，如图 6.26 所示。

图 6.26　选择"气泡"选项

（3）选择"气泡"选项，选中该滤镜，按住鼠标左键将其拖动到故事板视图的素材上，此时鼠标右下角显示的是一个"+"形状，释放鼠标左键，即可为该素材添加"气泡"滤镜效果，在预览窗口中可以看到该素材添加滤镜后的效果，如图 6.27 所示。

图 6.27　添加气泡滤镜

方法 2：添加多个视频滤镜。

用户可以为一个素材添加多个滤镜效果，这样产生的效果就是多个滤镜效果的叠加。

（1）打开 VideoStudio 编辑器，单击"故事板视图"按钮切换到故事板视图，从媒体素材库中选取一个视频并拖动到故事板视图的编辑区，可以在预览窗口预览效果。

（2）单击"滤镜"按钮，先选择"特殊"选项，再选择其中的"气泡"选项，即可选中气泡滤镜效果。

（3）选择"气泡"选项，选中该滤镜，按住鼠标左键将其拖动到故事板视图的素材上，此时鼠标指针右下角显示的是一个"+"形状，释放鼠标左键，即可为该素材添加"气泡"滤镜效果。在"效果"面板中可以查看已经添加的"气泡"滤镜效果，如图 6.28 所示。

（4）取消勾选"效果"面板中"替换上一个滤镜"复选框，采用上面相同的方法为素材再次添加"相机镜头"中的"光芒"滤镜效果。在"效果"面板中可以看到已经为该视频素材添加的两个滤镜效果，并且在左侧预览窗口可以看到同时添加了两个滤镜效果的视频预览。单击"播放"按钮可以预览同时添加了多个滤镜效果的视频，如图 6.29 所示。

图 6.28　查看已经添加的"气泡"滤镜效果

图 6.29　添加多个视频滤镜的效果

方法 3：替换视频滤镜。

在为某个素材添加滤镜效果后，如果发现并未达到预期效果，可以对其进行替换。

（1）打开需要进行滤镜替换的视频素材。

（2）在"效果"面板中勾选"替换上一个滤镜"复选框，选择"光芒"选项，即可选中光芒滤镜效果，单击"滤镜"按钮，切换到"相机镜头"滤镜，选择另一个要进行替换的滤镜——"色彩偏移"选项，如图 6.30 所示。

图 6.30　选择要进行替换的滤镜

（3）按住鼠标左键将其拖动到故事板视图的素材上，此时鼠标指针右下角显示的是一个"+"形状，释放鼠标左键，即可将素材的"光芒"滤镜效果替换为"色彩偏移"效果。单击"播放"按钮即可在预览窗口中看到替换滤镜后的效果，如图 6.31 所示。

方法 4：删除滤镜。

用户可以在"效果"面板中删除滤镜。

（1）打开需要删除滤镜的素材。

（2）在故事板视图中选中该素材后，双击该素材文件，"效果"面板中会出现为该视频添加的所有滤镜效果。

（3）在滤镜列表框中选择需要删除的滤镜"色彩偏移"选项，单击"删除滤镜"按钮，即可删除选择的滤镜效果，如图 6.32 所示。

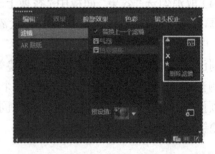

图 6.31　替换滤镜后预览效果　　　　　　　　图 6.32　删除滤镜

此外，在 VideoStudio 中，用户在为素材添加滤镜效果后，还可以为滤镜指定预设样式或自定义滤镜效果。这些操作可以在"效果"面板中单击右下角的"自定义滤镜"按钮来自定义视频滤镜属性。

5．AR 贴纸的应用

VideoStudio 不仅新增了静态贴纸的数量，还增加了动画贴纸这个新的分类。新版的贴纸可以应用于多个人脸，并对贴纸的位置和大小进行调节。无须像以前那样逐个添加贴纸，使操作变得更加人性化，趣味性也更强。

（1）从素材库中选择一段带有人物的视频素材，拖动到视频轨，并在预览窗口预览效果。

（2）在素材库中先选择"AR 贴纸"选项，再分别选择其中的"全部"选项、"收藏夹"选项、"静态贴纸"选项和"动态贴纸"选项，可以在右侧面板中显示相应类型的贴纸素材，如图 6.33 所示。

（3）选择其中一种贴纸类型，如选择"考拉"选项，如图 6.34 所示，当鼠标指针移动到贴纸上时，会自动显示出贴纸的条目名称、条目类型和标记。选择该贴纸后右击，在弹出的快捷菜单中有"添加到收藏夹"、"编辑"和"标记" 3 个命令。

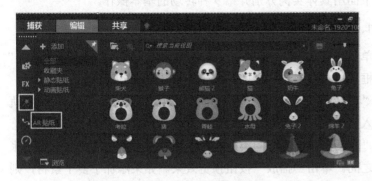 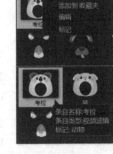

图 6.33　显示 AR 贴纸类型　　　　　　　　图 6.34　选择"考拉"选项

当选择"添加到收藏夹"命令时，可以将该贴纸添加到收藏夹中，方便以后使用。当选择"编辑"命令时，打开"编辑贴纸"对话框，可以对贴纸的位置和尺寸进行调整，如图 6.35 所示。当选择"标记"命令时，可以对当前标记进行修改。

（4）选择贴纸后，可以在预览窗口中看到当前所选贴纸的效果。将选中的贴纸直接拖动到"时间轴"面板中的视频轨上，可以在预览窗口中看到添加了贴纸的视频效果，如图 6.36 所示。

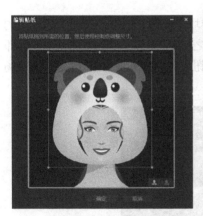 

图 6.35　"编辑贴纸"对话框　　　　　　　图 6.36　为视频素材添加 AR 贴纸

6.2.4　视频转场

经过操作，用户已经对各个视频段进行了相应的处理，并得到了满意的效果。但是，当预览整个项目时，看到的只是多个视频段的连续播放，并没有整体感，原因在于两段视频之间没有过渡和衔接。下面介绍 VideoStudio 提供的视频衔接功能——转场。

转场可以使影片从一个场景平滑地切换到另一个场景。如果转场效果运用得当，则可以增加影片的观赏性和流畅性，从而提高影片的艺术欣赏性。VideoStudio 的转场可以应用到"时间轴"面板中所有轨道上的单个素材或素材之间。用户有效地使用此功能可以为影片添加专业化的效果。VideoStudio 素材库中拥有十几种类型的转场，如图 6.37 所示。对于每一种类型，均可通过缩略图观看预设效果。

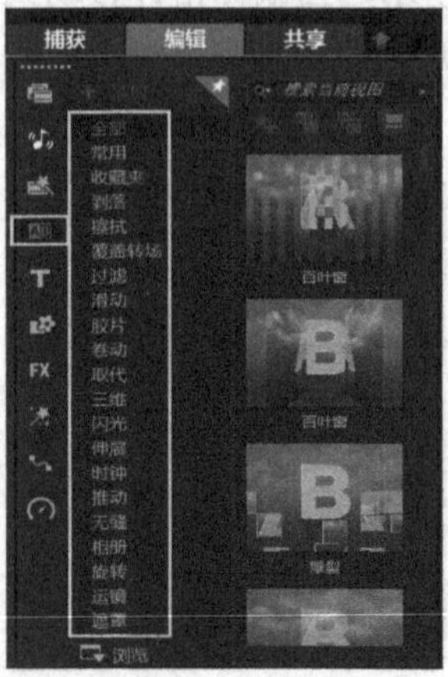

下面用具体实例分别介绍 9 种转场的基本操作。

1．自动添加转场

单击"设置"按钮，选择"参数选择"选项，打开"参数选择"对话框，单击该对话框中的"编辑"按钮切换到"编辑"选项卡，勾选"自动添加转场效果"复选框，单击"确定"按钮。在视频轨中插入两张图片，此时这两张图片之间已经自动添加了一个转场。当在"转场"中选择不同类型的转场效果时都会自动添加在这两张图片之间。单击"播放"按钮预览效果。如果添加了多个素材，则可以自动在每两个素材之间添加转场效果，如图 6.38 所示。

图 6.38　自动添加转场

2．手动添加转场

在故事板视图中添加两张图片，单击素材库左边的"转场"按钮，选择"卷动"选项中的"分成两半"转场效果，按住鼠标左键将其拖动到两张图片之间的方格中，释放鼠标左键，即可完成添加"分成两半"转场效果的操作。单击"播放"按钮可以在预览窗口中预览添加转场后的效果，如图 6.39 所示。

图 6.39　手动添加转场

3．对素材应用随机转场效果

用户可以为素材添加随机的转场效果。在故事板视图中添加两张素材，先单击"转场"按

图 6.37　转场类型

钮，再单击"对视频轨应用随机效果"按钮，即可为素材添加随机转场效果，如图 6.40 所示。

4．对素材应用当前效果

在故事板视图中添加两张素材，单击"转场"按钮，选择"三维"选项中的"百叶窗"转场效果，单击"对视频轨应用当前效果"按钮，可以在素材之间添加"百叶窗"效果，如图 6.41 所示。

图 6.40　为素材添加随机转场效果

图 6.41　为素材添加"百叶窗"效果

5．将转场效果添加到收藏夹

单击"转场"按钮，选择"无缝"选项中的"向上并旋转"转场效果，单击"添加到收藏夹"按钮，如图 6.42 所示。

选择"收藏夹"选项，即可看到刚才添加的"向上并旋转"转场效果，如图 6.43 所示。

图 6.42　选择需要添加到收藏夹的转场

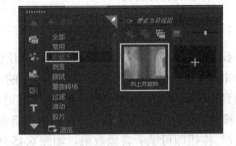

图 6.43　显示收藏夹中已经添加的转场效果

6．从收藏夹中删除转场效果

单击"转场"按钮，选择"收藏夹"选项，选中其中需要删除的转场效果并右击，在弹出的快捷菜单中选择"删除"命令。在打开的提示信息框中单击"是"按钮，即可从收藏夹中删除该转场效果。

7．替换转场效果

如果对已经添加的转场效果不满意，则可以替换转场效果。打开一个已有的项目文件，单击"播放"按钮预览效果。原来的转场效果是"向上并旋转"。单击"转场"按钮，先选择"覆盖转场"选项，再选择其中的"百叶窗"选项。按住鼠标左键将其拖动到故事板视图中两张素材之间的方框处，即原转场效果的方框处，释放鼠标左键，即可直接替换之前的转场效果，单击"播放"按钮，再次预览新的视频效果。

8．移动转场效果

打开一个已有的项目文件，并预览其效果。在故事板视图中，选择第一个素材与第二个素材之间的转场效果，按住鼠标左键将其拖动到第二个素材与第三个素材之间，释放鼠标左键，即可完成移动转场效果的操作，如图 6.44 所示。

图 6.44　移动转场效果

9．删除转场效果

打开一个已有的项目文件，单击"播放"按钮预览视频效果。选择故事板视图中需要删除的转场效果后右击，在弹出的快捷菜单中选择"删除"命令，或者直接按 Delete 键，即可删除该转场效果。

6.3　VideoStudio 的音频处理

声音是影视作品的重要元素之一，也是一部影片的灵魂。它在后期的音频处理中是非常重要的。

6.3.1　添加音频素材

1．从素材库中添加现有的音频

我们以上一节完成的项目为实例，打开项目文件，切换到时间轴视图，在"媒体"素材库中单击"声音"按钮，选择右侧素材库中的 Applause Cheering.mp3 音频，按住鼠标左键将其拖动到声音轨中的适当位置，释放鼠标左键，即可为该文件添加音频，还可以选中该音频素材，移动其位置，也可以拖动其两端改变音频的长短，使其与视频轨中的文件更好匹配。单击"播放"按钮即可试听音频效果，如图 6.45 所示。

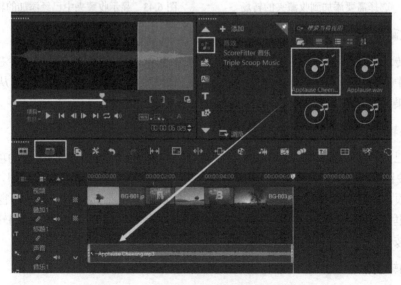

图 6.45　从素材库中添加现有的音频

2．添加本地计算机中的音频

打开已有的一个项目文件，在"时间轴"面板中将鼠标指针移动到空白处后右击，在弹出的快捷菜单中选择"插入音频"→"到声音轨"命令，如图 6.46 所示。在打开的"打开音频文件"对话框中选择需要的音频文件，如图 6.47 所示，单击"打开"按钮，即可将文件夹中的音频文件添加到声音轨中。

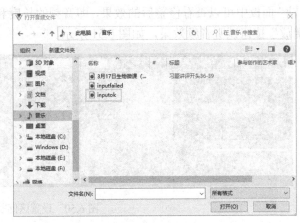

图 6.46　选择"到声音轨"命令　　　　　　　　图 6.47　选择音频文件

3．添加自动音乐

打开一个已有的项目文件，切换到"时间轴"面板，单击该面板上方的"自动音乐"按钮，打开"自动音乐"面板，分别在类别、歌曲、版本中选择需要的选项后，单击"播放选定歌曲"按钮开始播放选中的音乐，如图 6.48 所示。单击"添加到时间轴"按钮，可以在音乐 1 轨中添加自动音乐，如图 6.49 所示。

图 6.48　单击"播放选定歌曲"按钮

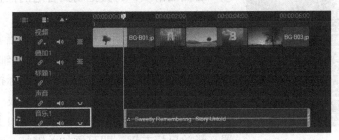

图 6.49　添加自动音乐

6.3.2 音效处理

1. 修整音频

（1）使用区间修整音频。

打开一个项目文件，选择声音轨中的音频，在"音乐和声音"面板中单击右侧的"区间"数值调节按钮，将区间设置为 0:00:07:000，即可完成区间修整音频，如图 6.50 所示。在"时间轴"面板中可以查看修整后的效果，即音频的长度和视频刚好对应。也可以在预览窗口单击"播放"按钮试听音频效果，如图 6.51 所示。

图 6.50　设置区间长度

图 6.51　使用区间修整音频

（2）使用缩略图修整音频。

在声音轨中选择需要修整的音频，将鼠标指针放在其左端或右端的黄色标记处，按住鼠标左键可以向左或向右拖动，在拖动到合适位置后释放鼠标左键，即可完成修整音频的操作。

2. 调节音频的音量

（1）调节整段音频的音量。

在"时间轴"面板中选择声音轨中的音频文件，在"音乐和声音"面板中，单击"素材音量"右侧的滑块，将其拖动到合适的位置，即可调节整段音频的音量，如图 6.52 所示。

（2）使用音量调节线调节音频的音量。

在声音轨中选择音频，单击"时间轴"面板上方的"混音"按钮，打开"混音"面板，将鼠标指针移动到音频文件的音量调节线上，此时鼠标指针变成一个向上的箭头形状，如图 6.53 所示。按住鼠标左键向上拖动到合适的位置，释放鼠标左键，即可添加关键帧。将鼠标指针移动到

图 6.52　调节整段音频的音量

另一个位置，按住鼠标左键向下拖动，同样完成添加关键帧的操作，如图 6.54 所示。单击"播放"按钮可以试听调节后的音频效果。

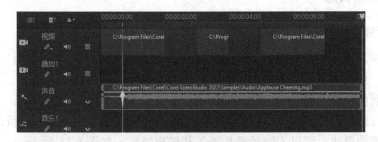

图 6.53　鼠标指针变成向上的箭头形状

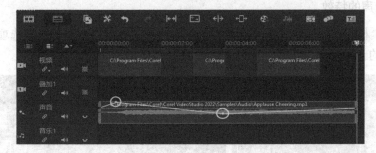

图 6.54　添加关键帧

3．调节音频回放速度

在声音轨中选择需要调节的音频，在"音乐和声音"面板中单击"速度"按钮，在其右侧拖动速度调节轴上的滑块可以调节音频回放速度，也可以单击右侧的速度调节按钮来调节音频回放速度，调节范围为 0.1～10，如图 6.55 所示。

4．设置轨道静音

有时为了听清楚某个轨道中的声音，可以将其他轨道中的声音设置为静音模式。在声音轨中选择需要设置的音频文件，单击面板上的"混音"按钮，打开"混音"面板，单击声音轨下方的"静音"按钮，即可设置轨道静音，如图 6.56 所示。单击"播放"按钮试听音频效果，如图 6.57 所示。

图 6.55　调节音频回放速度

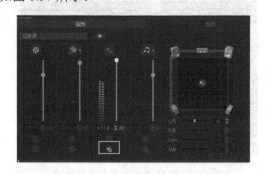

图 6.56　单击"静音"按钮

图 6.57　试听音频效果

6.3.3　制作音频特效

1．制作音频的淡入和淡出特效

使用淡入和淡出的音频效果可以避免音乐的突然出现和消失，也可以为音乐添加一种自然过渡的效果，使音频效果更美妙，也让听者更容易接受。

（1）打开前面小节已建立的项目文件，可以在预览窗口中试听音频效果。

（2）在声音轨中选择需要添加特效的音频文件，打开"音乐和声音"面板，拖动"淡入"和"淡出"右侧的滑块，可以为音频添加淡入和淡出特效，如图 6.58 所示。

2．去除噪声的特效

（1）在"素材库"面板中单击"滤镜"按钮，选择其中的"音频滤镜"选项，在右侧面板中会显示所有的音频滤镜，选择其中的"删除噪音"选项，如图 6.59 所示。

图 6.58　为音频添加淡入和淡出特效　　　　图 6.59　选择"删除噪音"选项

（2）选择"删除噪音"选项并按住鼠标左键将其拖动到声音轨的音频文件上，释放鼠标左键，即可为该音频添加删除噪声的特效，可以在预览窗口中预览效果。

3．添加变音声效

（1）单击声音轨中的音频文件，切换到"音乐和声音"面板，先选择"效果"选项，再选择其中的"音调偏移"选项，单击"Add"按钮，如图 6.60 所示。

（2）将"音调偏移"效果添加到"Applied filters"中，单击"Options"按钮，打开"音调偏移"对话框，将"半音调"数值滑块拖动到适当的位置，如图 6.61 所示。设置完成后，单击"确定"按钮，可以在预览窗口中试听音频效果。

图 6.60　单击"Add"按钮　　　　图 6.61　拖动"半音调"数值滑块

此处通过 3 个实例来介绍音频特效的制作方法，其他音频特效的制作方法类似，感兴趣的读者可以自己实践。

6.4　VideoStudio 的文字处理

通过前面的介绍与操作，一部影片的制作基本完成，用户可以在预览窗口中看到很好的视听效果。虽然此时的图片和声音可以表达千言万语，但是在视频中添加文字（字幕、开场和结束时的演职员表等）仍是必不可少的。文字可以使影片更为清晰明了。用户通过 VideoStudio 可以在几分钟内为影片创建出具有特殊效果的、专业化外观的文字。

6.4.1　创建标题文字

在 VideoStudio 中，用户可以使用多文字框和单文字框来添加文字。使用多文字框能灵活地将文字的不同词语放置在视频帧的任何位置，并能设置文字的叠加顺序。单文字框可以为项目创建开场标题和结尾鸣谢名单。

1．添加文字

（1）在素材库中单击"标题"按钮，选择其中的"纯文本"选项，在素材库左侧的预览窗口中出现"双击这里可以添加标题"选区提示，右侧展现的是各种纯文本的效果，如图 6.62 所示。

图 6.62　各种纯文本的效果

（2）选择某个文字效果，按住鼠标左键将其拖动到"时间轴"面板的标题 1 轨后释放鼠标左键。在预览窗口中就会出现该文字，如图 6.63 所示。

（3）如果双击预览窗口中刚才添加字幕的位置，则可以重新输入自己想要添加的文字标题内容，可以拖动文字四周的边框来改变文字的字号，拖动该文本框来改变文字的位置，也可以在"标题选项"面板中对文字效果进行字体、样式、边框等修改，如图 6.64 所示。

（4）重复以上步骤，可以再次将文字标题添加到其他位置。单击"播放"按钮可以查看添加了文字标题的视频，如图 6.65 所示。

图 6.63　添加文字

图 6.64　编辑文字

图 6.65　添加文字的效果

2．添加标题字幕

（1）在素材库中单击"标题"按钮，选择其中的"自定义"选项，在素材库左侧的预览窗口中出现"双击这里可以添加标题"选区提示，双击该选区提示，就可以输入想要添加的标题文字，如图 6.66 所示。

图 6.66　双击选区提示添加标题字幕

（2）输入标题文字后仍然可以按照上一节的方法在"标题选项"面板中修改文字的样式等效果，如图 6.67 所示。

图 6.67　添加标题字幕的效果

3. 删除字幕

在标题 1 轨中选择需要删除的标题文字后右击，在弹出的快捷菜单中选择"删除"命令，或者选中需要删除的标题文字后直接按 Delete 键，就可以将素材中的标题文字删除，可以在预览窗口中查看效果。

6.4.2　设置文字属性

在"标题选项"面板中，选择左侧"字体"选项，可以在右侧面板中设置文字的字体、字号、颜色、字符间距、对齐方式等，如图 6.68 所示。

在"标题选项"面板中，选择左侧"样式"选项，可以在右侧面板中选择具体的艺术字样式，如图 6.69 所示。

图 6.68　选择"字体"选项

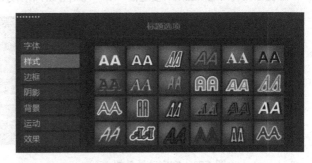

图 6.69　选择艺术字样式

同理，可以依次选择"标题选项"面板左侧的其他选项，如"边框"、"阴影"和"背景"等，再依次按照需要在右侧面板中选择相应内容进行设置。

6.4.3 设置文字特效

1. 设置文字静态特效

我们以设置文字光晕阴影特效为例进行讲解，其他特效的设置方法类似，感兴趣的读者可以自行尝试。

（1）打开上一小节已经添加文字字幕的文件，并在预览窗口预览效果。

（2）选择"标题选项"面板中的"阴影"选项，右侧面板中有4种阴影效果，从左到右依次是"无阴影"、"下垂阴影"、"光晕阴影"和"突起阴影"。默认选择第一个"无阴影"选项，并显示预览效果，如图6.70所示。

（3）如果选择"光晕阴影"选项，则可以在面板下方设置它的"强度"、"光晕阴影色彩"、"透明度"和"柔化边缘"，设置完成后可以在预览窗口中预览效果，如图6.71所示。

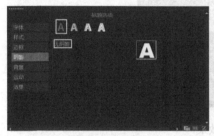

图 6.70　选择"无阴影"选项 　　　　图 6.71　添加"光晕阴影"效果

2. 设置文字动态特效

（1）选择"标题选项"面板中的"运动"选项，在右侧的面板中勾选"应用"复选框，即可启用文字动画效果，如图6.72所示。

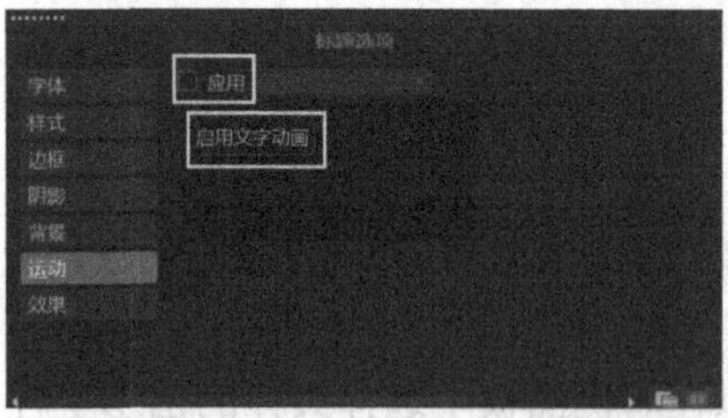

（2）"应用"下拉列表中显示各种文字动画效果。VideoStudio 2022 提供了 8 种文字动画效果。在选择其中某种文字动画效果后还可以对其进行编辑，如图6.73所示。

（3）选择"飞行"选项，并预览各种不同的飞行效果，如图6.74所示。

图 6.72　勾选"应用"复选框

图 6.73　文字动画效果

图 6.74　选择"飞行"选项

（4）选择第一个飞行效果，可以在预览窗口看到之前添加的文字具有了从屏幕下方向上方移动的效果。其他文字动画效果的添加方法类似，感兴趣的读者可以自行尝试。

6.5　应用实例

在 VideoStudio 中，我们可以将平时拍摄的记录日常生活的视频片段或照片巧妙地组合在一起，为它们添加特效、背景音乐、标题字幕等，使内容更加丰富生动。下面主要介绍如何制作一个美食相册。

1．导入美食媒体素材

在对美食媒体素材进行编辑之前先要导入该素材，具体操作步骤如下。

（1）选择"编辑"选项卡，打开媒体素材库，单击"添加"按钮，添加一个"文件夹"选项。选择菜单栏中的"文件"→"将媒体文件插入到素材库"→"插入视频"命令，如图 6.75所示。

图 6.75　选择"插入视频"命令

（2）打开"选择媒体文件"对话框，选择需要导入的视频素材，单击"打开"按钮，即可将视频导入新建的文件夹中，如图 6.76 所示。

图 6.76　选择视频素材

（3）选择媒体素材库中的"文件夹"选项，在右侧面板中会显示刚才添加的两个视频素材，如图 6.77 所示。

图 6.77　将素材导入新建的"文件夹"中

（4）重复上述步骤。选择菜单栏中的"文件"→"将媒体文件插入到素材库"→"插入照片"命令，可以将其他图片素材也添加到素材文件夹中，如图 6.78 所示。

图 6.78　插入图片素材

（5）选择刚才添加的任意一个素材，即可在预览窗口中预览其效果。

2．制作美食背景画面

（1）在媒体素材库的"文件夹"选项中，依次选择"美味记录 1"和"美味记录 2"视频素材，按住鼠标左键将其拖动到视频轨的开始位置，释放鼠标左键，如图 6.79 所示。

图 6.79　添加两个视频素材

（2）单击素材库中的"转场"按钮，先选择"胶片"选项，再选择其中的"对开门"选项，按住鼠标左键将其拖动到视频轨上两个视频的交界处释放鼠标左键，此时在两个视频之间添加了一个"对开门"转场效果，如图 6.80 所示，可在预览窗口中预览效果。

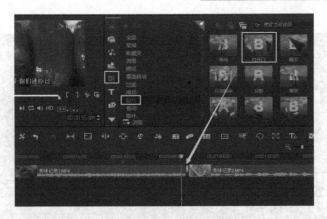

图 6.80　添加"对开门"转场效果

（3）选择视频轨上刚才添加的"对开门"转场效果后右击，在弹出的快捷菜单中选择"打开选项面板"命令，即可打开该转场的选项面板，可以对其进行设置。这里将转场时间由 0:00:01:000 改为 0:00:03:000，如图 6.81 所示。

（4）重复上述步骤，为视频 2 的末尾添加"条带"转场效果，并将转场时间设置为 0:00:09，预览效果如图 6.82 所示。

图 6.81　设置"对开门"转场时间

图 6.82　为视频 2 末尾添加"条带"转场效果

3．制作视频画中画特效

（1）在"时间轴"面板中，将时间线移动到 0:00:03:000 的位置，在媒体素材库中选择 IMG_4671.jpg 素材，按住鼠标左键将其拖动到叠加 1 轨道中，使其位置对准时间线 0:00:03:000 的位置，如图 6.83 所示。选择该素材后右击，在弹出的快捷菜单中选择"打开选项面板"命令，可以进行具体的设置。此处将时间设置为 0:00:06:000，勾选"应用摇动和缩放"复选框，在展开的各种效果中选择其一，如图 6.84 所示，可以在预览窗口中预览效果。

图 6.83　添加"画中画"效果

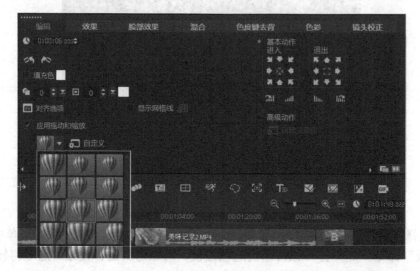

图 6.84　设置"画中画"效果

（2）用户可以在预览窗口中选择添加的"画中画"图片，移动其位置和改变大小，适当放大图片并将其由视频画面中间位置拖动到右上角区域，最终预览带有摇动和缩放的"画中画"效果，如图 6.85 所示。

图 6.85　预览带有摇动和缩放的"画中画"效果

4．声音的处理

如果对视频素材背景音不满意，则可以更换背景音并添加声音特效。具体操作步骤如下。

（1）右击需要处理的视频，在弹出的快捷菜单中选择"音频"→"分离音频"命令，如图 6.86 所示。

（2）此时可以在声音轨中看到一段音频波形，如图 6.87 所示。

图 6.86　选择"分离音频"命令

图 6.87　分离出来的音频波形

（3）选择菜单栏中的"文件"→"将媒体文件插入到素材库"→"插入音频"命令，打开

"选择媒体文件"对话框,选择"友人-神秘校园之歌.mp3"选项,即可将其插入媒体素材库中,如图 6.88 所示。

图 6.88 插入音频素材

(4)将媒体素材库中的"友人-神秘校园之歌.mp3"音频素材拖动到"时间轴"面板中的声音轨上,释放鼠标左键,即可完成该音频的添加,即更换了视频素材的背景音。拖动音频波形两端的黄色部分可以调整其开始和结束位置,如图 6.89 所示。

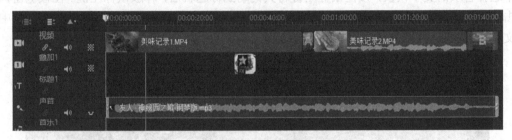

图 6.89 更换视频素材的背景音

(5)在声音轨中选择已添加的声音素材,右击,在弹出的快捷菜单中选择"打开选项面板"命令,打开"音乐和声音"面板,选择"基本"选项,拖动"素材音量"数值滑块,调整其值为"88",拖动"淡入"数值滑块,调整其值为"5",拖动"淡出"数值滑块,调整其值为"4",可以在预览窗口中预览效果,如图 6.90 所示。

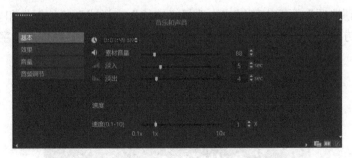

图 6.90 声音的"基本"设置

(6)选择"音乐和声音"面板中的"效果"→"回声"选项,单击"Add"按钮,Applied filters 选区出现"回声"选项,单击下方的"Options"按钮,打开"回声"对话框,在该对话框中可以对其进行具体设置,如图 6.91 所示,并在预览窗口预览效果。

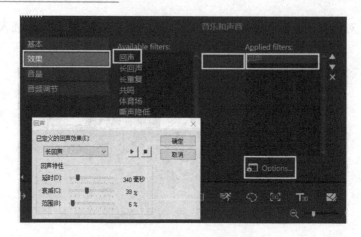

图 6.91　设置"回声"对话框

5. 制作视频片头字幕

（1）将时间线移动到 0:00:07:000 的位置，在媒体素材库中单击"标题"按钮，在右侧面板中选择喜欢的文字模板，按住鼠标左键将其拖动到标题轨后，释放鼠标左键。在预览窗口中单击选线框里的文字可以将模板原来的内容更改为自己需要的文字内容，并在右侧面板中进行文字效果的具体设置，如图 6.92 所示。

图 6.92　设置文字标题

（2）在"标题选项"面板中可以依次选择"字体"、"样式"、"边框"和"阴影"等选项，按照前文所讲的方法，对文字进行具体的效果设置，设置完成后，视频片头字幕效果如图 6.93 所示。

图 6.93　视频片头字幕效果

6．视频制作完成后的效果截图

图 6.94 所示为视频制作完成后的效果截图。

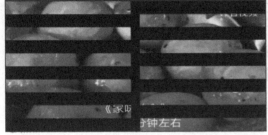

图 6.94　视频制作完成后的效果截图

习题 6

一、填空题

1．VideoStudio 将视频的编辑过程分为 3 个步骤：捕获、_____和共享。

2．用户在_____中可以导入媒体文件、显示/隐藏视频、显示/隐藏照片、显示/隐藏声音文件。

3．在_____面板，用户可以根据素材在每个轨道上的位置准确地显示时间发生的时间和位置。

4．在默认情况下，"时间轴"面板的左侧显示_____轨道。

5．_____通过消除由冲突的光源和不正确的数码相机设置导致的不需要的色偏，从而恢复图像的自然色温。

6．使用_____可以改变素材的样式或外观，也可以增强素材或修正素材中的缺陷。

7．_____使影片可以从一个场景平滑地切换到另一个场景。如果运用得当，则可以增加影片的观赏性和流畅性，从而提高影片的艺术欣赏性。

8．打开一个已有的项目文件，切换到"时间轴"面板，单击该面板上方的_____按钮，就可以打开"自动音乐"面板。

9．使用_____能灵活地将文字的不同词语放置在视频帧的任何位置，并能设置文字的叠加顺序。

二、选择题

1. 在 VideoStudio 中，区间的大小顺序是（　　）。

    A．时:分:秒:帧　　　　　　　　　　B．帧:时:分:秒

    C．时:分:帧:秒　　　　　　　　　　D．时:帧:分:秒

2. VideoStudio 的项目扩展名是（　　）。

    A．.dos　　　　　　　　　　　　　B．.vsp

    C．.abd　　　　　　　　　　　　　D．.uvp

3. 当连续的图像变化每秒超过（　　）帧画面以上时，根据视觉暂留原理，人眼无法辨别单幅的静态画面，看上去是平滑连续的视觉效果。

    A．8　　　　　　　　　　　　　　　B．24

    C．25　　　　　　　　　　　　　　　D．10

4. 下面关于视频数字化叙述正确的是（　　）。

    A．就是将视频数据从摄像机导入计算机

    B．就是将视频信号经过视频采集卡转换成数字视频文件并存储在数字载体上

    C．就是一个复制过程

    D．就是将视频播放出来

5. VideoStudio 是一款（　　）软件。

    A．文字排版　　　　　　　　　　　B．电子表格

    C．视频编辑　　　　　　　　　　　D．数据库

三、简答题

1. 简述 VideoStudio 的基本功能。

2. VideoStudio 工作界面中的菜单栏包含哪些菜单命令？这些菜单命令的基本功能是什么？

3. 简述 VideoStudio 获取视频的方式。

4. 什么是视频特效？简述在 VideoStudio 中添加视频特效的基本过程。

5. 什么是转场？简述在 VideoStudio 中添加转场的基本过程。

6. 简述在 VideoStudio 中添加音频的基本方法。

7. 在 VideoStudio 中，对音频都能进行哪些编辑操作？

四、操作题

1. 选择一段视频，调整该视频的色度等，观察其变化。

2. 使用自己喜欢的图片、动画、视频和音乐制作一首歌曲的 MTV，并添加字幕。

3. 制作个人介绍视频。

4. 制作一个时长为 5 分钟左右的视频，宣传自己的学校。

第7章 视频特效处理软件 Adobe After Effects

7.1 Adobe After Effects 介绍

Adobe After Effects 是一款由 Adobe 公司开发的影视特效处理软件，其功能非常强大，适合很多设计行业使用。目前该软件主要应用于影视片头、影视特效、自媒体、广告设计等领域。本章以 Adobe After Effects 2021（以下简称为 Adobe After Effects）为例进行介绍。

7.1.1 Adobe After Effects 的工作界面

启动 Adobe After Effects 后，可以新建一个项目或打开已有项目文件，如图 7.1 所示。在制作项目时，首先要新建合成。在"合成"面板中，单击"新建合成"按钮，打开"合成设置"对话框，如图 7.2 所示。在"合成设置"对话框中对合成属性进行设置后，生成新合成。

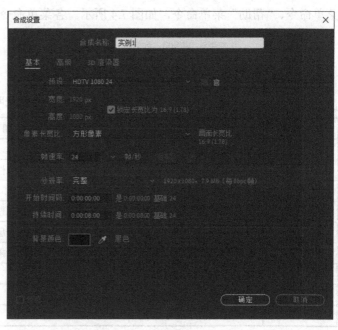

图 7.1 新建项目或打开已有项目文件　　　　　图 7.2 "合成设置"对话框

Adobe After Effects 的工作界面主要由标题栏、菜单栏、"项目"面板、"合成"面板、"时间轴"面板等几部分组成。在操作中，被选中的面板边缘会出现蓝色选框。图 7.3 所示为 Adobe After Effects 的工作界面。其中标题栏用于显示软件版本、文件名称等基本信息。

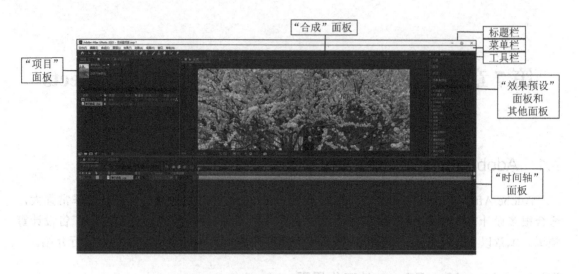

图 7.3　Adobe After Effects 的工作界面

1. 菜单栏

菜单栏按照程序功能分组排列，包括"文件"菜单命令、"编辑"菜单命令、"合成"菜单命令、"图层"菜单命令、"效果"菜单命令、"动画"菜单命令、"视图"菜单命令、"窗口"菜单命令、"帮助"菜单命令，如图 7.4 所示。各菜单命令的功能说明如表 7.1 所示。

文件(F)　编辑(E)　合成(C)　图层(L)　效果(T)　动画(A)　视图(V)　窗口　帮助(H)

图 7.4　菜单栏

表 7.1　菜单命令的功能说明

名　　　称	功　能　说　明
文件	主要用于执行打开、关闭、保存项目及导入素材操作
编辑	主要用于剪切、复制、粘贴、拆分图层、撤销及首选项等操作
合成	主要用于新建合成及合成相关参数设置等操作
图层	主要用于新建图层、混合模式、图层样式及图层相关的属性设置等操作
效果	选中"时间轴"面板中的素材，"效果"菜单主要用于为图层添加各种效果滤镜等操作
动画	主要用于设置关键帧、添加表达式等与动画相关的参数设置操作
视图	主要用于视图管理和图像显示的设置
窗口	主要用于开启和关闭各种面板
帮助	主要用于提供与 Adobe After Effects 相关的帮助信息

2. 工具栏

工具栏中包含十多种工具，如图 7.5 所示。其中右下角带有小三角图标的表示有隐藏和扩展工具，单击小三角图标展开扩展工具后进行选择。各个工具的功能说明如表 7.2 所示。

图 7.5　工具栏

表7.2　工具栏中工具的功能说明

名　称	功 能 说 明
▶选取工具	用于选取素材，或者在"合成"面板中对素材进行移动
✋手形工具	在"合成"面板或"图层"面板中对素材进行拖动
🔍缩放工具	用于放大或缩小画面
🔄旋转工具	在"合成"面板或"图层"面板中对素材进行旋转
⊠轴心点工具	用于改变对象的轴心点位置
▢形状工具	用于在画面中绘制图形或图形蒙版
✒钢笔工具	用于为素材添加路径或绘制蒙版
T文字工具	用于创建横向或纵向文字
✏画笔工具	双击"时间轴"面板中的素材，进入"图层"面板后，可以进行绘制
🖈仿制图章工具	双击"时间轴"面板中的素材，进入"图层"面板后，先通过 Alt 键吸取图层某位置的颜色，再按住鼠标左键进行绘制
◈橡皮擦工具	双击"时间轴"面板中的素材，进入"图层"面板后，用于擦除画面中多余的像素
▨笔刷工具/调整边缘工具	可以在时间片段中独立出移动的前景元素
✦操控点工具	用于设置节点的位置

3. "项目"面板

"项目"面板主要用于存放、导入及管理素材。在"项目"面板上右击，在弹出的快捷菜单中可以进行新建合成、新建文件夹等操作，也可以显示或存放项目中的素材或合成。"项目"面板中间为素材的信息栏，包括素材名称、类型、大小、帧速率等信息，如图7.6所示。

图 7.6　"项目"面板

"项目"面板中各个按钮的功能说明如表 7.3 所示。

表7.3　"项目"面板中各个按钮的功能说明

名　称	功 能 说 明
≡"项目"按钮	单击该按钮可以打开"项目"面板的相关菜单，对"项目"面板进行操作
🔍"搜索栏"按钮	在"项目"面板中对素材或合成进行搜索
▣"解释素材"按钮	选择素材后，单击该按钮可以设置素材的 Alpha、帧速率等参数

续表

名　　称	功　能　说　明
▣ "新建文件夹" 按钮	单击该按钮可以在"项目"面板中新建一个文件夹
▣ "新建合成" 按钮	单击该按钮可以在"项目"面板中新建一个合成
🗑 "删除所选项目" 按钮	在"项目"面板中选中图层，单击该按钮可以将其删除

4. "合成" 面板

"合成"面板主要用于预览"时间轴"面板中图层合成的效果，如图 7.7 所示。其面板中各个按钮的功能说明如表 7.4 所示。

图 7.7　"合成"面板

表 7.4　"合成"面板中各个按钮的功能说明

按　　钮	功　能　说　明
🔲	快速预览，单击该按钮可以在打开的对话框中进行设置
▣	将背景以透明网格的形式呈现
▣	切换蒙版和形状路径可见性
▣	显示目标区域
⊞	选择网格和辅助线选项
▣	显示红、绿、蓝或 Alpha 通道等
🔅	重新设置图像的曝光
+0.0	调节图像曝光度
📷	捕获界面快照

5. "时间轴"面板

"时间轴"面板主要用于创建不同类型的图层、动画等，大多编辑工作都需要在"时间轴"面板中完成。图 7.8 所示为"时间轴"面板，其面板中各个按钮的功能说明如表 7.5 所示。

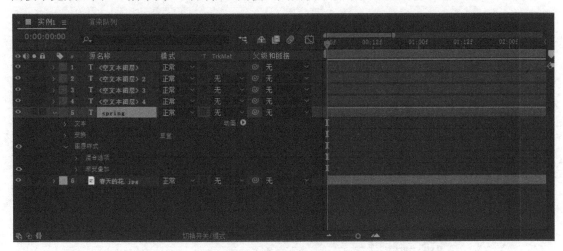

图 7.8　"时间轴"面板

表 7.5　"时间轴"面板中各个按钮的功能说明

按　钮	功　能　说　明
0:00:00:00	时间线停留的当前时间，单击该按钮可以进行编辑
	在第一个图标后添加文字，合成微型流程图（标签转换）
	用于隐藏为其设置了"消隐"开关的所有图层
	用于帧混合设置，打开或关闭全部对应图层中的帧混合
	用于运动模糊设置，打开或关闭全部对应图层中的运动模糊
	用于显示相应关键帧的分布曲线

6. 其他常用面板

除了"项目"面板、"合成"面板、"时间轴"面板，Adobe After Effects 还有如下面板。

（1）"效果和预设"面板：主要用于为素材文件添加各种视频、音频、预设效果，并修改效果中的参数。

（2）"信息"面板：主要用于显示选中素材的相关信息。

（3）"音频"面板：主要用于显示混合声道输出音量的大小。

（4）"字符"面板：主要用于设置文本相关属性。

（5）"段落"面板：主要用于设置段落相关属性。

（6）"跟踪器"面板：主要用于使用跟踪摄像机、跟踪运动、变形稳定器、稳定运动。

（7）"画笔"面板：主要用于设置画笔相关属性。

（8）"动态草图"面板：主要用于设计路径采集等相关属性。

（9）"平滑器"面板：主要用于对运动路径进行平滑处理。

（10）"摇摆器"面板：主要用于制作画面动态摇摆效果。

（11）"蒙版差值"面板：主要用于创建蒙版路径关键帧和平滑逼真的动画。

（12）"绘画"面板：主要用于设置绘画工具的不透明度、颜色、流量、模式与通道等属性。

7.1.2　简单应用举例

下面通过一个简单实例来介绍 Adobe After Effects 的基本使用过程。

（1）新建合成。

新建项目后，选择"新建合成"命令，打开"合成设置"对话框，在该对话框中设置"合成名称"为"实例 1"，"预设"为"HDTV 1080 24"，"宽度"为"1970px"，"高度"为"1080px"，"像素长宽比"为"方形像素"，"帧速率"为"24 帧/秒"，"分辨率"为"完整"，"持续时间"为"0:00:08:00"。

（2）导入素材。

选择菜单栏中的"文件"→"导入"→"文件"命令，如图 7.9 所示。在打开的"导入文件"对话框中选择需要的素材文件，单击"导入"按钮。将导入好后的图片文件从"项目"面板拖动到"时间轴"面板中，如图 7.10 所示。

图 7.9　选择"文件"命令

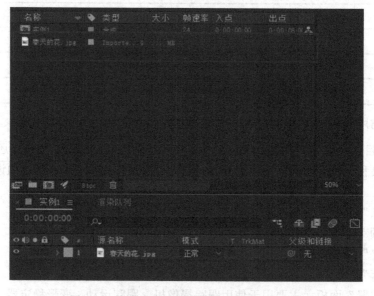

图 7.10　将图片文件拖动到"时间轴"面板中

（3）添加文本图层。

在"时间轴"面板的空白位置右击，弹出快捷菜单，如图 7.11 所示。

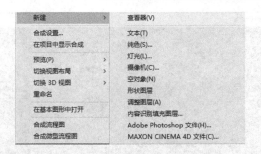

图 7.11　"时间轴"面板的快捷菜单

选择"新建"→"文本"命令。这时在"时间轴"面板左侧的显示区会出现一个新建的空文本图层。选中文本图层，在"合成"面板中利用鼠标指针拖曳出一个矩形文本框，在文本框内输入文本内容，如图 7.12 所示。对于输入后的文本内容，用户可以通过"字符"面板和"段落"面板对其进行格式设置。

图 7.12　输入文本内容

（4）导出合成作品。

选中"时间轴"面板，使用快捷键 Ctrl+M 打开"渲染队列"面板。单击"输出模块"选项右侧的下拉按钮，在弹出的下拉列表中选择"无损"选项，如图 7.13 所示。选择"无损"选项，在打开的"输出模块设置"对话框中设置"格式"为"AVI"，如图 7.14 所示，单击"确定"按钮，返回"渲染队列"面板。选择"输出到"选项，在打开的"将影片输出到"对话框中设置文件名称和保存路径。接下来在"渲染队列"面板中选择"渲染"选项卡，完成渲染并生成文件。

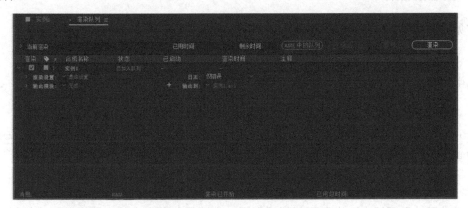

图 7.13　选择"无损"选项

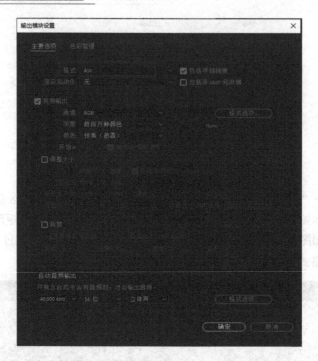

图 7.14 "输出模块设置"对话框

7.2 图层及其使用

7.2.1 图层的概念

在合成作品时，用户可以将所需素材按照顺序逐层叠放在一起，形成最终的画面效果。每层素材都是通过图层建立起来的。在 Adobe After Effects 中，不同类型的图层具有不同的功能。用户可以在"时间轴"面板中对图层进行创建、移动等操作。

在"时间轴"面板中右击，在弹出的快捷菜单中选择"新建"命令，选择其子菜单中的图层类型。常用图层类型包括"文本"、"纯色"、"灯光"、"摄像机"、"空对象"、"形状图层"和"调整图层"等。

7.2.2 图层的操作

常见的图层操作包括重命名图层、调整图层的顺序等。

1．重命名图层

选中图层后，按 Enter 键，输入新的图层名称，即可对图层进行重命名操作。

2．调整图层的顺序

在"时间轴"面板中选中需要调整的图层，并将光标定位在该图层上，按住鼠标左键将其拖动到其他图层的上方或下方，即可调整图层的顺序。

3．复制、粘贴和删除图层

在"时间轴"面板中选中需要复制的图层，先选择菜单栏中的"编辑"→"复制"命令，再选择菜单栏中的"编辑"→"粘贴"命令,即可复制图层。当想要删除图层时,先选中需要删除的图层,按 Delete 或 Backspace 键,即可删除图层。

4. 隐藏和锁定图层

当想要隐藏或显示图层时,可以单击图层左侧的"隐藏"按钮 ,即可隐藏或显示图层。当想要对图层进行锁定时,可以单击图层左侧的"锁定"按钮 。

5. 选择图层混合模式

图层混合模式是指两个图层之间的混合,以及修改混合模式的图层与该图层下面的图层之间产生的混合效果。图层混合模式用于控制图层与图层之间的融合效果,且不同的混合模式可以使画面产生不同的效果。

在"时间轴"面板中单击"切换开关/模式"按钮,可以显示或隐藏"模式"按钮。单击图层对应的"模式"按钮,在弹出的快捷菜单中可以选择合适的混合模式。图 7.15 所示为对文字图层和图片图层进行叠加前和叠加后的效果。

(a) 图层叠加前的效果　　　　　　　　　　(b) 图层叠加后的效果

图 7.15　图层叠加效果

6. 设置图层样式

"图层样式"快捷菜单可以帮助用户快速便捷地制作出投影、外发光、内发光、描边等 9 种图层样式。选择需要设置样式的图层并右击,在弹出的快捷菜单中选择所需要的图层样式,如图 7.16 所示。

对文本设置 3 种图层样式后的效果,如图 7.17 所示。

图 7.16　"图层样式"快捷菜单

图 7.17　图层样式设置效果

7.2.3 常见图层的功能简介

1. 灯光图层

灯光主要用于模拟真实的灯光、阴影，使作品更具氛围感。选择菜单栏中的"图层"→"新建"→"灯光"命令，即可创建灯光图层，如图7.18所示。

图7.18 创建灯光图层

打开"灯光设置"对话框并设置合适的参数，如图7.19所示。在创建灯光图层时，需要对素材开启"3D图层"按钮，才可以看到灯光效果。

这里设置"灯光类型"为"聚光"，"颜色"为"浅黄色"，"强度"为"200%"，"锥形角度"为"90°"，"锥形羽化"为"50%"，"衰减"为"无"，效果前后对比如图7.20所示。

（a）原始图片

（b）设置后的效果图

图7.19 "灯光设置"对话框　　　　图7.20 灯光效果

2. 摄像机图层

摄像机图层主要用于三维合成制作中控制合成时的最终视角。通过对摄像机设置动画可以模拟三维镜头的运动。选择菜单栏中的"图层"→"新建"→"摄像机"命令，即可创建摄像机图层。打开"摄像机设置"对话框并设置摄像机的属性，如图7.21所示。

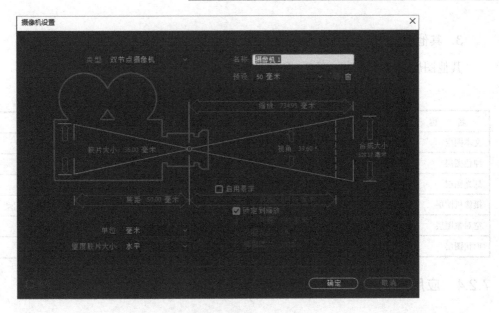

图 7.21　"摄像机设置"对话框

创建摄像机图层后，需要对素材开启"3D 图层"按钮，即可将图层转换为 3D 图层。单击摄像机图层下方的"摄像机选项"下拉按钮，如图 7.22 所示，展开属性参数选项，通过设置这些参数可以对摄像机进行调整。

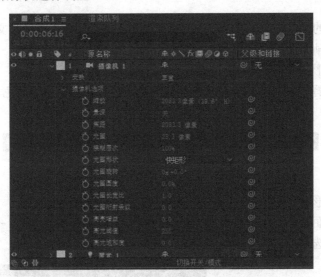

图 7.22　单击"摄像机选项"按钮

"合成 1"面板中部分按钮的功能说明如下。

- 按钮：将会影响嵌套的合成图像和 Adobe Illustrator 文件产生的图层。
- 按钮：用于设置作品质量，其中包括 3 种级别。
- 按钮：取消单击该按钮即可显示未添加效果的画面，单击该按钮显示添加效果的画面。
- 按钮：针对"时间轴"面板中的调整图层使用，用于关闭或开启调整图层中添加的效果。
- 用于打开或关闭 3D 图层功能，在创建灯光和摄影机等图层时，需要打开 3D 图层功能。

3．其他图层

其他图层的功能说明如表7.6所示。

表7.6　其他图层的功能说明

名　　称	功　能　说　明
文本图层	可以为作品添加文字效果，如字幕解说等
纯色图层	主要用于制作纯色背景效果
灯光图层	主要用于模拟实际光线，增加的作品光影效果
摄像机图层	主要用于三维合成中控制合成时的最终视角，通过对摄像机进行设置，可以模拟三维镜头运动
空对象图层	常用于摄像机的父级，用于设置摄像机的移动和位置
形状图层	主要用于绘制图形并设置图形形状、颜色等属性

7.2.4　应用实例——创建形状图层

（1）创建合成。

在"项目"面板单击"新建合成"按钮，在打开的"合成设置"对话框中设置"合成名称"为"杂志封面"，"预设"为"自定义"，"宽度"为"1500px"，"高度"为"2078px"，"像素长宽比"为"方形像素"，"帧速率"为"24帧/秒"，"分辨率"为"完整"，"持续时间"为"0:00:04:00"。

（2）导入素材。

选择菜单栏中的"文件"→"导入"→"文件"命令，导入男孩图片文件，将导入的图片文件拖动到"时间轴"面板中。

（3）绘制四边形。

在工具栏中选择形状工具组中的"椭圆工具"，设置"填充"为"黄色"，"描边"为"无"，如图7.23所示。

图7.23　设置"椭圆工具"的属性

绘制3个椭圆形，如图7.24所示，将该图层命名为"形状图层1"。

在"时间轴"面板中，单击"形状图层1"→"内容"→"椭圆1"→"填充1"下拉按钮，展开属性参数选项，设置"不透明度"为"50%"，如图7.25所示。

图7.24　绘制3个椭圆形　　　　　　　　图7.25　设置图形属性

（4）复制"形状图层 1"。

选择"形状图层 1"，使用快捷键 Ctrl+D 创建一个副本图层"形状图层 2"。在"效果和预设"面板中选择"垂直翻转"选项，如图 7.26 所示。将该效果拖动至"时间轴"面板中的"形状图层 2"名称处，或者选中"形状图层 2"后，双击"垂直翻转"选项，设置完之后得到的效果如图 7.27 所示。

图 7.26　选择"垂直翻转"选项　　　　　　　　　图 7.27　"垂直翻转"效果

（5）绘制橘色星星。

选择工具栏中的"星形工具"，设置"填充"为"橘色"，"描边"为"无"，分别绘制两颗星星，根据步骤 3，将"不透明度"设置为"60%"，分别命名为"形状图层 3"和"形状图层 4"，效果如图 7.28 所示。

（6）绘制紫色椭圆形。

选择工具栏中的"椭圆工具"，设置"填充"为"紫色"，"描边"为"无"，分别绘制 3 个较小的椭圆形，并将"不透明度"设置为"30%"，最终完成效果如图 7.29 所示。

图 7.28　绘制橘色星星　　彩色图　　　　　　图 7.29 绘制紫色椭圆形　　彩色图

7.3　蒙版及其使用

7.3.1　认识蒙版

蒙版在摄影中是指用于控制照片不同区域曝光的传统暗房技术。在 Adobe After Effects 中，蒙版主要用于设置画面的修饰与合成。使用蒙版工具可以在原始图层上绘制一个形状的"视觉窗口"，只显示需要显示的区域，其他区域被隐藏起来。通过多个蒙版图层可以达到多元化的视觉效果。常用的蒙版工具有"形状工具组"、"钢笔工具组"、"画笔工具"和"橡皮擦工具"，如图 7.30 所示。

图 7.30　常用的蒙版工具

7.3.2　蒙版的使用

在新建合成中导入一张图片或创建一个纯色图层。选定原始图片，如图 7.31 所示，并导入图片文件。选定图片素材后，选择形状工具组中的"椭圆工具"，如图 7.32 所示。在"合成"面板中的图片图层上拖曳出一个椭圆形，依次再拖曳出两个椭圆，即可创建椭圆蒙版，如图 7.33 所示。

单击"合成"面板中的椭圆蒙版，蒙版边线出现节点，对节点进行拖动可以改变蒙版的形状，如图 7.34 所示。如果需要对蒙版进行整体移动，可以在蒙版上单击，当鼠标指针变为黑色箭头后，拖动鼠标指针即可移动蒙版的位置。

图 7.31　原始图片

图 7.32　选择椭圆工具

图 7.33　椭圆蒙版

图 7.34　改变蒙版的形状

7.4　关键帧动画

帧是动画中的单幅影像画面，也是最小的计量单位。影片和动画是由一组连续的图片组成的，每张图片就是一帧。关键帧是指动画中的关键时刻。一个动画至少需要由两个关键帧构成，设置关键帧中的动作、效果、音频等属性，使画面形成连贯的动画效果。

7.4.1　关键帧动画的创建

1. 创建关键帧

在"时间轴"面板中，选择需要设置的素材，单击素材下方的"变换"下拉按钮，展开"变换"选项。将时间线拖动到合适位置，单击位置属性前的时间变化秒表图标，此时在"时间轴"面板的相应位置会出现一个关键帧。将时间线拖动到下一个位置，单击属性前的菱形图标，可以设置下一个关键帧，如图 7.35 所示。

2．编辑关键帧

在"时间轴"面板中选中需要编辑的关键帧，并将光标定位在此关键帧上右击，在弹出的快捷菜单中选择相关属性参数，如图 7.36 所示。

图 7.35　创建关键帧　　　　　　　　　　　　图 7.36　编辑关键帧快捷菜单

3．删除关键帧

在"时间轴"面板中打开已经添加关键帧的属性，选中需要删除的关键帧，按 Delete 键即可删除关键帧；也可以将时间线移动到需要删除的关键帧上，单击菱形图标，删除关键帧。

4．复制关键帧

在"时间轴"面板中，选中需要复制的关键帧，通过快捷键 Ctrl+C 复制关键帧，将时间线移动到下一个位置，通过快捷键 Ctrl+V 粘贴关键帧。

7.4.2　动画预设

动画预设可以为素材添加多种动画效果。Adobe After Effects 中自带了多种动画预设效果，可以模拟很多精彩的动画。在制作动画时，可以将动画预设直接应用到图层中，并根据需要进行修改。

在"效果和预设"面板中打开"动画预设"效果组，如图 7.37 所示。选择所需的效果，将其拖动到需要的图层，为该图层添加动画预设，如图 7.38 所示。在"时间轴"面板中，选择添加动画预设的图层名称下方的"文本"选项，可以看到该动画预设起始的关键帧为时间线所在位置。

对文本图层设置动画预设的步骤如下。

（1）创建合成图层。

在工具栏中选择文字工具组，输入文本内容"BUTTERFLY"，新建一个文本图层。

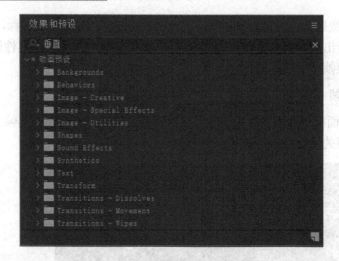

图 7.37　"动画预设"效果组

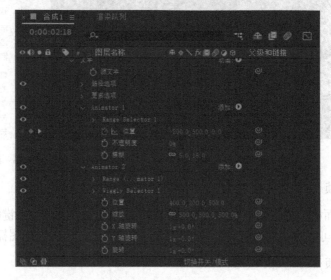

图 7.38　添加动画预设

（2）设置图层效果。

选中文本图层，在"效果和预设"面板中先选择"Text"选项，再选择在该选项下的"3D文本"选项，双击"3D 下飞和展开"选项。

（3）创建动画。

此时，在"时间轴"面板中文字图层名称下方的"文本"选项下会出现 Animator 属性，通过该"属性"面板可以对 3D 动画的相关参数进行设置。在设置预设动画时，时间线所在位置为动画的起始位置。拖动时间线可以查看动画效果。此时，文字呈现旋转飞入，文字由模糊到清晰的动画效果，如图 7.39 所示。

图 7.39　预设动画效果

7.4.3　关键帧动画实例——眨眼的星星

（1）绘制星星图案。

在新建合成中的工具栏中选择"星形工具"，在其属性栏中设置"填充"和"描边"均为"黄色"。在"合成"面板中拖动鼠标指针绘制星星图案，将图层重命名为"星星"。

（2）绘制左眼。

取消对所有图层的选定，选择"椭圆工具"，在其属性栏中设置"填充"和"描边"均为"黑色"，在"合成"面板中拖动鼠标指针绘制椭圆形，将图层重命名为"左眼"，如图 7.40 所示。

图 7.40　绘制椭圆形

（3）设置眨眼效果。

将时间线拖到 1 秒处，选择左眼图层下方的"变换"选项，单击"缩放"选项左侧的 按钮，设置一个关键帧，如图 7.41 所示。

图 7.41　设置关键帧 1

先将时间线向后移动一点，再设置一个关键帧，将"缩放"中的 y 值设置为"10.0%"，如图 7.42 所示。

先将时间线向后移动一点，再设置关键帧，将"缩放"中的 y 值设置为"100.0%"，如图 7.43 所示。

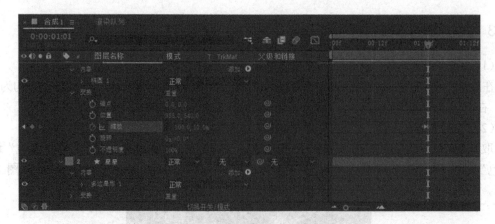

图 7.42　设置关键帧 2 缩放数值

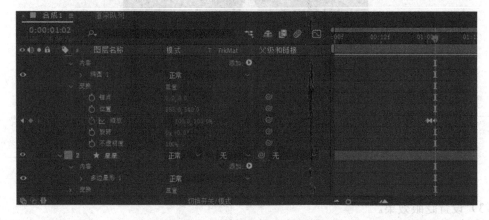

图 7.43　设置关键帧 3 缩放数值

选定上述 3 个关键帧，通过快捷键 Ctrl+C 复制这 3 个关键帧。将时间线分别移动到 2s、3s、4s 处，通过快捷键 Ctrl+V 粘贴 3 次已复制的关键帧，如图 7.44 所示。

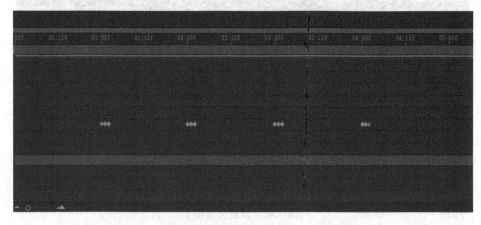

图 7.44　粘贴关键帧

（4）复制右眼图层。

选择左眼图层，通过快捷键 Ctrl+D 复制整个图层，将新建图层命名为"右眼"。在"合成"面板中将右眼椭圆移动到合适的位置。此时，右眼图层已经复制左眼图层的全部关键帧。

拖动时间线可以浏览动画效果。或者将时间线拖动到起始时间，按 Space 键浏览动画，再次按 Space 键暂停播放动画。此时可以看到，星星在 1s、2s、3s、4s 处分别完成了一次眨眼动作，如图 7.45 所示。

图 7.45　一次眨眼动作效果图

7.5　常用过渡效果

7.5.1　过渡效果

Adobe After Effects 中的过渡是指两个素材之间的转场效果，即一个场景淡出，另一个场景淡入的过程。适宜的过渡效果可以提升作品的连贯性，并呈现给观众强烈的视觉体验。不同的过渡效果可以表达出不同的情感，如柔和的过渡效果带给人细腻、温柔的情感，强烈的过渡效果带给人坚定、冲突的感受。

用户通过"过渡"效果组可以制作不同的切换效果。在操作时，选中"时间轴"上的素材后右击，在弹出的快捷菜单中选择"效果"→"过渡"命令，弹出过渡效果菜单，如图 7.46 所示。

图 7.46　过渡效果菜单

7.5.2　操作步骤

创建过渡效果的基本步骤如下。

（1）新建合成。

在项目中新建合成，设置"预设"为"HDTV 1080 24"，"宽度"为"1920px"，"高度"为"1200px"，"像素长宽比"为"方形像素"，"帧速率"为"25 帧/秒"，"分辨率"为"完整"，"持续时间"为"0:00:05:00"。

（2）导入素材。

选择菜单栏中的"文件"→"导入"→"文件"命令，在打开的"导入文件"对话框中导入需要的素材，如图 7.47 所示。

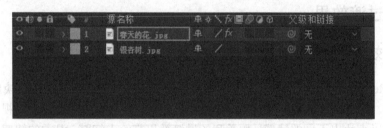

图 7.47　导入素材

（3）设置过渡效果。

选中图层 1 后右击，在弹出的快捷菜单中选择"效果"→"过渡"→"CC Light Wipe"命令。

将时间线移动到起始的位置，创建 Completion 关键帧，如图 7.48 所示。在"时间轴"面板中单击素材 1 下方的"效果"下拉按钮，展开"效果"选区，设置"Completion"为"0.0%"，单击该行前面的码表 按钮。接下来，将时间线拖动到 2s 处，设置 Completion 关键帧，将"Completion"更改为"100.0%"。

图 7.48　创建关键帧

拖动时间线可以查看两个图层切换的过渡效果，如图 7.49 所示。

图 7.49　查看两个图层切换的过渡效果

7.6　调色效果

视频颜色能够极大地影响观众的心理感受，因此调色是视频后期处理中的重要步骤。调色功能不仅可以对曝光过度、亮度不足等问题进行纠正，还可以用来增强画面的视觉效果，打造不同的画面风格。

7.6.1　利用"曲线"效果调色

"曲线"效果可以用于调整图像的曲线亮度。选中素材后，在"效果和预设"面板的搜索框中搜索"曲线"，并将其拖动到"时间轴"面板的素材图层中，如图 7.50 所示。

在"效果控件"面板中，用户可以通过"曲线"选区对图片效果进行设置，如图 7.51 所示。"曲线"选区按钮的功能说明如表 7.7 所示。

图 7.50　"曲线"效果

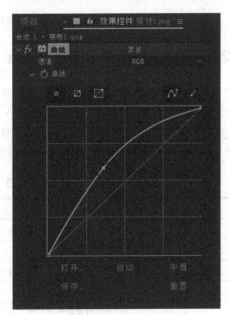

图 7.51 设置曲线效果

表 7.7　"曲线"选区按钮的功能说明

名　称	功 能 说 明
通道	用于设置需要调整的颜色通道
曲线工具	可以在曲线上添加节点，拖动节点调整图像的明暗程度
铅笔工具	可以在曲线坐标图上绘制任意曲线形状
打开	用于打开存储的曲线调节文件夹
自动	用于自动调节面板的色调与明暗程度
平滑	用于设置曲线平滑程度
保存	用于保存当前曲线状态，以便后续重复使用
重置	用于重置曲线面板参数

用户可以通过"曲线"效果对素材设置不同的颜色效果，如图 7.52 所示。

图 7.52　设置不同的颜色效果　　　　　　　　　　　　　　　　彩色图

7.6.2　利用"更改为颜色"效果调色

"更改为颜色"效果可以通过吸取素材中的某种颜色，将其替换为另一种颜色。在操作时，先选中素材，再选择菜单栏中的"效果"→"颜色校正"→"更改为颜色"命令，此时在"项目"面板中展开"更改为颜色"选区，如图 7.53 所示。

"更改为颜色"选区中各个选项的功能说明如表 7.8 所示。

表 7.8　"更改为颜色"选区中各个选项的功能说明

名　称	功 能 说 明
自	用于设置需要转换的颜色
至	用于设置目标颜色
更改	用于颜色更改的基础类型有 4 种，分别为色调、色调&亮度、色调&饱和度、色调亮度&饱和度
更改方式	用于设置颜色替换方式
容差	用于设置颜色容差值，包括色相、亮度、饱和度
柔和度	用于设置替换后的颜色柔和程度
查看校正后的遮罩图	用于查看校正后的遮罩图

"更改为颜色"效果可用于对图片的局部颜色进行改色，操作步骤如下。

（1）导入素材。

在"新建合成"中，导入太阳图片素材，如图 7.54 所示。

图 7.53　"更改为颜色"选区　　　　　图 7.54　导入太阳图片素材　　彩色图

（2）添加"更改为颜色"效果。

在"效果与预设"面板中，搜索"更改为颜色"效果，将该效果拖动到"时间轴"面板中的素材名称处。此时，"项目"面板上的"更改为颜色"选区被展开，如图 7.55 所示。

（3）吸取颜色。

在"时间轴"面板中选择太阳图片图层，在"更改为颜色"选区中，单击"自"选项右侧的吸管按钮，吸取太阳上的黄色，此时"自"选项右侧的颜色色块变为黄色。

（4）更改颜色。

单击"至"选项右侧的颜色色块，打开"至"对话框。在"至"对话框中，使用吸管工具吸取橘红色。设置"容差"选区中的"色相"为"5.0%"，更改颜色后的效果如图 7.56 所示。

图 7.55　展开"更改为颜色"选区　　　　图 7.56　更改颜色后的效果　　彩色图

7.7　综合实例

下面通过 Adobe After Effects 来实现风吹动文字的效果，具体操作步骤如下。

（1）新建合成。

在"项目"面板中"新建合成"，在打开的"合成设置"对话框中设置"合成名称"为"风吹动的文字"，"预设"为"自定义"，"宽度"为"1500px"，"高度"为"2078px"，"像素长宽比"为"方形像素"，"帧速率"为"24 帧/秒"，"分辨率"为"完整"，"持续时间"为"0:00:08:00"。

（2）创建文本图层。

在"时间轴"面板中右击，在弹出的快捷菜单中选择"新建"命令，选择纯色图层，设置图层颜色为"淡紫色"。再创建一个文本图层，输入文字"a beautiful butterfly"。在"字符"面板（图 7.57）中设置字号、间距等属性，文字效果如图 7.58 所示。

图 7.57　设置文字属性　　　　　　　　　　　图 7.58　文字效果

（3）设置文本属性。

单击文本图层右侧的"动画"按钮，如图 7.59 所示，在打开的下拉列表中选择"启用逐字 3D 化"命令和"位置"命令，如图 7.60 所示。

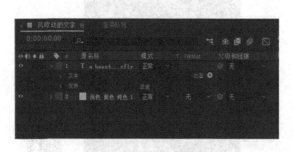

图 7.59　单击"动画"按钮　　　　图 7.60　选择"启用逐字 3D 化"命令和"位置"命令

（4）设置文字位置关键帧。

在"时间轴"面板中，单击文本图层下方的"变换"下拉按钮展开"变换"选区，在 2s 和 4s 处设置位置关键帧，将文字置于图层中间。

将时间线移动到 1s 的位置，将文字置于图层左上方飞入的位置，设置位置关键帧，如图 7.61 所示。

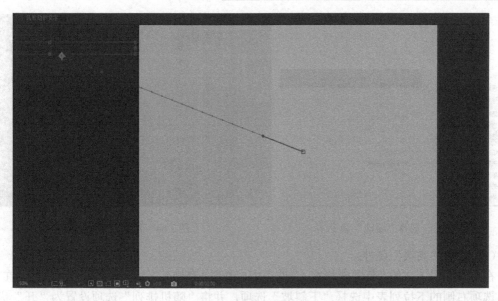

图 7.61 设置飞入位置关键帧

将时间线移动到 5s 的位置,将文字置于图层右上方飞出的位置,设置位置关键帧,如图 7.62 所示。

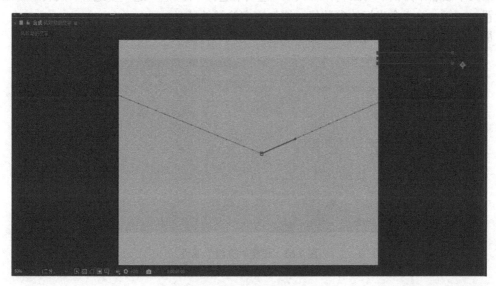

图 7.62 设置飞出位置关键帧

(5)编辑关键帧。

选择上述设置的 4 个关键帧并右击,在弹出的快捷菜单中选择"关键帧辅助"→"缓动"命令,如图 7.63 所示。

(6)设置偏移关键帧。

单击文本图层下方的"动画制作工具 1",在"范围选择器 1"的"偏移"选项中设置关键帧。在 1s 和 5s 时间线处设置偏移关键帧为"100%",在 2s 和 4s 时间线处设置偏移关键帧为"-100%",如图 7.64 所示,并将所有关键帧设置为"缓动"。

图 7.63　选择"缓动"命令

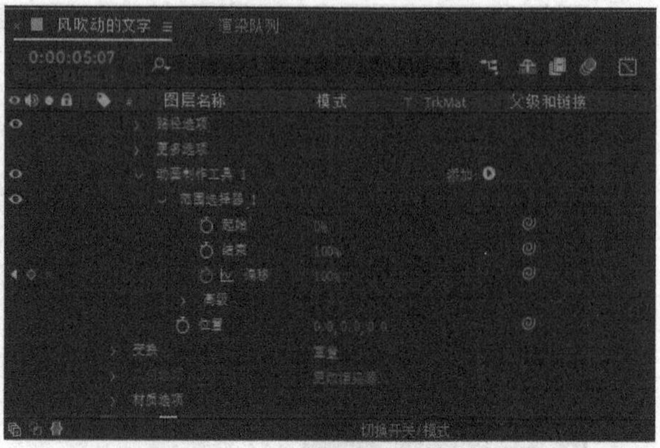

图 7.64　设置偏移关键帧

（7）设置"高级"属性。

在文本图层下方的"范围选择器 1"选项中，单击"高级"下拉按钮展开相应选区。在"形状"选项右侧的下拉列表中选择"下斜坡"选项，并将"随机排列"选项设置为"开"状态，如图 7.65 所示。

（8）设置"旋转"属性。

在文本图层下方的"动画制作工具 1"选项中选择"添加"，进一步选择"旋转"属性。接着设置 x、y、z 这 3 个坐标的参数值，增加文字旋转的感觉。

最终完成的动画会呈现出一行文字先随风飞入、再随风飞出的动态效果。

图 7.65　设置"高级"属性

习题 7

一、填空题

1．Adobe After Effects 是一款由 Adobe 公司开发的_____。

2．MG 动画的英文全称是 Motion Graphics，是指_____。

3．影片在播放时每秒扫描的帧数被称为_____。

4．"合成设置"对话框中的分辨率 720 像素×576 像素是指屏幕上_____像素分别是 720、576。

5．像素_____是指在放大作品到极限后看到的每一个像素的宽度和长度的比例。

6. _____是指 X 轴和 Y 轴构成的平面视图。

7. 三维是在二维的基础上，添加了_____轴形成的三维空间。

8. Adobe After Effects 中的两个素材之间的转场可以通过_____来实现。

9. 使用_____工具可以在原始图层上绘制一个形状的"视觉窗口"，使得画面只显示需要显示的区域，而其他区域被隐藏。

10. 当创建灯光图层时，需要对素材开启_____，否则不会出现灯光效果。

二、选择题

1. PAL 制电影的帧速率是（　　）。

A. 24 帧/秒　　　　B. 25 帧/秒　　　　C. 50 帧/秒　　　　D. 30 帧/秒

2. 视频编辑中的最小单位是（　　）。

A. 小时　　　　　　B. 分　　　　　　　C. 秒　　　　　　　D. 帧

3. Adobe After Effects 中同时能有（　　）工程处于开启状态。

A. 1 个　　　　　　B. 2 个　　　　　　C. 可自己设定　　D. 3 个

4. 如果想要连续向 Adobe After Effects 中导入多个素材，则应该选择以下（　　）命令。

A."导入"→"文件夹"　　　　　　　B."导入"→"多个文件"

C."导入"→"文件"　　　　　　　　D. 在 Project 窗口中双击

5. 在制作过程中，（　　）可以对合成中的对象进行参数调整。

A. 工程窗口　　　　　　　　　　　B. 合成窗口

C. 时间线窗口　　　　　　　　　　D. 信息窗口

6."时间轴"面板中新建的图层类型有（　　）种。

A. 6　　　　　　　　B. 5　　　　　　　C. 8　　　　　　　D. 7

三、简答题

1. 简述 Adobe After Effects 中各个菜单命令的基本功能。

2. 简述 Adobe After Effects 中"项目"面板、"合成"面板、"时间轴"面板的基本功能。

3. 什么是图层？在 Adobe After Effects 中，用户对图层都能进行哪些基本操作？

4. 简述 Adobe After Effects 中的基本图层及其功能。

5. 什么是蒙版？简述在 Adobe After Effects 中设置蒙版的基本过程。

6. 简述在 Adobe After Effects 中创建关键帧动画的基本步骤。

四、操作题

1. 图层叠加操作。

启动 Adobe After Effects，选择菜单栏中的"文件"→"新建项目"→"新建合成"命令，打开"合成设置"对话框，并根据需要设置合成参数。选择菜单栏中的"文件"→"导入"命令，导入一张图片文件，创建一个图片图层。接着创建文本图层，输入适当文字。设置文字"像素"为"72"，"填充颜色"为"白色"，"段落"为"居中文本"。设置图层"混合模式"为"叠加"。

2．形状图层操作——旋转的图形。

（1）启动 Adobe After Effects，选择菜单栏中的"文件"→"新建项目"→"新建合成"命令，打开"合成设置"对话框，设置"合成名称"为"旋转的图形"，"预设"为"自定义"，"宽度"为"1920px"，"高度"为"1200px"，"像素长宽比"为"方形像素"，"帧速率"为"24 帧/秒"，"分辨率"为"完整"，"持续时间"为"0:00:08:00"，如图 7.66 所示。

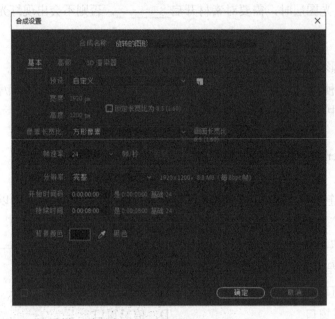

图 7.66　设置"合成设置"对话框

（2）在工具栏中选择"矩形工具"，设置"填充"为"白色"，描边为"无"，绘制一个矩形，并将其重命名为"矩形"。

（3）选择矩形图层，单击下方的"添加"下拉按钮，在弹出的下拉列表中选择"扭曲"选项，此时矩形图层下方的"扭曲"选项被展开。

（4）在 0s 和 2s 处设置角度关键帧，将角度设置为"0°"。在 1s 处设置角度关键帧，将角度设置为"180°"，在 3s 处设置角度关键帧，将角度设置为"−180°"。

（5）选中上述设置的 4 个关键帧，通过快捷键 Ctrl+C 复制以上关键帧，将时间线拖动到 4s 处，通过快捷键 Ctrl+V 粘贴以上关键帧。拖动时间线查看结果，矩形扭转效果如图 7.67 所示。

图 7.67　矩形扭转效果

（6）渲染作品，设置"输出模块"为"无损"，"输出到"为"旋转的图形.avi"。